建筑制图及阴影透视

（第 2 版）

刘柯岐　郭　军　主编

西南交通大学出版社

·成 都·

图书在版编目（ＣＩＰ）数据

建筑制图及阴影透视 / 刘柯岐，郭军主编. -- 2 版
. -- 成都 ：西南交通大学出版社，2024.2
ISBN 978-7-5643-9758-6

Ⅰ. ①建… Ⅱ. ①刘… ②郭… Ⅲ. ①建筑制图 – 透
视投影 – 高等学校 – 教材 Ⅳ. ①TU204

中国国家版本馆 CIP 数据核字（2024）第 038188 号

Jianzhu Zhitu ji Yinying Toushi

建筑制图及阴影透视（第 2 版）

刘柯岐　郭　军 / 主编

责任编辑 / 姜锡伟
封面设计 / 原谋书装

西南交通大学出版社出版发行

（四川省成都市金牛区二环路北一段 111 号西南交通大学创新大厦 21 楼　610031）
营销部电话：028-87600564　028-87600533
网址：http://www.xnjdcbs.com
印刷：成都蓉军广告印务有限责任公司

成品尺寸　185 mm×260 mm
印张　21.5　字数　535 千
版次　2014 年 8 月第 1 版　2024 年 2 月第 2 版
印次　2024 年 2 月第 8 次

书号　ISBN 978-7-5643-9758-6
定价　59.00 元

第 2 版前言

《建筑制图及阴影透视》第 1 版于 2014 年 1 月由西南交通大学出版社出版。本书不仅可作为高等学校本科建筑工程类、建筑学、城市规划及相关专业的教材，也可作为工民建专业的选修课教材，并供其他类型的学校如函授大学、成人高校、专科学校等有关专业使用，还可作为从事建筑设计的技术人员的参考书。各校在选用本书时，可根据具体情况和学识多寡，对内容酌情取舍。

至 2023 年春，本书受到好评，取得了良好的社会效益，但第 1 版中难免有些缺点和错误亟待修改，因此我们决定对本教材进行修订。《建筑制图及阴影透视》（第 2 版）教材根据新的建筑学专业教学计划，教育部委托高等学校本科各基础课程教学指导委员会制订的有关本课程的教学基本要求（作为本科生应达到的最低要求），教学大纲所提出的课程目的、任务、基本要求和内容在第 1 版基础上进行修订，根据国家教材委办公室《关于做好党的二十大精神进教材工作的通知》（国教材办〔2022〕3 号）等文件精神，增加课程思政内容。

与本教材配套使用的《建筑制图与阴影透视习题集》（第 3 版）同时修订出版。

《建筑制图标准》（GB/T 50104—2010）和《房屋建筑制图统一标准》（GB/T 5000—2017），《总图制图标准》（GB/T 50103—2010）等 6 种制图国家标准指导性文件仍是修订本教材的依据。

修订本教材时注意了以下几点：

（1）考虑到各校使用本教材的连续性，对第 2 版教材的体系、内容不作大的更改，并保留本书第 1 版的特点。

（2）原则上继续遵循第 1 版教材在编写时的注意事项。

（3）对有错漏的以及不符合最新制图国家标准的插图进行了修正，并更换了不美观的插图，增补了少量图例。

（4）推动党的二十大精神进教材、进课堂、进头脑，在各章均加入课程思政相关内容。

（5）与第 1 版比较，第 2 版增加了第 2 章~第 10 章的画法几何和制图的必要内容，虽然阴影与透视仍保留了第 1 版的内容，但更新了一部分图例，修改了某些文字和图例上的错误，内容丰富实用。

（6）为加强计算机技术的应用和操作技能训练，重新编写了第 12 章计算机绘图一章。

参加本版编写和修订工作的有：刘柯岐（第 1、第 16、第 17、第 18、第 19、第 20 章），董美宁（第 6、第 7、第 8、第 14、第 15 章），钱思如（第 2、第 3、第 4 章、第 5 章），李长奇（第 9、第 10 章），高明（第 12 章），范香（西南财经大学天府学院）、郭仕群（第 11 章），韩如冰（第 13 章）。

本版编写和修订过程中参考了国内外专家的著作，在此向他们表示深深的谢意。

由于编者水平有限，本书的不足之处，敬请同仁和读者批评、指正，并请提出宝贵意见。意见返回邮箱：qiqi1949@163.com，guojun@swust.edu.cn。

编 者

2023 年 8 月

第1版前言

本书根据教育部高等学校工程图学教学指导委员会 2005 年制定的"普通高等院校工程图学课程教学基本要求"所编写。本书主要包括画法几何、制图基础、房屋建筑图（包括建筑施工图和结构施工图）、计算机绘图、建筑阴影、建筑透视等内容。

在编写过程中，本书注意了以下几点：

（1）加强系统性。力求由浅入深，由易到难，符合初学者的认识规律；便于教学以及自学。

（2）理论与实际统一。本课程实践性很强，编写本书时注意以学后能动手绘制建筑透视图和阴影图为教学目的，使建筑学和城市规划专业学生在学习本书之后，能熟练绘制建筑透视阴影图来表达自己的设计思想和意图。

（3）除了手绘制图的相关内容外，还增加了计算机绘图部分，以适应建筑施工的时代需求。

本书不仅可作为高等学校本科建筑工程类、建筑学、城市规划及相关专业的教材，也可作为工民建专业的选修课教材，并供其他类型的学校如函授大学、成人高校、专科学校等有关专业使用，也可作为从事建筑设计的技术人员的参考书。各校在选用本书时，可根据具体情况和学识多寡，对内容酌情取舍。

本书由西南科技大学"建筑制图与阴影透视"教学组编写，主编为郭军、刘柯岐。参加本书编写工作的有：郭军编写第 6、8、18～20 章，刘柯岐编写第 1、16、17 章，罗能编写第 2、5 章，钱思茹编写第 3、4 章，付蓓编写第 7、9 章，李长奇编写第 10、13 章，西南财经大学天府学院范香编写第 11 章，高明编写第 12 章，董美宁编写第 14、15 章。

由于时间比较紧迫，本书难免还有不足之处，请读者批评指正，并请提出宝贵意见。意见返回邮箱：guojun@swust.edu.cn，qiqi1949@163.com。

"建筑制图与阴影透视"教学组

2014 年 1 月

目　录

第1章

建筑制图基本知识

1.1 建筑制图国家标准

建筑工程图用于表达设计的主要内容，是施工的依据、工程师的"语言"。建筑工程图的内容、画法、格式等必须有统一的规定。为此，国家计划委员会（现为国家发展和改革委员会）从 1987 年起颁布了有关房屋建筑制图的国家标准（简称国标）共 6 种。2015 年，住房和城乡建设部会同有关部门对这 6 项标准进行修订，经有关部门会审、批准陆续实施。

6 种标准有：《房屋建筑制图统一标准》（GB/T 50001—2017）、《总制图标准》（GB/T 50103—2019）、《建筑制图标准》（GB/T 50104—2022）、《建筑结构制图标准》（GB/T 50105—2022）、《建筑给水排水制图标准》（GB/T 50106—2017）、《采暖通风与空气调节制图标准》（GB/T 50114—2015）。标准对施工图中常用的图纸幅面、比例、字体、图线（线型）、尺寸标注等内容作了具体规定，下面将逐一介绍这些规定的要点。

没有规矩、不成方圆。每一个行业、每一个集体都要有标准，每一个人都要做好自己；遵守标准，集体乃至国家才能长治久安。通过本章内容的学习引导，同学们要提高个人爱国、敬业、诚信、友善的修养，自觉把小我融入大我，拥有家国情怀；通过学习制图国家标准，了解严肃性和科学性，把国家、社会公民的价值要求融为一体，增强法治思维，强化遵纪守法意识。

1.2 图纸幅面规格

图纸幅面及图框尺寸，应符合表 1-1 的规定。一般 A0 ~ A3 图纸宜横式使用，必要时也可立式使用，其布置形式见图 1-1。

表 1-1　幅面及图框尺寸　　　　　　　　　　　　　　　　　　　　mm

尺寸代号	截面代号				
	A0	A1	A2	A3	A4
$b \times l$	841×1189	594×841	420×594	297×420	210×297
c	10			5	
a	25				

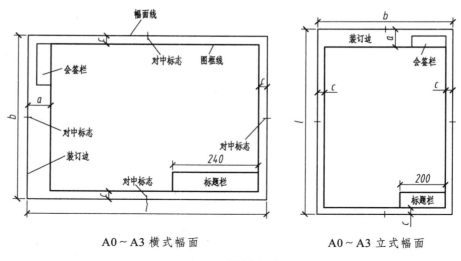

A0～A3 横式幅面　　　　　　　A0～A3 立式幅面

图 1-1　图纸布置

1.3　图　线

图线的宽度 b，应根据图样的复杂程度和比例选用（图 1-2），并且符合表 1-2 的规定。

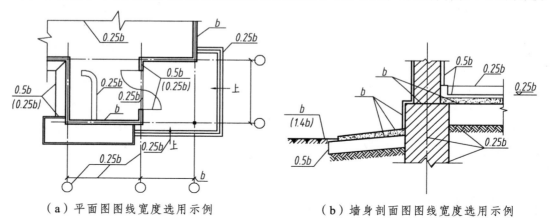

（a）平面图图线宽度选用示例　　　　（b）墙身剖面图图线宽度选用示例

图 1-2　图线宽度

表 1-2　图线

名　称		线　型	线　宽	用　途
实　线	粗		b	1. 平面图和剖面图中被剖切的主要建筑构造（包括构配件）的轮廓线； 2. 建筑立面图或室内立面图的外轮廓线； 3. 建筑构造详图中被剖切的主要部分轮廓线和外轮廓线； 4. 建筑构配件详图中的构配件的外轮廓线； 5. 平、立、剖面图的剖切符号

名　称		线　型	线　宽	用　途
实　线	中粗	————	0.7b	1. 平、剖面图中被剖切的次要建筑构造（包括构配件）的轮廓线； 2. 平、立、剖面图中建筑构配件的轮廓线； 3. 建筑构造详图及建筑构配件详图中的一般轮廓线
	中	————	0.5b	小于 0.7b 的图形线、尺寸线、尺寸界线、索引符号、标高符号、详图材料作法引出线、粉刷线、保温层线、地面、墙面的高差分界线
	细	————	0.25b	图例填充线、家具线、纹样线等
虚　线	中粗	– – – –	0.7b	1. 建筑构造详图及建筑构配件不可见的轮廓线； 2. 平面图中的起重机（吊车）轮廓线； 3. 拟建、扩建的建筑物轮廓线
	中	– – – –	0.5b	投影线、小于 0.5b 的不可见轮廓线
	细	– – – –	0.25b	图例填充线、家具线等
单点长画线	粗	▬ · ▬ · ▬	b	起重机（吊车）轨道线
	细	– · – · –	0.25b	中心线、对称线、定位轴线
折断线	细	——/\\/——	0.25b	部分省略表示时的断开界线
波浪线	细	∿∿∿	0.25b	部分省略表示时的断开界线、曲线形构间的断开界线、构造层次的断开界线

注：地平线的线宽可用 1.4b。

1.4　字　体

1.4.1　汉　字

图纸上所需书写的文字、数字或符号等，均应笔画清晰、字体端正、排列整齐、标点符号应清楚正确。图样及说明中的汉字，宜采用长仿宋体，宽度与高度的关系应符合表 1-3 的规定。

表 1-3　长仿宋体字高宽关系　　　　　　　　　　　　mm

字　高	20	14	10	7	5	3.5
字　宽	14	10	7	5	3.5	2.5

文字的字高，应从如下系列中选用：3.5 mm、5 mm、7 mm、10 mm、14 mm、20 mm。如要书写更大的字，其高度应按 $\sqrt{2}$ 的比值递增。

长仿宋字，具有笔画粗细一致、起落转折顿挫有力、笔锋外露、棱角分明、清秀美观、挺拔刚劲又清晰好认的特点，所以它是工程图样上比较适宜的字体（图1-3）。汉字的简化书写，必须符合国务院公布的《汉字简化方案》和有关规定。长仿宋字体的高度分为6级，字宽为字高的2/3，笔画粗细为字高的1/20。

俯仰左右后旋转向视局部放大剖面折断裂比例

图 1-3　长仿宋体字例

长仿宋字的书写要领是"横平竖直、起落有锋、布局均匀、填满方格"，如图1-3的字例所示。为了练好长仿宋体字，初学者应按字的长宽比例画好方格，并对照"样字"书写。写字前，应对样字进行结构分析，找出其结构特点、笔画搭配规律，做到心中有字后再下笔，并要做到练一个字，背一个字的结构。结构准确是写好字的关键。

结构准确了，还要写出笔锋。这就要下功夫掌握基本笔画的笔法。掌握好了笔法，就能写出长仿宋体字的风格。多看、多摹、多写，持之以恒，一定能练好字。从实用出发，可先练专业用字，再练其他字。一般常选用HB铅笔练写长仿宋体字。写字之前，用H铅笔，并以轻、淡、细线画好格子。

1.4.2　拉丁字母和数字

拉丁字母和数字有直体和斜体两种书写方法。如需要写成斜体字，其斜度应从字的底线逆时针向上倾斜75°。斜体字的高度与宽度应与相应的直体字相等。拉丁字母、少数希腊字母及数字的直体和斜体字例如图1-4所示。拉丁字母、阿拉伯数字与罗马数字的字高 h 不宜小于 2.5 mm。小写的拉丁字母的高度应为大写字母高的7/10，字母间隔为 $2h/10$，上下行基准线最小间距为 $15h/10$。

图 1-4　拉丁字母、阿拉伯数字和少数希腊字母示例

1.5　比　　例

图样的比例，应为图形与实物相对应的线性尺寸之比。比例宜注写在图名的右侧，字的基准线应取平；比例的字高宜比图名的字高小一号或二号（图1-5）。

平面图 1:100　　⑥ 1:20

图 1-5　比例的注写

不同比例的平面图、剖面图，其抹灰层、楼地面、材料图例的省略画法，应符合下列规定：

（1）比例大于 1：50 时，应画出抹灰层与楼地面、屋面的面层线，并宜画出材料图例。

（2）比例等于 1：50 时，宜画出楼地面、屋面的面层线，抹灰层的面层线应根据需要而定。

（3）比例小于 1：50 时，可不画出抹灰层，但宜画出楼地面、屋面的面层线。

（4）比例为 1：200～1：100 时，可画简化的材料图例（如砌体墙涂红、钢筋混凝土涂黑等），但宜画出楼地面、屋面的面层线。

（5）比例小于 1：200 时，可不画材料图例，剖面图的楼地面、屋面的面层线可不画出。

1.6　尺寸标注

图样上的尺寸，包括尺寸界线、尺寸线、尺寸起止符号和尺寸数字（图 1-6）。

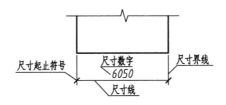

图 1-6　尺寸的组成

尺寸界线应用中实线绘制，一般与被注长度垂直，图样轮廓线可用作尺寸界线。

尺寸线用细实线绘制，应与被注长度平行，图样本身的任何图线均不得用作尺寸线。

尺寸起止符号一般用中粗斜短线绘制，其倾斜方向应与尺寸界线成顺时针 45° 角，长度宜为 2～3 mm。

尺寸数字一般应依据其方向注写在靠近尺寸线的上方中部。如没有足够的注写位置，最外边的尺寸数字可注写在尺寸界线的外侧，中间相邻的尺寸数字可错开注写（图 1-7）。

图 1-7　尺寸数字的注写位置

图样轮廓线以外的尺寸界线，距图样最外轮廓之间的距离，不宜小于 2 mm。平行排列的尺寸线的间距，宜为 7～10 mm，并应保持一致。总尺寸的尺寸界线应靠近所指部位，中间的分尺寸的尺寸界线可稍短，但其长度应相等（图 1-8）。

5

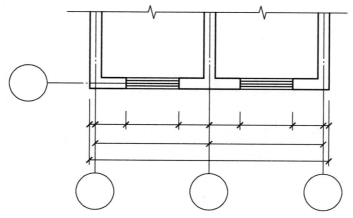

图 1-8 尺寸的排列

小 结

本章重点掌握:
（1）建筑制图的基本规定。
（2）图幅格式、绘图比例、图线选择、尺寸标注四要素。

第2章

投影基本知识

2.1 投影的方法

2.1.1 投影的概念

在日常生活中,我们看到当太阳光或灯光照射物体时,在地面或墙壁上会出现物体的影子,这就是一种投影现象。投影法与自然投影现象类似,就是投影线通过物体向选定的投影面投射,并在该面上得到图形的方法。用投影法得到的图形称作投影图或投影,如图 2-1 所示。

由此可知,产生投影时必须具备的三个基本条件分别是投影线、被投影的物体和投影面。

值得注意的是,生活中的影子和投影是有区别的,投影必须将物体的各个组成部分的轮廓全部表示出来,而影子只能表达物体的整体轮廓,并且内部为一个整体(图 2-2)。

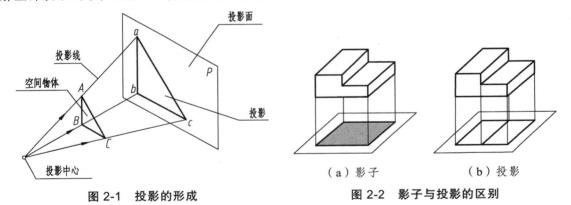

图 2-1 投影的形成   图 2-2 影子与投影的区别

2.1.2 投影法的分类

根据投影线与投影面的相对位置不同,投影法分为两种:中心投影法和平行投影法。

1. 中心投影法

中心投影法是当投影中心位于有限远处,投影线从一点出发,经过空间物体,在投影面上得到投影的方法,如图 2-1 所示。

优点:中心投影法绘制的投影图立体感较强,适用于绘制建筑物的透视图。

缺点：中心投影不能真实地反映物体的大小和形状，不适合用于绘制工程图样。

2．平行投影法

投影中心位于无限远处时，投影线相互平行经过空间物体，在投影面上得到投影的方法，称为平行投影法。平行投影法根据投影线与投影面的角度不同，又分为正投影法和斜投影法。

（1）正投影法，如图 2-3（a）所示，当投影线垂直于投影面时，所得到的投影称为正投影。与其相应的投影法称为正投影法。

（2）斜投影法，如图 2-3（b）所示，当投射线倾斜于投影面时，所得到的投影称为斜投影。与其相应的投影法称为斜投影法。

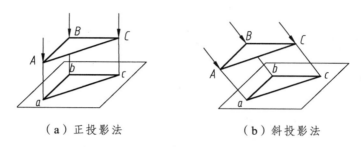

（a）正投影法　　　　　　　（b）斜投影法

图 2-3　平行投影法

正投影法能够表达物体的真实形状和大小，作图方法也较简单，所以广泛用于绘制工程图样。因此，在以后的章节中，若无特别说明，所讲述的投影都采用正投影法。

2.1.3　投影的特性

1．真实性

平行于投影面的直线段或平面图形，在该投影面上的投影反映了该直线段或者平面图形的实长或实形，这种投影特性称为真实性或可量性，如图 2-4 所示。

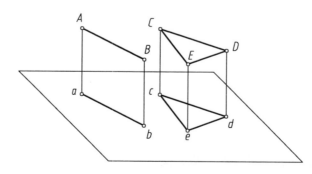

图 2-4　投影的真实性

2．平行性

相互平行的两直线在同一投影面上的平行投影保持平行。一直线或一平面图形经平行移动后，它们在同一投影面上的投影形状和大小保持不变。

3．定比性

直线上两线段长度之比等于直线的平行投影上该两线段投影的长度之比。

4．积聚性

垂直于投影面的直线段或平面图形，在该投影面上的投影积聚成为一点或一条直线，这种投影特性称为积聚性，如图2-5所示。

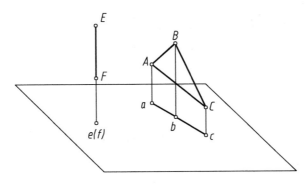

图 2-5　投影的积聚性

5．类似性

倾斜于投影面的直线段或平面图形，在该投影面上的投影长度变短或是一个比真实图形小，但形状相似、边数相等的图形，这种投影特性称为类似性，如图2-6所示。

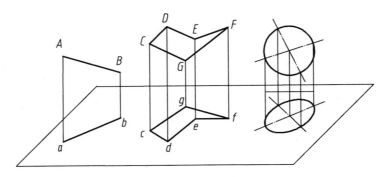

图 2-6　投影的类似性

2.2　三视图

如图2-7所示，左右两个不同的形体却反映出同样的投影图，因此单个投影面无法全面、正确显示物体的空间形状。要正确反映物体的完整形状，通常需要绘制三个投影，工程制图中称为三视图。

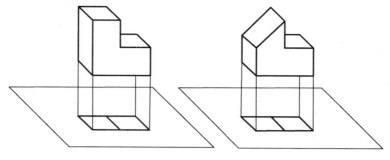

图 2-7 单一投影

2.2.1 三视图的形成

1. 三面投影体系的建立（图 2-8）

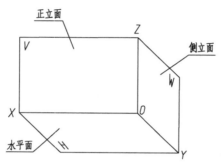

图 2-8 三面投影体系

正立投影面简称正立面，用大写字母"V"标记；

水平投影面简称水平面，用大写字母"H"标记；

侧立投影面简称侧立面，用大写字母"W"标记。

三个投影面垂直相交，得到三条投影轴 OX、OY 和 OZ。OX 轴表示物体的长度；OY 轴表示物体的宽度；OZ 轴表示物体的高度。三个轴相交于原点 O。

如图 2-9（a）所示，将被投影的物体置于三投影面体系中，并尽可能使物体的几个主要表面平行或垂直于其中的一个或几个投影面（使物体的底面平行于"H"面，物体的前、后端面平行于"V"面，物体的左、右端面平行于"W"面），保持物体的位置不变，将物体分别向三个投影面作投影，即可得到物体的三视图。

正视图：物体在正立面上的投影，即从前向后看物体所得的视图；

俯视图：物体在水平面上的投影，即从上向下看物体所得的视图；

左视图：物体在侧立面上的投影，即从左向右看物体所得的视图。

2. 三面投影的展开

工程中的三视图是在平面图纸上绘制的，因此我们需要将三面投影体系展开，如图 2-9（b）所示。V 面保持不动，H 面向下绕 OX 轴旋转 $90°$，W 面向右旋转 $90°$，三面展成一个平面。OY 轴一分为二，H 面的标记为 Y_H，W 面的标记为 Y_W。

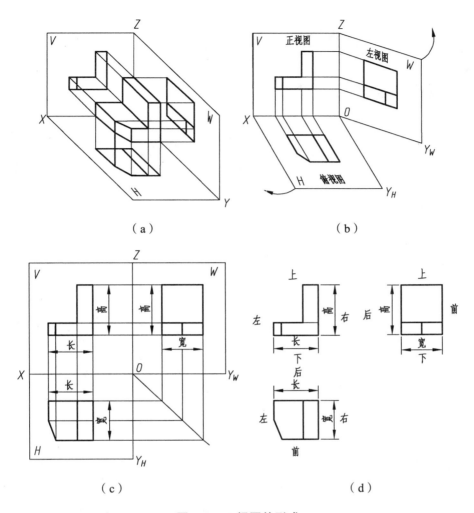

（a）　　　　　　　　　　　　　（b）

（c）　　　　　　　　　　　　　（d）

图 2-9　三视图的形成

2.2.2　三视图的规律

物体的空间位置分为上下、左右、前后，尺寸为长、宽、高，如图 2-9（c）所示。

正视图：反映物体的长、高尺寸和上下、左右位置；

俯视图：反映物体的长、宽尺寸和左右、前后位置；

左视图：反映物体的高、宽尺寸和前后、上下位置。

三视图的投影规律，是指三个视图之间的关系。从三视图的形成过程中可以看出，三视图是在物体安放位置不变的情况下，从三个不同的方向投影所得的图形，它们共同表达一个物体，并且每两个视图中就有一个共同尺寸，所以三视图之间存在如下的度量关系：

（1）正视图和俯视图"长对正"，即长度相等，并且左右对正。

（2）正视图和侧视图"高平齐"，即高度相等，并且上下平齐。

（3）俯视图和侧视图"宽相等"，即在作图中俯视图的竖直方向与侧视图的水平方向对应相等。

"长对正、高平齐、宽相等"是三视图之间的投影规律，如图 2-9（d）所示。这是画图和读图的根本规律，无论是物体的整体还是局部，都必须符合这个规律。

2.2.3　三视图的画法

1. 绘图步骤

【例 2-1】　运用三视图的投影规律，作图 2-10（a）所示空间形体的三视图。绘图步骤如图 2-10（b）~（f）所示。

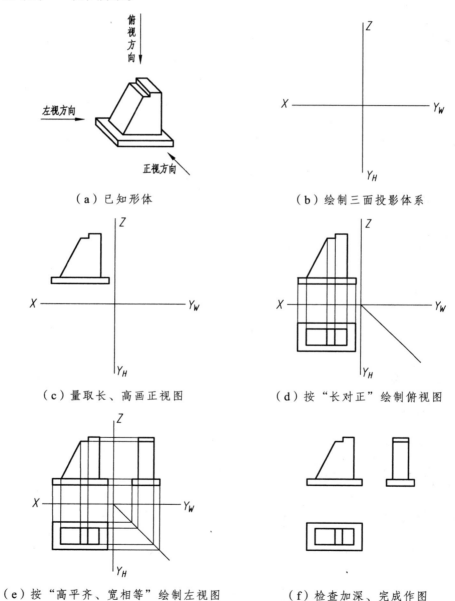

（a）已知形体　　　　　　　　（b）绘制三面投影体系

（c）量取长、高画正视图　　　　（d）按"长对正"绘制俯视图

（e）按"高平齐、宽相等"绘制左视图　　　（f）检查加深、完成作图

图 2-10　三视图的绘制

总结作三视图的作图步骤为：

（1）画展开的三面投影体系。

（2）根据轴测图选正视方向，先画正视图。

（3）根据"长对正"画俯视图，在俯视图右侧 Y_HOY_W 画角平分线。

（4）根据"高平齐、宽相等"画左视图。

（5）完成三视图，检查加深图线。

2. 绘图实例

【例 2-2】 绘制如图 2-11 所示曲面立体的三视图。

（1）分析。

该立体为一个组合体，在四棱柱的上方放置一个曲面组合柱，在其正中的上方挖掉一个圆柱体。空心圆柱的轮廓素线在俯视图和左视图中为不可见轮廓素线。

（2）作图步骤。

① 正确放置该柱体，选择正视的投影方向。

② 绘制三面投影体系以及正视图，见图 2-11（b）。

③ 根据"长对正、宽相等、高平齐"绘制其余两面投影，见图 2-11（c）。

④ 检查、加深，并且擦去投影轴及辅助线，见图 2-11（d）。

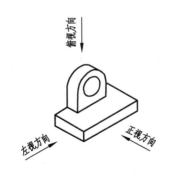

（a）已知形体

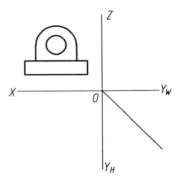

（b）绘制三面投影体系以及正视图

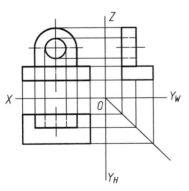

（c）根据"长对正"绘制俯视图，
按"高平齐、宽相等"绘制左视图

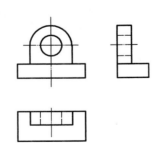

（d）检查、加深，完成作图

图 2-11 曲面体三视图的绘制

三视图的绘图步骤、三面投影连线一定要轻细准，不能歪。同学们在今后的学习生活道路上应走正直的道路，不走歪路，成为一个遵纪守法、正直的人。

小　结

本章重点掌握：

（1）投影法的基本概念。

（2）投影的分类和各自的适用范围。

（3）三面投影体系的形成及其投影特点。

（4）三视图的投影规律——"长对正、宽相等、高平齐"。

第 3 章

点、直线、平面的投影

3.1 点的投影

3.1.1 点的两面投影形成与规律

房屋形体由各面、棱线组成。两点相连形成线，线又构成面，因而得出点是形体构成的最基本元素，点的投影规律也是线、面、体投影的最基本规律。

1. 两投影面体系的建立

把直角坐标系引入投影体系里面，包含 X、Y 轴建立一个投影面，这个投影面叫水平投影面（H 投影面），可以反映形体左右、前后的情况。再包含 x、z 轴建立正立投影面（V 投影面），可以反映形体左右、上下情况，这三个坐标轴互相垂直，两投影面就互相垂直，这就建立起了两面体系。

2. 点的两面投影

现在加入一点 A，过 A 点作投射线，从上向下投影在 H 面上得到 A 点投影 a，从前向后投影在 V 面上得到投影 a'。现在 A 点有两个投影（图 3-1）$A(a, a')$，点 A 用它的两个投影点表达，$a(X_A, Y_A)$ 反映了左右和前后位置的投影，$a'(X_A, Z_A)$ 反映了 X 坐标和 Z 坐标。

3. 两面体系展开

两面即水平投影面（水平面、H 面）、正立投影面（正面、V 面）。

投影轴：X 轴。

4 个分角：H、V 两投影面将空间划分为 4 个分角。

A 点的投影：H 面投影 a，V 面投影 a'。

投影面的展开：V 面不动，H 面绕 X 轴向下旋转与 V 面重合（图 3-2）。

由此得到点的两面投影特性：

$aa' \perp X$ 轴，即点的水平投影和正面投影的连线垂直于 X 轴。

$aa_x = Aa'$，即点的水平投影到 X 轴的距离，等于空间点到 V 面的距离。

$a'a_x = Aa$，即点的正面投影到 X 轴的距离，等于空间点到 H 面的距离。

点的两面投影规律：

点的两面投影连线⊥OX轴；

点到投影面的距离，等于该点在另一个投影面上的投影到轴线的距离。

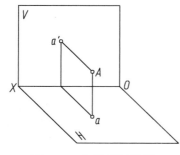

图 3-1　点的两面投影

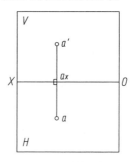

图 3-2　两面投影展开

3.1.2　点的三面投影形成与规律

1. 三面投影体系的建立

复杂形体用点的两面投影表达不清楚，所以要增加一投影面。现在画一图，包含 OZ、OY 轴建立一个 W 面，也称侧立投影面（图 3-3）。

2. 点的三面投影

投影取得：

将空间点 A 放置在三面投影体系中，通过点 A 分别向 H 面、V 面、W 面作垂直投射线，则三条投射线与三个投影面的交点分别为点 A 在 H 面的投影 a，在 V 面的投影 a' 及在 W 面的投影 a''，此投影反映了点在空间的前后、上下情况（图 3-3）。

空间点可以用三个投影表示：

$$a\ (x_A,\ y_A),\ a''\ (y_A,\ z_A),\ a'\ (x_A,\ z_A)$$

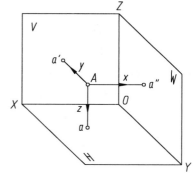

图 3-3　点的三面投影

三个投影把点的坐标分别表现了两次，这样就能把形体研究清楚。

点的三投影面体系：H 面、V 面、W 面。

三投影轴：OX 轴、OY 轴、OZ 轴。

3. 三面体系的展开

V 面不动，H 面向下，W 面向后旋转，与 V 面在同一平面上。这样三面体系就展开了，三个投影也相应产生（图3-4）。

由图可以得出点在三投影面体系的投影规律是：

点 A 的 V 面投影和 H 面投影的连线垂直于 OX 轴，即 $a'a \perp OX$（长对正）。

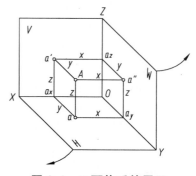

图 3-4　三面体系的展开

点 A 的 V 面投影和 W 面投影的连线垂直于 OZ 轴，即 $a'a'' \perp OZ$（高平齐）。

点 A 的 H 面投影到 OX 轴的距离等于点 A 的 W 面投影到 OZ 轴的距离，即 $aa_x = a''a_z$（宽相等），可以用圆弧或 45° 线来反映该关系。

4. 点的投影、点到投影面的距离与点的坐标的关系

空间点在三面投影体系中有唯一确定的一组投影，它的坐标为 A（x、y、z），它的三投影坐标分别为 a（x, y），a'（x, z），a''（y, z）。点的任何两个投影可反映点的三个坐标，即确定该点的空间位置（图 3-5）。

点的 H 面投影反映点的 x、y 坐标；

点的 V 面投影反映点的 x、z 坐标；

点的 W 面投影反映点的 y、z 坐标。

点 A 到 W 面的距离为：$Aa'' = a'a_z = aa_y = x$ 坐标；

点 A 到 V 面的距离为：$Aa' = a''a_z = aa_x = y$ 坐标；

点 A 到 H 面的距离为：$Aa = a''a_y = a'a_x = z$ 坐标。

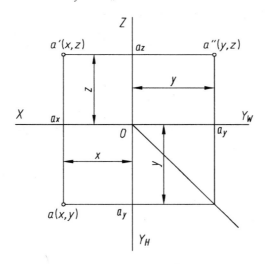

图 3-5　点的投影规律

3.1.3　点的辅助投影

为让投影更好地表达形体的空间形状，在适当位置建立一个与基本辅助面（如 H）垂直的平面，这种投影面称为辅助投影面。只有这样才能运用点的正投影规律。根据点在原体系中的投影，作出它在新体系中的辅助投影。

如图 3-6，设立一个辅助投影面 V_1 垂直于 H 面，其交线为投影轴 O_1X_1。根据点的投影规律，点 A 在 V_1 上的投影 a_1' 反映点 A 的高度 Z，即 $a_1'x_1 = Aa = a'a_x$。

辅助投影面展开时，V 面不动。V_1 先摊平到与 H 面重合，然后将 H 面连同 V_1 面一齐摊平到与 V 面重合。为表示清楚各投影面的位置，可在投影轴 OX、O_1X_1 上标注与该轴相关的两投影面的名称，即在 OX 下方注 H，上方注 V；在 O_1X_1 的 H 一方注 H，另一方注 V_1。

根据投影规律，在 V_1 和 H 两投影面体系中，点 A 的 V_1 投影 a_1' 和 H 投影 a 的连线，应垂直于投影轴 O_1X_1，并在该连线上截取 $a_1'a_{x1} = a'a_x$，可求得 a_1'。

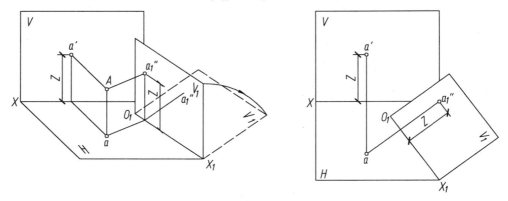

图 3-6　辅助投影面 V_1

辅助投影面还可以设置成垂直于 V 面［图 3-7（a）］，并用 H_1 表示。展开时，V 面不动，H_1 与 H 面分别摊平到与 V 重合。根据点的正投影规律，A 在 H_1 面上的投影 a_1 与 a' 的连线垂直于新投影轴 O_1X_1，并 a_1 到 O_1X_1 的距离等于 a 到 OX 的距离，都等于点 A 的 y 坐标［图 3-7（b）］。

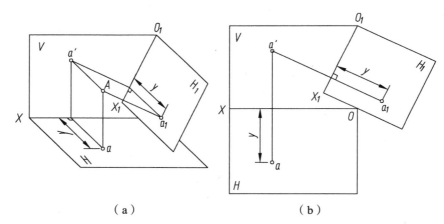

（a）　　　　　　　　　　　　（b）

图 3-7　辅助投影面 H_1

3.1.4　两点的相对位置

两点的相对位置是指空间两点在三面投影体系中对 H 面的上、下关系，对 V 面的前、后关系，对 W 面的左、右关系。通常判断两个点在空间的相对位置，是将其中一点作为基准点，判断另一点（即比较点）与基准点的左右、前后、上下关系。

判别方法：x 坐标大的在左，y 坐标大的在前，z 坐标大的在上。

【例 3-1】　比较 A、B 点的相对位置［图 3-8（a）］。在投影图中确定 A 点为基准点，比较点 B，先比较左右，得出结论：

B 在 A 之右 Δx，B 在 A 之前 Δy，B 在 A 之下 Δz［图 3-8（b）］。

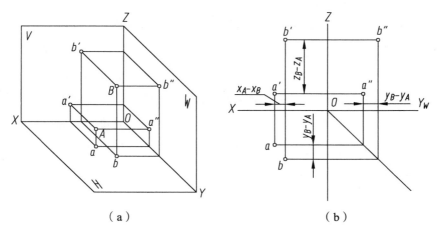

（a）   （b）

图 3-8　两点的相对位置

3.1.5　点的重影及其可见性判断

　　当空间两点处在对某一投影面的同一条投影线上时，它们在该投影面上的投影便重合在一起。这些点称为对该投影面的重影点。重合在一起的投影称为重影。

　　重影点的投影有可见与不可见之分，不可见的投影加上括号。

　　判断重影点投影的可见与否，只需从非重影的投影来加以区分，距离投影面远的点可见，距离投影面近的点不可见，即比较其相应坐标的大小（坐标值大的可见，相对小的不可见）。

　　【例 3-2】　求点 C 与点 D 的正面投影，说明它们的相对位置，并判别其可见性。

　　分析：从图 3-9 可知，点 C 和点 D 位于 V 面的同一投射线上，它们的 x 坐标与 z 坐标均相等，因此它们是 V 面的重影点。点 D 距 V 面近，因为点 D 的 y 坐标小于点 C 的 y 坐标，因此点 D 的 V 面投影不可见。

3.2　直线的投影

　　直线常以线段的形式表示。

　　两点确定一条直线，将直线上两点的同面投影用直线连接起来，就得到直线的三个投影。一般情况下，直线的投影仍为直线。

　　直线相对于投影面的各种位置，就是指对投影面

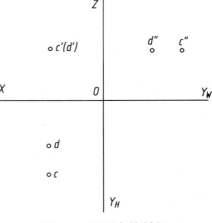

图 3-9　重影点的判断

的倾角是什么。一条直线相对于投影面来说有三种情况：平行、垂直、倾斜。

　　其中平行、垂直称为投影面的特殊直线，倾斜称为投影面的一般直线。

3.2.1　一般位置直线

　　一般位置直线是指空间线段与投影面既不平行也不垂直，有个小于 90° 的夹角。线上每

一点到投影面的距离都不相等。它的投影有个特点：一定比真实长度短。

一般位置直线判别方法：只要有两个投影是倾斜的，一定为一般位置直线。

倾斜线的三个投影均小于直线实长（图 3-10），它在 H 面的投影 $ab = AB \cdot \cos\alpha$；在 V 面的投影 $a'b' = AB \cdot \cos\beta$；在 W 面的投 $a''b'' = AB \cdot \cos\gamma$。由此可知，当直线的某一倾角为零时，其投影长度等于直线实长；当某一倾角为 90° 时，直线的投影长度等于零（积聚为一点）。而一般位置直线的投影既不能反映直线实长也无积聚性，其投影均为直线段，三投影与相应轴的夹角不反映直线与投影面的倾角。

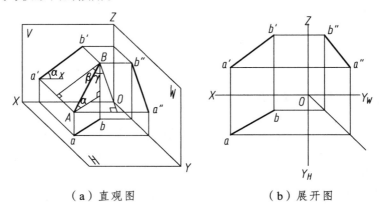

（a）直观图　　　　　　　　　（b）展开图

图 3-10　一般位置直线投影规律

直线与 H、V 和 W 三投影面的夹角分别用 α、β、γ 表示。一般位置直线的投影规律：

三面投影都是倾斜的，且长度都小于线段实长，即不反映实长。

三面投影都不反映直线对于 H、V、W 面的倾角 α、β、γ 实形。

3.2.2　投影面平行线

当空间一线段平行于投影面时，线上每一点到投影面的距离都相等，它的投影反映实长，叫实长投影。平行于 H 面的直线称为水平线，平行于 V 面的直线称为正平线，平行于 W 面的直线称为侧平线（表 3-1）。

投影面平行线的判别方法：只要有一个投影是倾斜的，另外两个投影是平行的，一定是投影面的平行线，且平行于倾斜投影所在的平面。

投影面平行线的投影规律：

（1）在所平行的投影面上的投影反映平行线段实长，且与投影轴的夹角反映平行线与相应投影面夹角的实形，也就是与投影轴的夹角分别反映该直线对另外两投影面的真实倾角。

（2）另外两投影都小于实长，分别平行于平行投影面的相应轴线，同时垂直于两投影面的交线。

表 3-1　投影面平行线的投影规律

名称	正平线	水平线	侧平线
直观图	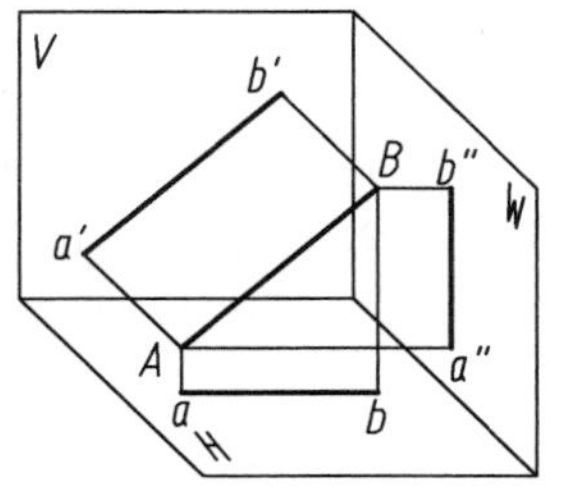	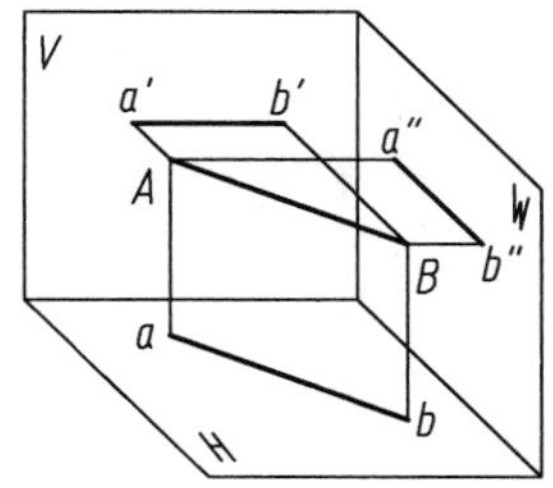	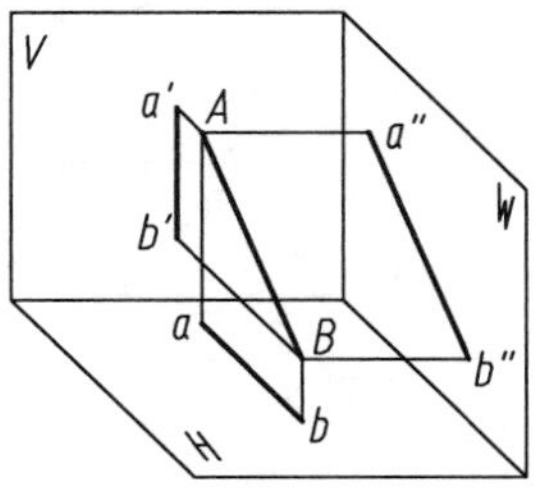
投影图	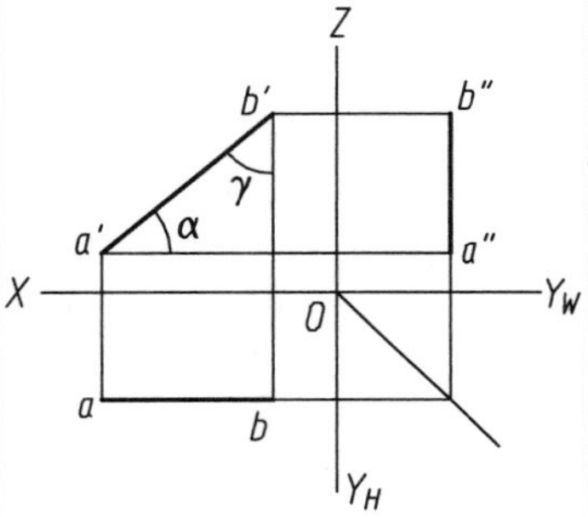	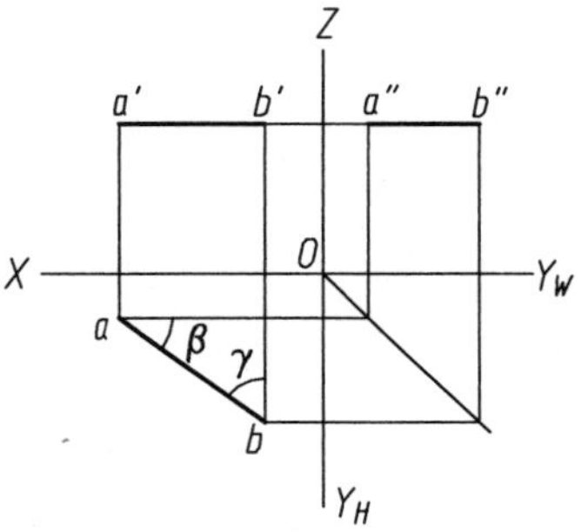	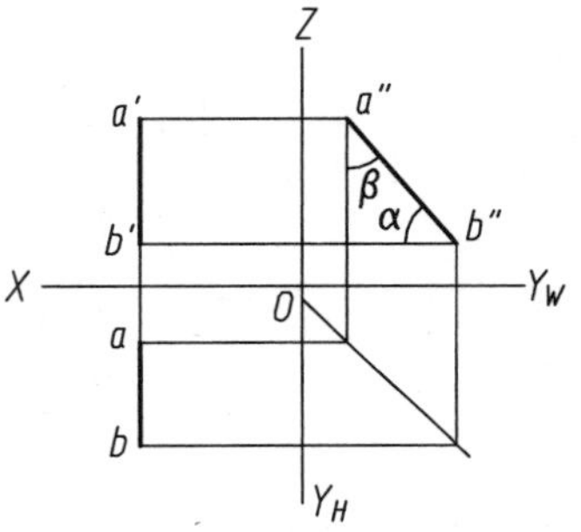
投影特性	1. $ab /\!/ OX$ 　$a''b'' /\!/ OZ$； 2. $a'b' = AB$； 3. 反映 α、γ 实角	1. $a'b' /\!/ OX$ 　$a''b'' /\!/ OY_W$； 2. $ab = AB$； 3. 反映 β、γ 实角	1. $a'b' /\!/ OZ$ 　$ab /\!/ OY_H$； 2. $a''b'' = AB$； 3. 反映 α、β 实角

3.2.3　投影面垂直线

垂直于一个投影面（必平行于另二投影面）的直线称为该投影面的垂直线，直线在投影面上积聚为一个点叫积聚投影。垂直于 H 面的直线称为铅垂线，垂直于 V 面的直线称为正垂线，垂直于 W 面的直线称为侧垂线（表 3-2）。

表 3-2　投影面垂直线的投影规律

名称	立体图	投影图	投影特征
铅垂线	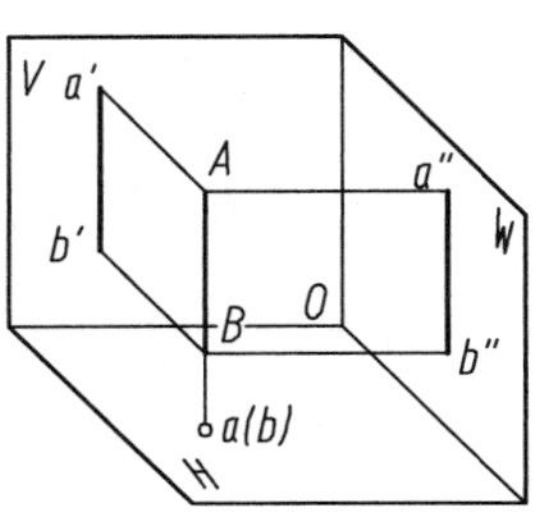	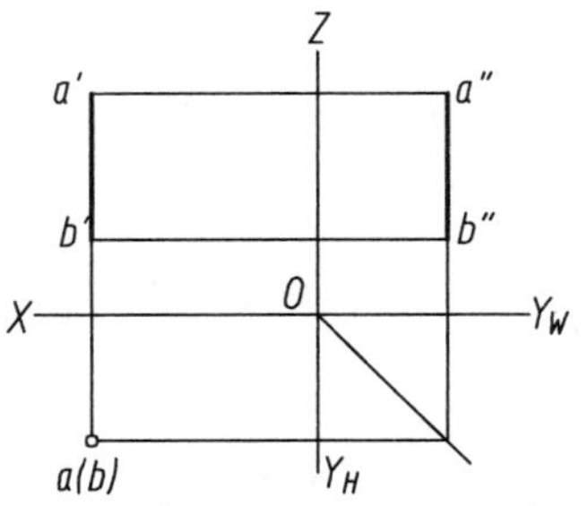	1. $a(b)$ 积聚成一点； 2. $a'b' \perp OX$；$a''b'' \perp OY_W$ 　且 $a'b' = a''b'' = AB$

21

名称	立体图	投影图	投影特征
正垂线			1. a'（b'）积聚成一点； 2. $ab \perp OX$；$a''b'' \perp OZ$ 　且 $ab = a''b'' = AB$
侧垂线			1. a''（b''）积聚成一点； 2. $ab \perp OY_H$；$a'b' \perp OZ$ 　且 $ab = a'b' = AB$

投影面垂直线的投影特性：

（1）投影特性：在所垂直的投影面上的投影积聚为一点。

（2）在另两个投影面上的投影垂直于相应的投影轴，反映实长。

以铅垂线为例：

H 投影有积聚性（垂直于哪个面，则在哪个面上的投影有积聚性）。

$a'b'$、$a''b''$ // 轴 OZ，且反映实长，$a'b' = a''b'' = AB$ 或 $a'b' \perp OX$，$a''b'' \perp OY_W$。

3.3　直线上的点

直线上的点的投影，一定落在该直线的同面投影上（归属性）。也就是说，当点在直线上时，点的投影必在直线的同面投影上。即点的水平投影在直线的水平投影上；点的正面投影在直线的正面投影上；点的侧面投影在直线的侧面投影上，且符合点的投影规律。

一直线上两线段长度之比，等于它们的投影长度之比（等比性）。

即 K 点在 AB 上，则 K' 在 $a'b'$ 上，K 在 ab 上，K'' 在 $a''b''$ 上，且 $AK : KB = ak : kb = a'k' : k'b' = a''k'' : k''b''$。

【例 3-3】　如图 3-11，已知直线 AB 的两面投影，点 K 属于直线 AB，且 $AK : KB = 1 : 2$，求 K 的两面投影。

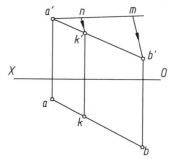

图 3-11　求 K 的两面投影

22

解：选择 AB 的任一投影的任一端点如 a'，以适当的方向作一条射线，并在其上从 a' 点起量取 3 个相等的长度。连 mb'，并过点 n 作 mb' 的平行线，交 $a'b'$ 于点 k'。然后由 k' 作投影连线交 ab 于点 k，k 和 k' 即为点 K 的两面投影。

3.4 线段的实长与倾角

倾斜线的各投影均不反映其实长及与投影面的倾角。可以利用空间线段与其投影之间的几何关系，用图解的方法求得其实长和倾角。

3.4.1 直角三角形方法

直角三角形法是利用直线的某一个投影（如水平投影 ab）和直线两端点在另一方向的坐标差（如 Δz）求一般位置直线的实长及其对投影面的倾角的方法（图 3-12）。

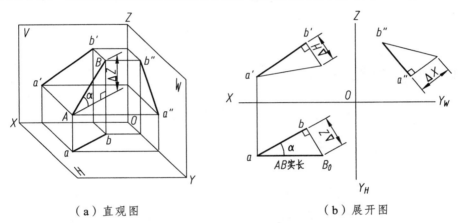

（a）直观图 （b）展开图

图 3-12 一般位置直线求实长

已知直线 AB 的两面投影，求直线的实长及与水平面夹角 α 的实形。

具体方法：在 H 面以直线 AB 的水平投影 ab 为一直角边，再以正面投影 $a'b'$ 的 z 坐标之差为另一直角边组成直角三角形 abB_0。直角三角形的斜边 aB_0 即为直线 AB 的实长；斜边与水平投影的 ab 的夹角即为直线 AB 与 H 面的倾角 α。

当用直角三角形法求线段的实长及其对某投影面的倾角时，应以线段在该投影面上的投影长为一直角边，以线段两端点至该投影面的坐标差为另一直角边，斜边与投影长度的夹角即为空间直线对该投影面的倾角。

应注意，求不同倾角所用的投影不同。求倾斜线的实长及其与 V 面的倾角 β 或与 W 面的倾角 γ，其原理相同，作图方法类似。

3.4.2 辅助投影法

将一般倾斜直线变换为新投影面的平行线，使其在平行投影面上反映实形。和直角三角形法实质一样，只是形式不同而已。

步骤：

（1）在适当位置作 $O_1X_1 /\!/ ab$；

（2）根据求点的新投影的方法作出 a_1' 和 b_1'；

（3）$a_1'b_1'$ 即为 AB 在 V_1 面上的新投影，$a_1'b_1'$ 反映实长，即 $a_1'b_1' = AB$，如图 3-13 所示。

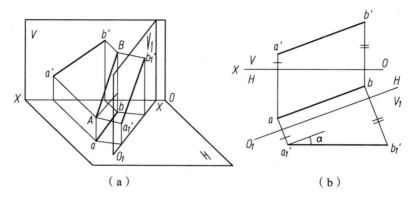

（a）   （b）

图 3-13　辅助投影法

3.5　两直线的相对位置

空间两直线的相对位置有平行、相交、交叉。

3.5.1　平　行

空间 $AB /\!/ CD$，投影 $ab /\!/ cd$，$a'b' /\!/ c'd'$，$a''b'' /\!/ c''d''$。

空间平行的两直线，其同面投影仍互相平行。反之，若两直线的同面投影都互相平行，则这两直线空间平行。

一般情况下，只要二直线有两个投影面的同面投影平行，即可断定该二直线在空间平行。但当两直线同时平行于某一投影面时，则应看它们在该投影面上的投影是否平行，若平行则空间平行，否则不平行（图 3-14）。

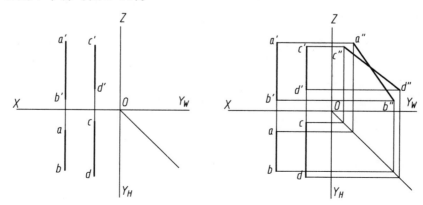

图 3-14　两直线平行的判断

3.5.2 相 交

两直线有一个唯一的共有点，则两直线相交。

相交两直线，其同面投影均相交，且交点的连线垂直于投影轴。反之，若两直线的同面投影均相交，且交点（必须是同一点的投影）的连线垂直于投影轴，则两直线相交。对于一些特殊情况，两组投影不足以判断，若两直线中有一条为某一投影面的平行线，则应利用第三投影来进行判断（图 3-15）。

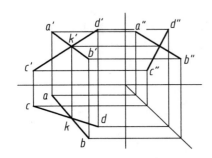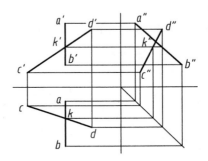

（a）两一般位置直线相交　　　（b）一般位置直线与侧平线相交

图 3-15　两直线相交的判断

若 ab 和 cd 相交于 k 点，a'b'和 c'd'相交于 k'点，a″b″和 c″d″相交于 k″点，且 k、k'、k″是空间 K 点的三个投影，故可以判断空间直线 AB、CD 相交。

3.5.3 交 叉

既不平行也不相交的两直线称为交叉两直线。交叉两直线的同面投影可能平行，但不可能所有同面投影都平行；其同面投影可能相交，但交点连线不垂直于投影轴，或者交点不是同一个点的投影。

既不平行又不相交的两条直线，必然是交叉两直线，它的投影图可能有投影交点。投影相交的点称为重影点，交叉直线需要判断重影点的可见性（图 3-16）。

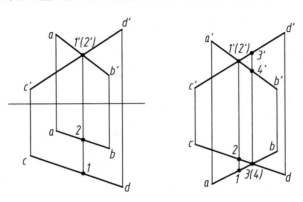

图 3-16　判断重影点的可见性

3.5.4　两相互垂直直线

两直线的夹角，其投影有三种情况：

（1）当两直线都平行于某投影面时，其夹角在该投影面上的投影反映实形。

（2）当两直线都不平行于某投影面时，其夹角在该投影面上的投影一般不反映实形。

（3）当两直线中有一直线平行于某投影面时，如果夹角是直角，则它在该投影面上的投影仍然是直角。

如图 3-17（a）所示，直线 AB 垂直于 BC，其中 AB 是水平线，则在 H 面上的投影 ab 和 bc 互相垂直，见图 3-17（b）。如图 3-17（c）、（d）所示，直线 DE 垂直于 EF，其中 DE 是正平线，则在 V 面上的投影 de 和 ef 互相垂直。两交叉直线也有相互垂直的。

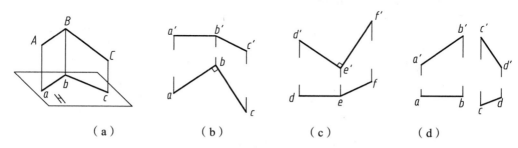

（a）　　　　　（b）　　　　　（c）　　　　　（d）

图 3-17　两直线相互垂直

反之，如果两直线的某一投影面互相垂直，而且其中有一条直线平行于该投影面，则这两直线在空间一定互相垂直。

3.6　平面的投影

这里我们所说的平面是几何意义上的平面，是无边无垠没有厚度的。我们主要研究它上面特殊的点、线，或者一部分，并以此来确定平面在空间的位置。如果是一部分，就是研究平面的形状；再有就是研究两个平面的关系。

不在同一直线上的三个点可以表示一个平面；一条线和线外一点的投影可表达一个平面；相交二直线可以表示一个平面；用平行二直线可表达一个平面；一个平面图形也表示一个平面（图 3-18）。

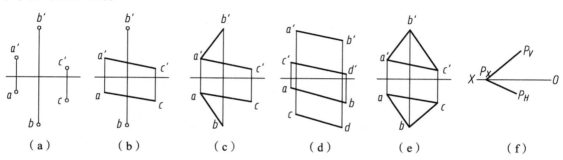

（a）　　　　（b）　　　　（c）　　　　（d）　　　　（e）　　　　（f）

图 3-18　平面表示方法

3.6.1 一般位置平面

平面与投影面的相对位置有两种：一般位置平面和特殊位置平面［图3-19（a）］。

1. 空间位置

一般位置平面与三投影面都倾斜。

2. 投影特性

平面上点到同一投影面的距离都不相等；平面的投影不是实形，也不反映平面与各投影面的倾角；投影后形状、大小变化（比实形小），表现为类似形状［图3-19（b）］。

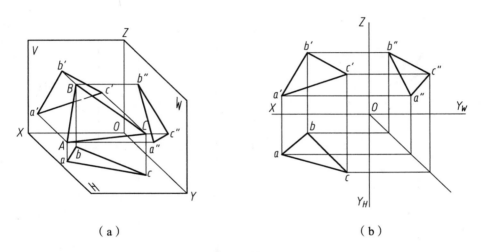

（a）   （b）

图3-19 一般位置平面投影特性

特殊位置平面包括投影面垂直面和投影面平行面。

3.6.2 投影面平行面

投影面平行面平行于一个投影面，同时垂直于另外两个投影面。

投影面平行面又可分为三种：

平行于 V 面的平面称为正平面；

平行于 H 面的平面称为水平面；

平行于 W 面的平面称为侧平面。

投影面平行面的投影特性：在所平行的投影面上的投影反映实形；在其他两个投影面上的投影积聚成直线，且平行于相应的投影轴，也可以说垂直于同一投影轴（表3-3）。

表 3-3　投影面的平行面投影特性

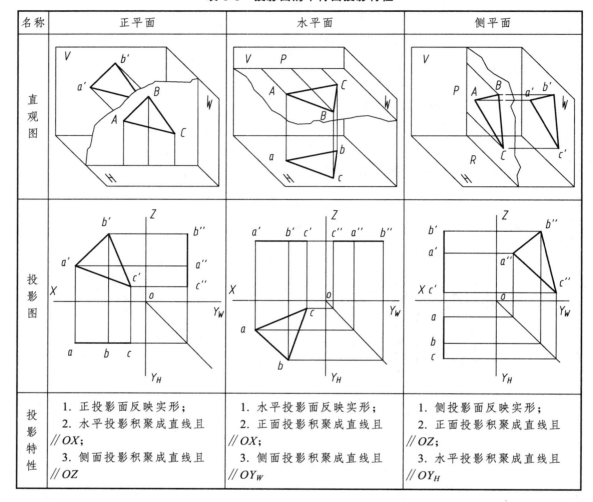

名称	正平面	水平面	侧平面
投影特性	1. 正投影面反映实形； 2. 水平投影积聚成直线且 // OX； 3. 侧面投影积聚成直线且 // OZ	1. 水平投影面反映实形； 2. 正面投影积聚成直线且 // OX； 3. 侧面投影积聚成直线且 // OYW	1. 侧投影面反映实形； 2. 正面投影积聚成直线且 // OZ； 3. 水平投影积聚成直线且 // OYH

判定：若平面的三个投影中有一个投影积聚成直线，并与该投影面的投影轴平行或垂直，则它一定是某个投影面的平行面。

3.6.3　投影面垂直面

投影面垂直面垂直于一个投影面，倾斜于另外两个投影面。（垂直面相对于投影面来讲，平面上的所有内容都积聚在一条线上）

投影面垂直面可分为三种：

垂直于 V 面的平面称为正垂面；

垂直于 H 面的平面称为铅垂面；

垂直于 W 面的平面称为侧垂面。

投影面垂直面的投影特性：在所垂直的投影面上的投影积聚为一斜直线，此投影与相应投影轴的夹角分别反映该平面与另两个投影面的倾角；该平面在另两个投影面上的投影均有类似性（表3-4）。

表 3-4　投影面的垂直面投影特性

名称	铅垂面	正垂面	侧垂面
直观图	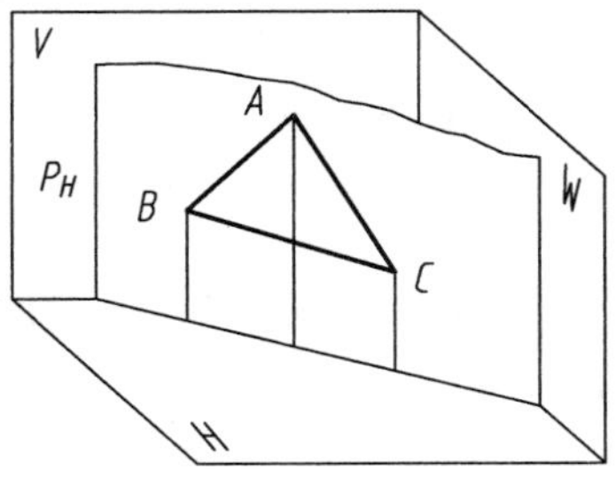	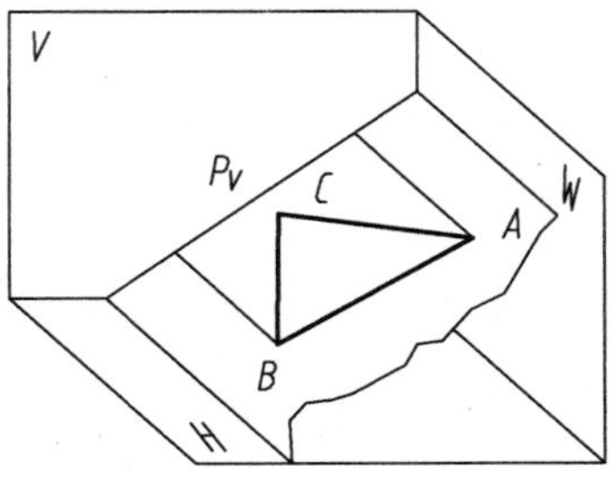	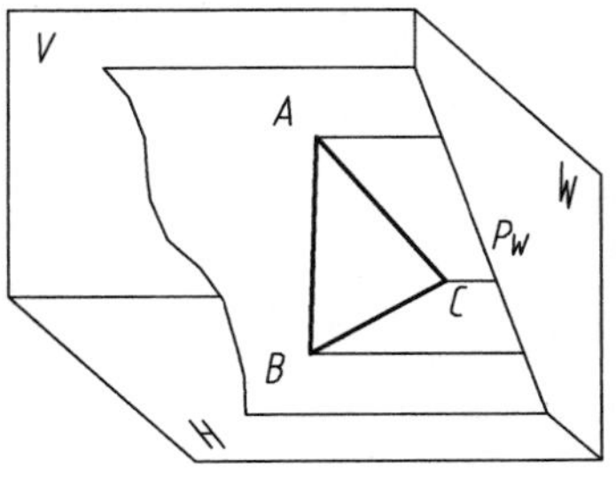
投影图	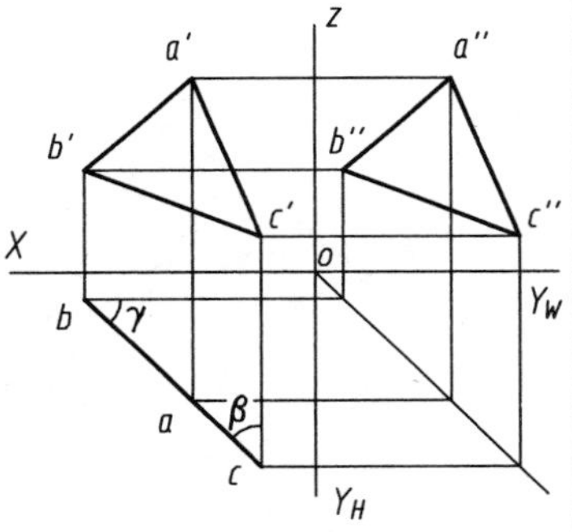	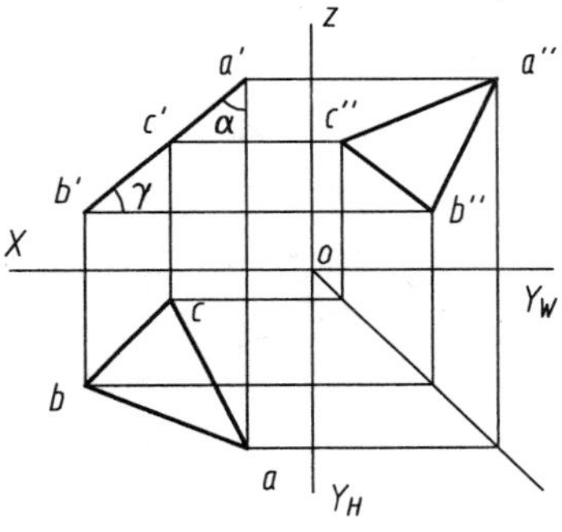	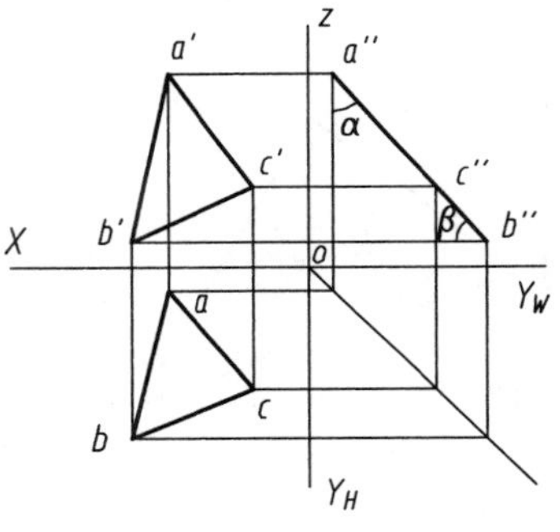
投影特性	1. 水平投影积聚成直线且反映 β、γ； 2. 正面投影面为相似形； 3. 侧面投影为相似形	1. 水平投影积聚成直线且反映 α、γ； 2. 水平投影面为相似形； 3. 侧面投影为相似形	1. 侧面投影积聚成直线且反映 α、β； 2. 正面投影面为相似形； 3. 侧面投影为相似形

判定：若平面的三个投影中有一个投影是斜直线，则它一定是该投影面的垂直面。

特别注意侧垂面的判断，只给出 H、V 投影不能简单判断为一般位置平面，需通过补绘第三面投影来判断。

小结：我们把以上情况叫作三类七种面。其中平行面和垂直面我们叫作投影面的特殊平面，它们对我们来说用处很大。

平面垂直于投影面时，它的投影积聚成一条直线——积聚性。

平面平行于投影面时，它的投影反映实形——实形性（真实性）。

平面倾斜于投影面时，它的投影为类似图形——类似性（相仿性）。

3.7 平面上的点和直线

3.7.1 平面上的直线

直线在平面内的条件：

（1）通过平面内的两点。

（2）通过平面内一点并平行于平面内的另一直线。在平面内取直线须先在平面内的已知直线上取点。

在图 3-20（a）中，已知 △ABC 内点 E、F 的正投影 e′、f′，作其水平投影 ef：过 e′点作 e′f′的延长线，与 b′a′交于 r′点，过 f′点作 e′f′的延长线，与 a′c′交于 z′点，可求得 r′z′的 H 面投影 rz，ef 的水平投影同理可求。

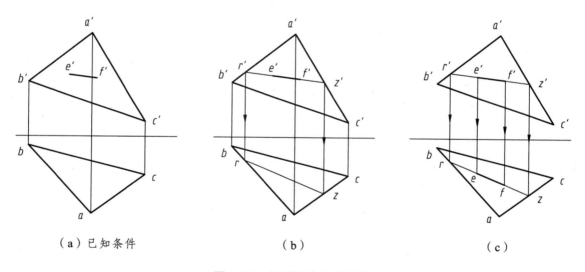

（a）已知条件 （b） （c）

图 3-20 作平面内点的投影

【例 3-4】 已知四边形 ABCD 的水平投影及 AB、BC 两边的正面投影［图 3-21（a）］，试完成该四边形的正面投影。

解：由于四边形 ABCD 两相交边线 AB、BC 的投影已知，即平面 ABC 已知，所以本题实际上是求属于平面 ABC 上的点 D 的正面投影 d′。于是在图 3-21（b）中连 abcd 的对角线得交点 k，过 k 作 kk′⊥OX 轴交 a′c′于 k′，延长 b′k′交过 d 向上所作的投影线于 d′，连 a′d′、c′d′即得所求四边形正面投影。

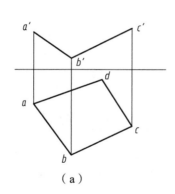

（a）

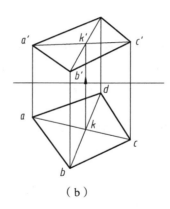

（b）

图 3-21　补全平面的投影

如图 3-22（a）所示，欲在 △*ABC* 平面内作两条水平线。可先过 *a'* 作 *a'l'*∥*OX*，交 *b'c'* 于 *l'*。由从属性求得 *l*，连 *al*，得水平线 *AL* 的水平投影 *al*。又作 *m'n'*∥*a'l'*，由从属性求得 *m*、*n* 点。连 *mn*，得水平线 *MN* 的水平投影 *mn*。

用同样的方法，可作出平面内正平线的投影 *a'l'*，*al*［图 3-22（c）］。

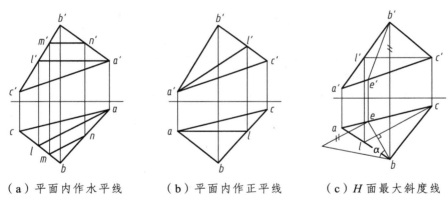

（a）平面内作水平线　　　　（b）平面内作正平线　　　（c）*H* 面最大斜度线

图 3-22　平面内正平线的投影

3.7.2　平面上的点

点在平面内的条件是点在平面内的一条直线上。在平面内取点，可以直接在平面内的已知直线上选取；或先在平面内取一条（辅助）直线，然后在该直线上选取符合要求的点。

分析：直线 *AB* 是侧平线，尽管 *K* 点的正面、水平投影都在直线的同面投影上，但还不足以说明点 *K* 一定在直线 *AB* 上，需要画出它们的侧面投影后才能判定。从图 3-22（b）可知，*k"* 不在 *a"b"* 上，所以点 *K* 不在直线 *AB* 上。

3.7.3　投影面垂直面上的点和直线

投影垂直面上的任一点、任一直线、任一平面图形的投影，在投影面垂直面所垂直的投影面上的投影，必落在该投影面垂直面的积聚投影上。

【例 3-5】　给出两坡屋面上一点 *A* 的 *V* 投影 *a'*，求 *a* 和 *a"*。

作图步骤：

（1）点 A 所在的屋面 $BCDE$ 是一个侧垂面，它的 W 投影 b''（c''）（d''）e'' 有积聚性。

（2）过 a' 引水平投影连线与屋面的 W 投影相交于 a''，即点 A 的 W 投影。

（3）截取 a'' 与屋檐的距离 y，移置在 H 投影上，作一水平线，与过 a' 向下所引的竖直投影连线相交，即得所求的 a。

通过学习点、线、面的投影，引导学生把国家、社会公民的价值要求融为一体，提高个人爱国、敬业、诚信、友善的修养，自觉把小我融入大我，拥有家国情怀。每一个点都是小我，每一条线都是小家、小集体，平面是国家，是我们所共生的不可或缺的母亲。孤立的点和线都不能成就面，只有所有的点和线共荣共生，我们的国家才能繁荣富强，从而使得我们每一个个体幸福安康。

小　结

本章重点掌握：

（1）点的三面投影特征，重影点判定方法。

（2）直线的投影特征，尤其是特殊位置直线的投影特征。

（3）点与直线及两直线的相对位置的判断方法及投影特征。

（4）平面的投影特征，尤其是特殊位置平面的投影特征。

（5）如何在平面上确定直线和点。

（6）两平面平行的条件一定是分别位于两平面内的两组相交直线对应平行。

（7）直线与平面的交点和平面与平面的交线是两者的共有点或共有线。

第4章

直线与平面及两平面的相对关系

4.1 直线与平面、平面与平面的平行

4.1.1 直线与平面平行

1. 直线平行于一般平面

若一直线与某平面上任一直线平行，则此直线与该平面平行。反之，若一直线与某平面平行，则在此平面上必能作出与该直线平行的直线。

如图 4-1 所示，直线 AB 平行于属于平面 P 的直线 CD，则直线 $AB/\!\!/P$ 面。

利用上述几何条件，即可作直线平行于平面、平面平行于平面，以及判别直线与平面是否平行。

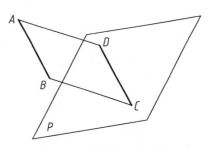

图 4-1 直线//一般平面

【例 4-1】 过点 M 作一正平线与已知 $\triangle ABC$ 平面平行。

解： 过点 M 可作无数条与 $\triangle ABC$ 平行的直线，但其中正平线只有 1 条。根据题意该直线应平行于 $\triangle ABC$ 内的正平线（图 4-2）。

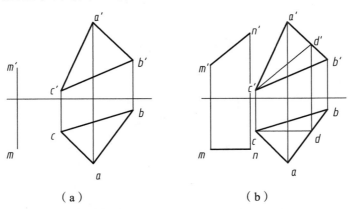

（a）　　　　　　　　　（b）

图 4-2 作正平线与已知平面平行

（1）在 $\triangle ABC$ 内作一正平线，如 CD（cd，$c'd'$）。

（2）过 M 作 $MN /\!/ CD$，即过 m' 作 $m'n' /\!/ c'd'$，$mn /\!/ cd$，则直线 MN 即为所求 ［ 图 4-2（ b ）］。

2. 直线平行于投影面垂直面

投影面的垂直面在所垂直的投影面上积聚为一直线，若直线平行于投影面的垂直面，则直线与垂直面的积聚投影平行。

【例 4-2】 已知直线 EF 及四边形 $ABCD$ 的 H、V 面投影，判断两者的相对位置（图 4-3 ）。

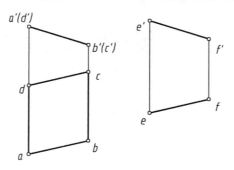

图 4-3　作正平线与已知平面平行

投影面垂直面与直线平行，则它们在该面的投影相平行。

解： 已知直线与平面的 H、V 面投影，判别它们是否平行。已知四边形 $ABCD$ 是正垂面，如果直线 CF 的正投影和四边形 $ABCD$ 的正面积聚投影垂直，那么直线 CF 和四边形 $ABCD$ 平行。

4.1.2　平面与平面平行

1. 两一般面相互平行

若两平面内各有一对相交直线对应平行，则此两平面互相平行。

如果甲、乙两平面内，L_1、L_2 相交于点 K，N_1、N_2 相交于点 Q，如果 $L_1 /\!/ N_1$、$L_2 /\!/ N_2$，则两面平行。如果它们不是相交二直线也不成立。

【例 4-3】 试过点 D 作一平面平行于 $\triangle ABC$（图 4-4 ）。

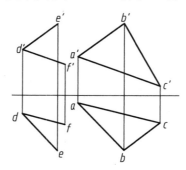

图 4-4　过点作一平面与已知平面平行

解： 根据两平面平行的几何条件，只要过点 D 作两相交直线对应平行于 $\triangle ABC$ 内任意两相交直线即可。在图中作 $d'e' /\!/ a'b'$、$d'f' /\!/ a'c'$、$de /\!/ ab$、$df /\!/ ac$。则 DE 和 DF 所确定的平面为所求。

2. 两投影面垂直面相互平行

若同一投影面的两个垂直面相互平行，则在所垂直的投影面上的积聚投影相互平行。

若两投影面垂直面相互平行，则这两个垂直面一定是同一投影面的垂直面。

当互相平行的两平面为某投影面垂直面时，两平面在该面的积聚投影一定平行。判别两个某投影面垂直面是否平行时，只需检查两平面在该投影面的积聚投影是否平行即可。

【例 4-4】　过 *AB* 作平面平行于四边形 *CDEF*。

分析：两平面均为正垂面，只要它们的正面投影平行，则这两个平面平行。△*ABC* 平行于△*DEF*（图 4-5）。

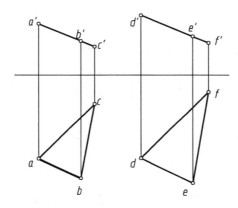

图 4-5　过点作一平面与已知平面平行

4.2　直线与平面、平面与平面的垂直

4.2.1　直线与平面垂直

1. 直线垂直于一般平面

几何条件：一直线若垂直于平面内任意相交二直线，则此直线与该平面垂直。反之，若直线垂直于平面，则此直线垂直于属于该平面的所有直线。

即：（1）若 *MK*⊥*EC*、*AD*（*EC*、*AD* 是属于平面 *ABC* 的两条相交直线），则 *MK*⊥平面 *ABC*（图 4-6）。

（2）若 *MK*⊥平面 *ABC*，则 *KL*⊥G_1、G_2、G_3、G_4…（G_1、G_2、G_3、G_4…属于平面 *ABC*）。

直线与平面垂直，则该直线必垂直于平面内的正平线和水平线。根据直角定则，作出其投影图，见图 4-7。注意：在投影图中直线与平面内的其他线不反映直角。

【例 4-5】　如图所示，检查 *DE* 是否垂直于平面 *ABC*。

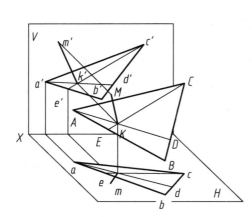

图 4-6　直线垂直于一般平面

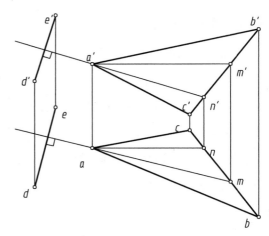

图 4-7　判断直线是否垂直于一般平面

解： 如果直线 $DE \perp \triangle ABC$，则 DE 垂直于 $\triangle ABC$ 上的所有直线。为便于判别，选 $\triangle ABC$ 上的水平线和正平线进行判别，如果 DE 直线的水平投影垂直于 $\triangle ABC$ 上的水平线的水平投影，DE 直线的正面投影垂直于 $\triangle ABC$ 上的正平线的正面投影，则直线 DE 与平面垂直，否则不垂直。

2. 直线垂直于投影面垂直面

当平面为某投影面的垂直面时，与其垂直的直线必为该投影面的平行线。如果平面为铅垂面，与其垂直的直线即为水平线；如果平面为正垂面，与其垂直的直线即为正平线。

因此，要作投影面垂直面的垂线，可先作直线的一个投影和平面的积聚投影相垂直，所作直线的另一投影，一定平行于相应的投影轴。若要判别直线和投影面垂直面是否垂直，应先检查平面的积聚投影和该面的直线投影是否垂直，如果垂直，然后再检查直线的另一投影是否平行于相应的投影轴，若平行，则直线与投影面垂直面垂直。反之，则不垂直。

【**例 4-6**】　已知水平线 AB 的 H、V 投影，如图 4-8 所示，作铅垂面 R 垂直于水平线 AB。

分析：直线垂面于投影面垂直面时投影面垂直面的积聚投影与该垂线的同面投影相垂直。

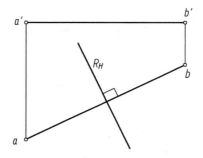

图 4-8　作铅垂面 R 垂直于水平线 AB

4.2.2　平面与平面垂直

若两平面互相垂直，则由属于第一个平面的任意一点向第二个平面所作的垂线一定属于第一个平面。

两平面互相垂直的几何条件：两平面甲、乙，若其中甲平面通过乙平面的一条垂线，或者说甲平面上如有一条直线垂直于另一个平面，这两个平面必然相互垂直。

例如：过点 D 作一平面与已知平面 ABC 垂直。

作图步骤：

（1）过 C 点作 $\triangle ABC$ 内一正平线 $C\mathrm{I}$，其投影为 $c1$、$c'1'$。

（2）过 A 点作 $\triangle ABC$ 内一正平线 $A\mathrm{II}$，其投影为 $a2$、$a'2'$。

（3）过 d' 作 $d'e'$ 垂直于 $c'1'$，过 d 作 de 垂直于 $a2$，见图 4-9。

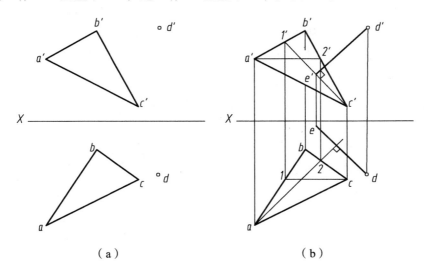

（a）　　　　　　　　　　　　　　　（b）

图 4-9　求平面与已知平面 ABC 垂直

【例 4-7】　求点 K 到 $\triangle ABC$ 的距离（图 4-10）。

提示：要求 $\triangle ABC$ 对 H 面的倾角 α，只需把 $\triangle ABC$ 变换为投影面垂直面，即用 V_1 面代替 V 面，使得 $\triangle ABC$ 上的水平线 AC 垂直于 V_1 面，这样 $\triangle ABC$ 在 V_1 面上的投影就变为直线，且该直线与 H 面的夹角就为 α 角的实形。

分析：用换面法使 $\triangle ABC$ 在新投影中积聚成直线，即可量取点 K 到 $\triangle ABC$ 的实际距离。

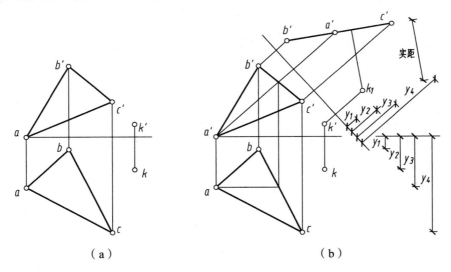

（a）　　　　　　　　　　　　　　　（b）

图 4-10　求 K 到 $\triangle ABC$ 的距离

【例 4-8】　求两平行平面 ABC 和 DEF 的距离。

分析：从立体几何可知，两平行平面之间的距离，就是该两平行平面公垂线的长度。为此，可在一个平面（如 ABC）上取任意点 K，向另一平面引垂线，求出垂足 L。公垂线 KL 的实长即为所求的距离。

作图步骤：

（1）作一新投影面 $H_1 \perp \triangle DEF$，由于 $\triangle ABC /\!/ \triangle DEF$，所以也得出 $H_1 \perp \triangle ABC$。

（2）分别作 A、B、C 三点和 D、E、F 三点的辅助投影 a_1'、b_1'、c_1' 和 d_1'、e_1'、f_1'，形成两条平行直线。这两条平行直线就是 $\triangle ABC$ 和 $\triangle DEF$ 在 H_1 面上的积聚投影，它们之间的距离，即为所求的两平行平面间的距离（图 4-11）。

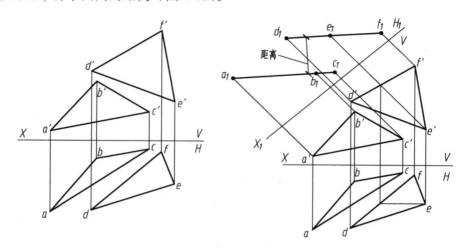

图 4-11　求两平行平面的距离

判别两个同一投影面的垂直面是否互相垂直时，不需作图，只检查其积聚投影是否垂直即可。

4.3　直线与平面、平面与平面的相交

直线与平面相交必有交点，交点是直线与平面的共有点，且是直线投影可见与不可见的分界点。当直线与平面相交时，直线的某一部分可能被平面遮挡，这就需要判别其投影的可见性。判别可见性的方法有两种：一种是根据线面的投影，分析其相对位置；另一种是利用投影图上的重影点来判别。

平面与平面相交必有交线，交线是两平面的共有线，且是两平面投影可见与不可见的分界线。

4.3.1　直线与投影面垂直面相交

直线与平面相交的特殊情况，是指参与相交的直线和平面中，有一个对投影面处于垂直位置，因而它在该投影面的投影具有积聚性。

特殊情况下直线与平面相交是指直线或者平面在某个投影有积聚性的情况下相交，此时交点的某个投影有积聚性，即已知交点的一个投影，这样利用积聚投影可直接确定交点的该面投影。再根据属于直线的点投影以及属于平面的点和直线的作图规律，即可确定交点的其余投影。交点求出以后，还须判别可见性。

图中，*CDE* 平面为铅垂面，其交点的水平投影 *k* 积聚在平面的水平投影 *cde* 上，只需求交点的正面投影。

如图 4-12 所示，因平面 *CDE* 为铅垂面，其 *H* 面投影 *CDE* 应积聚为直线，由于交点 *K* 是直线 *AB* 与平面 *CDE* 的共有点，故 *cde* 与 *ab* 的交点 *k* 即为所求交点 *K* 的 *H* 面投影。而点 *K* 又属于直线 *AB*，所以由 *k* 向上作铅垂联系线与 *a'b'* 相交，即可求出 *k'*，点 *K* 的投影 *k* 和 *k'* 即为所求。

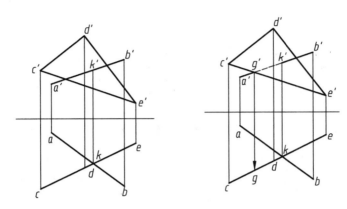

图 4-12　求交点的正面投影

因 *CDE* 为铅垂面，其 *H* 面投影积聚为直线，故不需判别可见性。对于 *V* 面投影的可见性判别，应在 *V* 面投影中任找一个直线与平面边线的重影点，如 *a'b'* 与平面左边线重合的点 *g'*，并求出它们的 *H* 面投影 *g*，因点 *g* 前于点 *a*，故 *V* 面投影中属于平面的点 *g* 可见，而属于直线的点 *g* 不可见。由于交点 *K* 为直线 *AB* 可见与不可见的分界点，且直线是连续的，故 *k'g'* 不可见，应画为虚线。

4.3.2　一般面与投影面垂直线相交

一般面与特殊线（垂直线）相交时，直线的积聚投影点就是线、面的交点，见图 4-13。

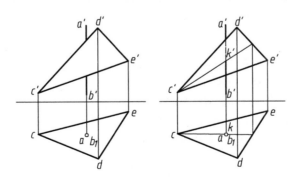

图 4-13　一般面与特殊线相交

【**例 4-9**】　求直线与平面相交，并判断可见性（图 4-14）。

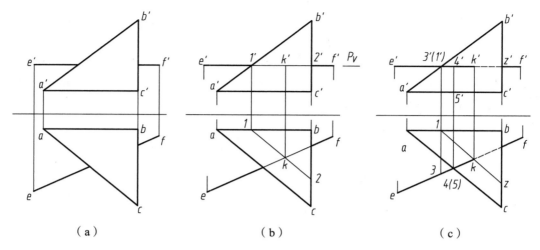

图 4-14　求直线与平面相交

解：包含直线 EF 作辅助的水平面 P（正面迹线为 PV）与△ABC 交线为ⅠⅡ，由于ⅠⅡ在△ABC 内，此题中ⅠⅡ与 AC 边平行，因此水平投影 12//ac，如图 4-13（b）所示，过 1 作 12//ac，交 bc 于 2，交线 12 与 ef 的交点 k 即是直线 EF 与平面△ABC 交点 K 的水平投影。作出 K 的正面投影 k′，然后利用正投影面的重影点 1′、3′，作出相应水平投影 1、3，由此可知点 3 在点 1 之前，表示 KE 段在平面△ABC 之前，从而 k′e′ 段可见，画成实线。另一段 k′f′ 不可见，在重叠部分画成虚线。同样，利用水平投影面的重影点 4、5 判断直线 EF 的水平投影可见性，作出 4′、5′，由此可知，KE 段在平面△ABC 之上，所以 ke 段可见，画成实线。

4.3.3　投影面垂直面和一般位置平面相交

当相交两平面中的一平面处于特殊位置，即某些投影有积聚性时，其交线的投影可根据积聚性直接求得。方法是：求得两个共有点，相连得出交线，或是求得 1 个共有点，并根据可确定的交线方向而求得交线。当一平面的某些部分被另一平面遮挡时，尚需判别投影的可见性，区别可见与不可见部分。判别的方法同直线与平面相交，并将不可见部分画成虚线。

图 4-15 所示为求一般位置的△EFG 和铅垂面 ABCD 的交线的作图。

分析图不难看出：欲求△EFG 与平面 ABCD 的交线，只要分别求出△EFG 的 EG、FG 边与平面 ABCD 的交点 M 和 N，然后连接 M、N 两点即得交线。因平面 ABCD 为铅垂面，其 EG、FG 与它的交点的求法，前面已经讲过，这里只是前一问题的应用。

（1）求 EG 与平面 ABCD 的交点 M。

在 H 面投影中，eg 与 ABCD 的交点 m 即为交点 M 的 H 面投影。过点 m 作 OX 轴的垂线与 e′g′交于 m′，即得交点 M 的 V 面投影。

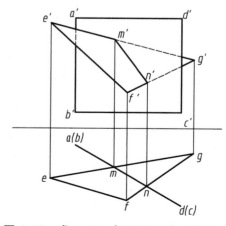

图 4-15　求△EFG 与平面 ABCD 的交线

（2）求 FG 与平面 ABCD 的交点 N（作图方法同点 M）。

（3）分别连接 mn、m'n'，即为所求两平面交线 MN 的投影。

（4）判别可见性。

平面 ABCD 的 H 面投影有积聚性，不需判别可见性。对于 V 面投影的可见性判别，应从 V 面投影中，任取两平面边线的四个交点之一作为重影点来判断。

4.3.4　两投影面垂直面相交

当同一投影面的两个投影面垂直面相交时，其交线是一根垂直于该投影面的垂直线。

【例 4-10】　求平面 P（平面 ABC）与平面 Q（平面 DEFG）的交线。

分析：平面 △ABC 和 △DEFG 都是正垂面，其交线必为正垂线，并且积聚在它们水平投影的交点处。

作图步骤：

（1）△ABC 和 △DEFG 的交点 m'（n'）就是交线的积聚投影。

（2）过 m'（n'）作投影连线交 △ABC 与 △EFG 的共有线 mn，mn 为所求。

（3）判断可见性：从正面投影可见面 DEFG 的右边在面 ABC 的下方，所以面 ABC 右边的水平投影可见，必然地面 DEFG 的右边重影部分不可见。作图的结果如图 4-16 所示。

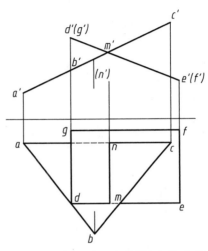

图 4-16　求平面 P 与平面 Q 的交线

4.3.5　一般面与一般面相交

两平面的交线是一条直线，因此求出交线上的两点，连线即得所求交线。作图时，可在一平面内取两条直线使之与另一平面相交求交点；也可以在两面内各取一条直线求其与另一平面的交点。这样便把求两平面交线的问题，转化为求直线与平面交点的问题。

直线与平面相交、平面与平面相交只介绍其中一元素的投影具有积聚性的特殊情况，一般面与一般面的相交不再作为这一部分的重点。

求解相交题目应分两步，第一步求交点或交线，第二步判断可见性。

图 4-17 所示为两平面 △ABC 和 △DEF 相交。可分别求出边 DE 及 DF 与 △ABC 的两个交点 K（k，k'）及 L（l，l'）。KL 便是两个三角形平面的交线。由于 △ABC 是一般位置平面，所以求交点时，过 DE 及 DF 分别作了辅助平面 S 和 R。

图 4-17（b）所示为两个平面相交后可见性的判别。

分析：两平面交线是两平面在投影图上可见与不可见的分界线。根据平面的连续性，我们只要判别出平面一部分的可见性，另一部分自然就明确了。尽管每个投影面上都有 4 对重影点，实际只要分别选择一对重影点判别即可。

41

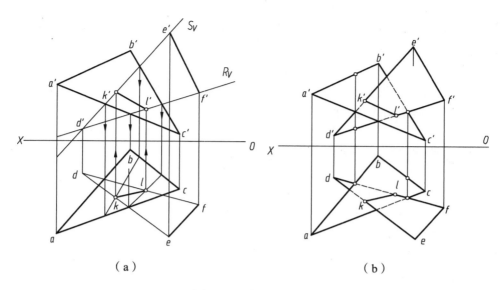

（a）　　　　　　　　　　　　　　（b）

图 4-17　求平面交线

4.3.6　一般位置直线与一般位置平面相交

1. 辅助投影法

一般线与一般面相交，可采用辅助投影法，先将一般面变换为投影面垂直面，利用投影面垂直面的积聚投影直接求出交点，然后将这交点位置反投射到原投影中。

2. 辅助平面法

如图 4-18 所示，欲求一般直线 *FG* 和一般面△*EDC* 的交点 *K*。

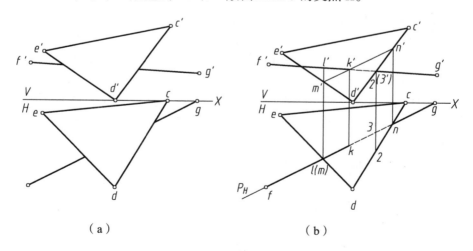

（a）　　　　　　　　　　　　　　（b）

图 4-18　求直线和平面的交点

分析：首先包含直线作与投影面垂直的辅助平面，然后求辅助平面与已知平面的交线，最后求交线和直线的交点，并利用重影点判别可见性。

作图步骤：

（1）包含已知直线 *FG* 作一辅助平面 *PH*。为使作图简便，一般以特殊位置平面为辅助平面。

（2）求出辅助平面 *PH* 和已知△*EDC* 的交线 *MN*。

（3）已知直线 *FG* 和交线 *MN* 的交点 *K* 即为所求。

（4）判别可见性，见图 4-18（b）。

小　结

本章重点掌握：

（1）线面、面面平行的几何条件，并能用几何条件判定其位置关系。

（2）在掌握相交几何条件的基础上，进一步理解交点、交线的共有性，并掌握其分析求解的方法。

（3）能够判定线面相交、面面相交后直线、平面的可见性。

（4）掌握线面、面面垂直的特殊性质，并能够进行实际应用。

第5章

投影变换

从直线、平面的投影分析可知，当空间直线和平面等几何元素对投影面处于平行或垂直的特殊位置时，其投影能够直接反映实形或具有积聚性或真实性，这样使得图示清楚、图解方便简捷。投影变换就是研究如何改变几何元素与投影面之间的相对位置，借助改变后的新投影来达到简便地解决空间问题的目的。

5.1 换面法

换面法的目的在于当直线或平面和投影面处于一般位置时，将直线或平面从一般位置变换为和投影面平行或垂直的位置，以便于解决它们的度量和定位问题。

1. 换面法的基本概念

换面法就是保持空间几何元素不动，用一个新的投影面替换其中一个原来的投影面，使新投影面对于空间几何元素处于有利于解题的位置，然后找出其在新投影面上的投影。

2. 投影面的选择原则

（1）新投影面必须和空间的几何元素处于有利于解题的位置。

（2）新投影面必须垂直于一个原有的投影面。

（3）在新建立的投影体系中仍然采用正投影法。

5.1.1 点、线、面的换面

1. 点的一次换面

【例 5-1】 换 V 面。

图 5-1（a）表示点 A 在原投影体系 V/H 中，其投影为 a 和 a'。现令 H 面不动，用新投影面 V_1 来代替 V 面，V_1 面必须垂直于不动的 H 面，这样便形成新的投影体系 V_1/H，O_1X_1 是新投影轴。

过点 A 向 V_1 面作垂线，得到 V_1 面上的新投影 a_1'，点 a_1' 是新投影，点 a' 是旧投影，点 a 是新、旧投影体系中的共有的不变投影。a 和 a_1' 是新的投影体系中的两个投影，将 V_1 面绕

O_1X_1 轴旋转到与 H 面重合的位置时，就得到图 5-1（b）所示的投影图。

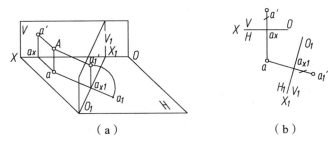

（a）　　　　　　　　（b）

图 5-1　点的一次变换（换 V 面）

由于在新投影体系中，仍采用正投影方法，又在 V/H 投影体系和 V_1/H 体系中，具有公共的 H 面，所以点 a 到 H 面的距离（z 坐标）在两个题词体系中是相等的。所以有如下关系：

$a'_1a \perp O_1X_1$ 轴；$a'_1a_{x1} = a'a_x = Aa$，即换 V 面时 z 坐标不变。

由此得出点的投影变换规律是：

（1）点的新投影和不变换投影的连线，必垂直于新投影轴。

（2）点的新投影到新投影轴（O_1X_1）的距离等于被替换的点的旧投影到旧投影轴（OX）的距离，也即换 V 面时高度坐标不变。

2. 点的二次换面

由于应用换面法解决实际问题时，有时一次换面还不便于解题，还需要二次或多次变换投影面。点的二次换面，其求点的新投影的作图方法和原理与一次换面相同。但要注意：在更换投影面时，不能一次更换两个投影面。为在换面过程中二投影面保持垂直，必须在更换一个之后，在新的投影体系中交替地再更换另一个。

【例 5-2】　点的二次换面。

如 5-2（a）所示，先由 H_1 代替 H 面，构成新的投影体系 V/H_1，O_1X_1 为新坐标轴；再以这个新投影体系为基础，以 V_2 面代替 V 面，又构成新的投影体系 V_2/H_1，O_2X_2 为新坐标轴。

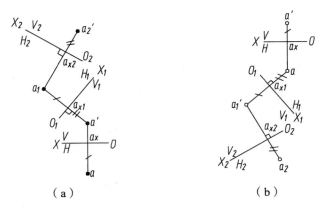

（a）　　　　　　　　（b）

图 5-2　点的二次换面

二次换面的作图步骤如图 5-2（a）所示：

（1）先换 H 面，以 H_1 面替换 H 面，建立 V/H_1 新投影体系，得新投影 a_1，而 $a_1a_{x1} = aa_x =$

Aa'，作图方法与点的一次换面完全相同。

（2）再换 V 面，以 V_2 面替换 V 面，建立 V_2/H_1 新投影体系，得新投影 a_2'，而 $a_2'a_{x2} = a'a_{x1} = Aa_1$，作图方法与点的一次换面类似。

注：根据实际需要也可以先换 V 面，后换 H 面［图 5-2（b）］，但两次或多次换面应该是 V 面和 H 面交替更换，如：$\dfrac{V}{H} \rightarrow \dfrac{V_1}{H} \rightarrow \dfrac{V_1}{H_2} \rightarrow \dfrac{V_3}{H_2}$

3. 线和面的换面

（1）将一般位置直线变换为投影面的平行线。

【例 5-3】 如图 5-3（a）所示为把一般位置直线 AB 变换为投影面平行线。

用 V_1 面代替 V 面，使 V_1 面 $\parallel AB$ 并垂直于 H 面。此时，AB 在新投影体系 V_1/H 中为正平线。图 5-3（b）为投影图。作图时，先在适当位置画出与不变投影 ab 平行的新投影轴 O_1X_1（$O_1X_1 \parallel ab$），然后根据点的投影变换规律和作图方法，求出 A、B 两点在新投影面 V_1 上的新投影 a_1'、b_1'，再连接直线 $a_1'b_1'$。则 $a_1'b_1'$ 反应线段 AB 的实长，即 $a_1'b_1' = AB$，并且新投影 $a_1'b_1'$ 和新投影轴（O_1X_1 轴）的夹角即为直线 AB 对 H 面的倾角 α，如图 5-3（b）所示。

如图 5-3（c）所示，若求线段 AB 的实长和与 V 面的倾角 β，应将直线 AB 变换成水平线（$AB \parallel H_1$ 面）也即应该换 H 面，建立 V/H_1 新投影体系，基本原理和作图方法同上。

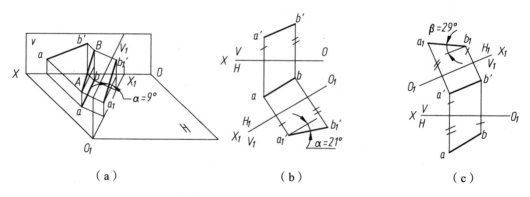

（a）　　　　　　　　（b）　　　　　　　　（c）

图 5-3　将一般位置直线变换为投影面平行线

（2）将投影面的平行线变换为投影面垂直线。

将投影面平行线变换为投影面的垂直线，是为了使直线积聚成一个点，从而解决直线之间的度量问题（如求两直线间的距离）和空间关系的问题（如求线面交点）。应该选择哪一个投影面进行变换，要根据给出的直线的位置而定。即选择一个与已知平行线垂直的新投影面进行变换，使该直线在新投影体系中成为垂直线。

【例 5-4】 如图 5-4（a）表示将水平线 AB 变换为新投影面的垂直线。

图 5-4（b）表示投影图的作法：因所选的新投影面垂直于 AB，而 AB 为水平线，所以新投影面一定垂直于 H 面，故应换 V 面，用新投影体系 V_1/H 更换旧投影体系 V/H，其中 $O_1X_1 \perp ab$。

（3）将一般位置直线变换为投影面垂直线（需要二次换面）。

如果要将一般位置直线变换为投影面垂直线，必须变换两次投影面。先将一般位置直线变换为投影面的平行线，然后再将该投影面平行线变换为投影面垂直线。

46

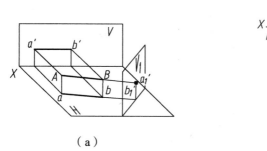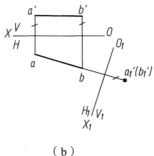

（a）   （b）

图 5-4   将投影面的平行线变换为投影面垂直线

如图 5-5 所示，先换 V 面，使直线 AB 在新投影体系 V_1/H 中成为正平线，然后再换 H 面，使直线 AB 在新投影体系 V_1/H_2 中成为铅垂线。其作图方法详见图 5-5（b），其中 $O_1X_1 /\!/ ab$，$O_2X_2 \perp a_1'b_1'$。

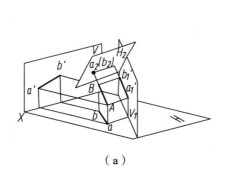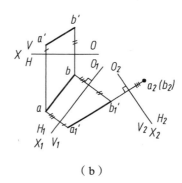

（a）   （b）

图 5-5   直线的二次换面

（4）将一般位置平面变换为投影面垂直面（求倾角问题）。

将一般位置平面变换为投影面垂直面，只需使平面内的任一条直线垂直于新的投影面。我们知道要将一般位置直线变换为投影面的垂直线，必须经过两次变换，而将投影面平行线变换为投影面垂直线只需要一次变换。因此，在平面内不取一般位置直线，而是取一条投影面的平行线为辅助线，再取与辅助线垂直的平面为新投影面，则平面也就和新投影面垂直了。

【例 5-5】   如图 5-6 表示将一般位置平面 $\triangle ABC$ 变换为新投影体系中的正平线段。

由于新投影面 V_1 既要垂直于 $\triangle ABC$ 平面，又要垂直于原有投影面 H 面，因此，它必须垂直于 $\triangle ABC$ 平面内的水平线。

作图步骤 [图 5-6（b）]：

① 在 $\triangle ABC$ 平面内作一条水平线 AD 线作为辅助线并作其投影 ad、$a'd'$。

② 作 $O_1X_1 \perp ad$。

③ 求出 $\triangle ABC$ 在新投影面 V_1 面上的投影 a_1'、b_1'、c_1'，a_1'、b_1'、c_1' 三点连线必积聚为一条直线，即为所求。而该直线与新投影轴的夹角即为该一般位置平面 $\triangle ABC$ 与 H 面的倾角 α。

同理，也可以将 $\triangle ABC$ 平面变换为新投影体系 V/H_1 中的铅垂面，并同时求出一般位置平面 $\triangle ABC$ 与 V 面的倾角 β [图 5-6（c）]。

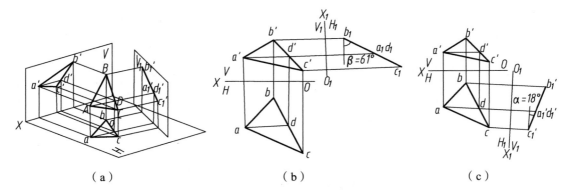

图 5-6　平面的一次换面（求倾角）

（5）将投影面的垂直面变换为投影面平行面（求实形问题）。

【例 5-6】　如图 5-7 表示将铅垂面 $\triangle ABC$ 变为投影面平行面（求实形）。

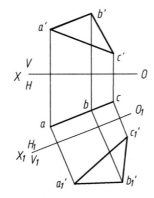

图 5-7　将投影面的垂直面变换为投影面平行面

由于新投影面平行于 $\triangle ABC$，因此它必定垂直于投影面 H，并与 H 面组成 V_1/H 新投影体系。$\triangle ABC$ 在新投影体系中是正平面。

作图步骤（图 5-7）：

① 在适当位置作 $O_1X_1 \parallel abc$。

② 求出 $\triangle ABC$ 在 V_1 面的投影 a_1'、b_1'、c_1'，连接此三点，得 $\triangle a_1'b_1'c_1'$ 即为 $\triangle ABC$ 的实形。

（6）将一般位置平面变换为投影面平行面（二次换面）。

要将一般位置平面变换为投影面平行面，必须经过两次换面。因为如果取新投影面平行于一般位置平面，则这个投影面也一定是一般位置平面，它和原体系 V/H 中的哪个投影面都不垂直而无法构成新投影体系。因此，一般位置平面变换为投影面平行面，必须经过两次换面。

【例 5-7】　如图 5-8（a）所示，先换 V 面，其变换顺序为 $X\dfrac{V}{H} \rightarrow X_1\dfrac{V_1}{H} \rightarrow X_2\dfrac{V_1}{H_2}$，在 H_2 面上得到 $\triangle a_2b_2c_2 = \triangle ABC$，即 $\triangle a_2b_2c_2$ 是 $\triangle ABC$ 的实形。

如图 5-8（b）所示，先换 H 面，其变换顺序为 $X\dfrac{V}{H} \rightarrow X_1\dfrac{V}{H_1} \rightarrow X_2\dfrac{V_2}{H_2}$，在 V_2 面上得到 $\triangle a_2'b_2'c_2' = \triangle ABC$，即 $\triangle a_2'b_2'c_2'$ 是 $\triangle ABC$ 的实形。

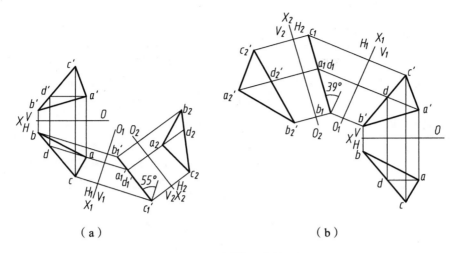

（a）   （b）

图 5-8　平面的二次换面

5.1.2　应用举例

1. 点到平面的距离

确定点到平面的距离，只要把已知的平面变换成垂直面，点到平面的实际距离就可反映在投影图上了。

【例 5-8】　如图 5-9，用变换 V 面的方法，确定点 K 到 $\triangle ABC$ 的距离。

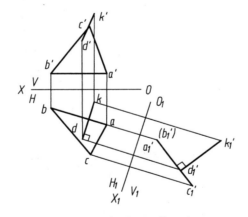

图 5-9　点到平面的距离

作图步骤如下：

（1）由于 $\triangle ABC$ 中的 AB 为水平线，故直接取新轴 $O_1X_1 \perp ab$。

（2）再作出 K 面和 $\triangle ABC$ 的新投影 k_1' 和 $a_1'b_1'c_1'$（为一直线）。

（3）过点 k_1' 向直线 $a_1'b_1'c_1'$ 作垂线，得垂足的新投影 d_1'，投影 $d_1'k_1'$ 之长即为所求的距离。

2. 点到直线的距离及其投影

【例 5-9】　如图 5-10（a）所示，已知线段 AB 和线外一点 C 的两个投影，求点 C 到直

线 AB 的距离，并作出 C 点对 AB 的垂线的投影。

分析：要使新投影直接反映 C 点到直线 AB 的距离，过 C 点对直线 AB 的垂线必须平行于新投影面。即直线 AB 或垂直于新的投影面，或与点 C 所决定的平面平行于新投影面。要将一般位置直线变为投影面的垂直线，必须经过二次换面，因为垂直一般位置直线的平面不可能又垂直于投影面。因此要先将一般位置直线变换为投影面的平行线，再由投影面平行线变换为投影面的垂直线。

作图步骤：

（1）求 C 点到直线 AB 的距离。在图 5-10（b）中先将直线 AB 变换为投影面的正平线（$// V_1$ 面），再将正平线变换为铅垂线（$\perp H_2$ 面），C 点的投影也随着变换过去，线段 $c_2 k_2$ 即等于 C 点到直线 AB 的距离。

（2）作出 C 点对直线 AB 的垂线的旧投影。如图 5-10（b），由于直线 AB 的垂线 CK 在新投影体系 $V_1 H_2$ 中平行于 H_2 面，因此 CK 在 V_1 面上的投影 $c_1'd_1' // O_2 X_2$ 轴，而 $c_1'd_1' \perp a_1'b_1'$。据此，过 c_1' 点作 $O_2 X_2$ 轴的平行线，就可得到 k_1' 点，利用直线上点的投影规律，由 k_1' 点返回去，在直线 AB 的相应投影上，先后求得垂足 K 点的两个旧投影 k 点和 k' 点，连接 $c'k'$、ck。$c'k'$、ck 即为 C 点对直线 AB 的垂线的旧投影。

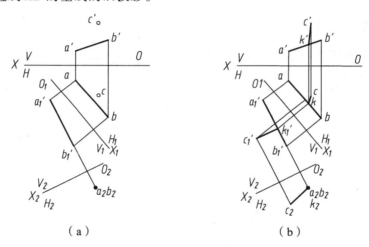

（a）　　　　　　　　　（b）

图 5-10　求点到直线的距离及其投影

3. 两交叉直线之间的距离

两交叉直线之间的距离，应该用它们的公垂线来度量。

【例 5-10】　如图 5-11 所示，已知两条交叉直线 AB、CD，求两直线间的距离。

分析：当两交叉直线中有一条直线是某一投影面的垂直线时，不必换面即可直接求出两交叉直线之间的距离；当两交叉直线中有一条直线是某一投影面的平行线时，只需要一次换面即可求出两交叉直线之间的距离；当两交叉直线都是一般位置直线时，则需要进行二次换面才能求出两交叉直线之间的距离。

作图步骤：

（1）因为 AB、CD 两直线在 V/H 体系中均为一般位置直线，所以需要二次换面。先用 V_1 面代替 V 面，使 V_1 面 $// AB$，同时 $V_1 \perp H$ 面。此时 AB 在新投影体系 V_1/H 中为新投影面的平行线。在新投影体系中求出 AB、CD 的新投影 $a_1'b_1'$、$c_1'd_1'$。

（2）在适当的位置引新投影轴 $O_2X_2 \perp c_1'd_1'$，用 H_2 代替 H 面，使 H_2 面 $\perp a_1'b_1'$。此时 CD 在新投影体系 V_1/H_2 中为新投影面的垂直线。在新投影体系中求出 $d_2(c_2)$、a_2b_2，过 $d_2(c_2)$ 中一点 t_2 向 a_2b_2 作垂直线交于 s_2，t_2s_2 连线长度便是两一般位置线的距离。

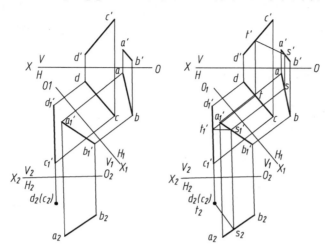

图 5-11 两交叉直线之间的距离

5.2 旋转法

前述介绍了投影变换中的换面法，这里再介绍另一种方法——旋转法。

如图 5-12 所示，空间点 A 绕直线 OO 旋转，点 A 称为旋转点，直线 OO 称为旋转轴。至 A 点向 OO 轴引垂线，其垂足 O 称为旋转中心，AO 称为旋转半径，A 点的旋转轨迹是以 O 为圆心，AO 为半径的圆周，称为轨迹圆。轨迹圆所在的平面与旋转轴垂直。

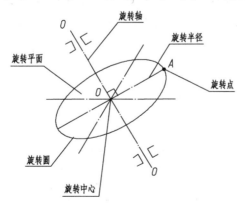

图 5-12 旋转法的基本原理

按旋转轴与投影面的相对位置不同，旋转法分为：

（1）垂直轴旋转——绕垂直于投影面的轴线旋转。

（2）平行轴旋转——绕平行于投影面的轴线旋转。

（3）一般轴旋转——绕一般位置的轴线旋转。

5.2.1　点的旋转

如图 5-13 所示，点 A 绕垂直于 V 面的 OO' 轴（正垂轴）旋转，其 V 投影反映轨迹圆实形，而 H 投影为过 A 点平行于 X 轴的直线段，其长度等于轨迹圆的直径。

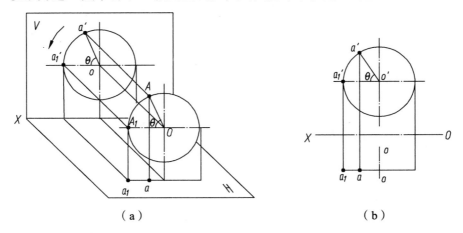

（a）　　　　　　　　　　　　（b）

图 5-13　点绕垂直轴旋转

由上可知，点的旋转规律为：当点绕垂直轴旋转时，点在与旋转轴垂直的那个投影面上的投影作圆周运动，而另一投影面上的投影则沿与旋转轴垂直的线段移动。

5.2.2　直线的旋转

直线的旋转，仅需使属于该直线的任意两点遵循绕同一轴、沿相同方向、旋转同一角度的规律作旋转，最后将旋转后的两个点连接起来。如图 5-14 所示，直线 AB 绕铅垂轴 OO 按逆时针旋转 θ 角，也就是使 A、B 两点分别绕 OO 轴逆时针旋转 θ 角，按照点的旋转规律求得 $a_1 b_1$ 和 $a_1' b_1'$。

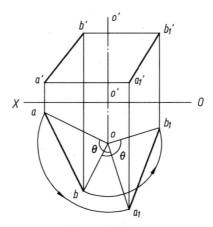

图 5-14　直线的旋转

由此可得直线旋转的基本规律：

（1）直线绕垂直轴旋转时，直线所在旋转轴所垂直的投影面上的投影长度不变。

（2）直线对旋转轴所垂直的投影面的倾角不变。

（3）直线在旋转轴所平行的投影面的长度及对该投影面的倾角都发生改变。

1. 把一般位置直线旋转成投影面平行线

直线绕垂直轴旋转一次，就能改变直线对一个投影面的倾角。因此，用此方法求一般位置直线的实长及对投影面的倾角时，只需旋转一次即可。

【例 5-11】　如图 5-15 所示，已知一般位置线 AB 的两个投影，试求直线 AB 的实长和 α 角。

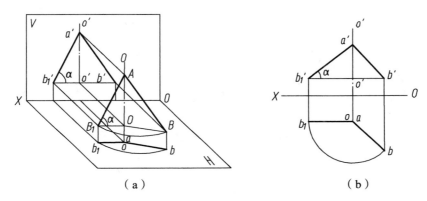

（a）　　　　　　　　　　　（b）

图 5-15　一般位置线的旋转

分析：欲求一般位置线 AB 的实长和 α 角，需把直线 AB 绕铅垂轴旋转成正平线。为了作图简便，使该轴线过直线的一个端点，如 A 点，那么只需旋转 B 点即可。

作图步骤：

（1）过点 A 作铅垂轴 OO：$a' \in o'o$，$o'o \perp OX$。

（2）求新投影 b_1、b_1'，将新投影 b 以 o（o 与 a 重合）为圆心、ab 为半径旋转至 b_1，$ab_1 /\!\!/ OX$，b_1' 沿 OX 轴平行线平移至 b'。

（3）连接 $a'b_1'$、ab_1；$a'b_1'$ 反映 AB 的实长。

（4）确定 α 角：$a'b_1'$ 与 OX 的夹角即为所求。

2. 把投影面平行线旋转成投影面垂直线

某投影面的平行线绕该投影面垂直轴旋转时，始终保持与该投影面平行，且能改变对另一投影面的倾角。所以投影面平行线可经一次旋转即为投影面垂直线。

【例 5-12】　如图 5-16 所示，试将正平线 AB 旋转成铅垂线。

分析：正平线和铅垂线都平行于 V 面。因此，在旋转过程中，直线对 V 面的倾角应保持不变，只改变它对 H 面的倾角。所以应取正垂线为旋转轴。

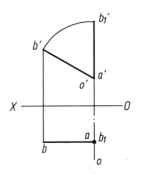

图 5-16　正平线旋转至铅垂线

作图步骤：

（1）过 A 点作正垂轴 OO：$a \in oo$，$oo \perp OX$；a' 与 o' 重合。

（2）以 OO 为轴，将 AB 旋转成铅垂线，即将正面投影 b' 沿圆周（以 a' 为圆心，以 $a'b'$ 为半径）旋转至 b_1'。

（3）连接 $b_1'a'$（$b_1'a' \perp OX$），水平投影 a 与 b_1 重合。

5.2.3 平面的旋转

平面的旋转是通过旋转该平面所含不共直线的三个点来实现的，旋转时必须遵循同轴、同方向、同角度的规则。

由图 5-17 所示，可得平面旋转的规律是：

（1）平面绕垂直轴旋转时，平面在旋转轴所垂直的投影面上的投影，其形状和大小都不变。

（2）平面对旋转轴所垂直的投影面的倾角不变。

（3）平面的另一投影，其形状和大小发生改变，并且该平面对旋转轴所不垂直的那个投影面的倾角也改变。

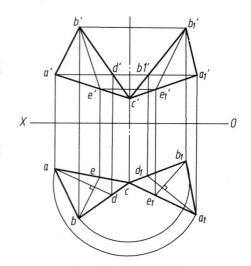

图 5-17　平面的旋转

1. 把一般位置面旋转成投影面垂直面

只要将平面内的一条投影面平行线旋转成垂直于某投影面，则平面就垂直于该投影面。

【例 5-13】　如图 5-18 所示，求一般位置面 ABC 对 V 面的倾角 β。

分析：欲求一般位置面 ABC 对 V 面的倾角 β，需将平面 ABC 旋转成铅垂面。为此，应在平面内取一条正平线（如 CD），只要将正平线 CD 绕正垂轴（含 C 点）旋转成铅垂线，那么平面 ABC 就旋转成铅垂面。

作图步骤：

（1）含点 C 作正垂轴 OO：$C \in OO$，$oo \perp OX$，c' 与 o' 重合。

（2）作平面 ABC 内的正平线 CD：$cd /\!/ OX$，并求出 $c'd'$。

（3）求平面的新投影：将 $c'd'$ 旋转至 $c'd_1'$，$c'd_1' \perp OX$，a、b 旋转至相同角度，平面 ABC 便成为铅垂面，它的水平投影便成为 a_1cb_1 并积聚成一直线，正面投影 a'、b' 依三同原则旋转至 a_1'、b_1' 的位置。

（4）求 β 角：a_1cb_1 与 OX 的夹角即为所求。

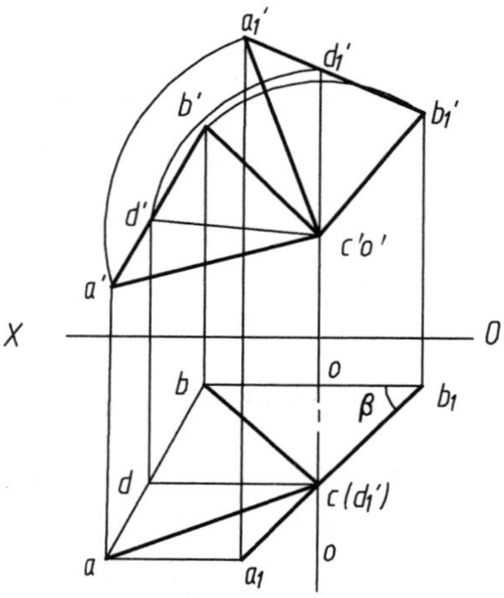

2. 把投影面垂直面旋转成投影面平行面

投影面垂直面绕同一投影面的垂直轴旋转时，可改变垂直面对另一投影面的倾角。所以

图 5-18　一般位置面旋转至投影面垂直面

只要经一次旋转，就能使垂直面旋转成为另一投影面的平行面。

【例 5-14】 如图 5-19 所示，求正垂面 ABC 的实形。

分析：欲求正垂面 ABC 的实形，应将 ABC 旋转成水平面，即改变平面对 H 面的倾角，所以旋转轴为正垂线。

作图步骤：

（1）过点 A 作正垂轴 OO，$a \in OO$，$oo \perp OX$，a' 与 o' 重合。

（2）求平面的新投影：将正面投影 b'、c' 以 a' 为圆心旋转，使 $a'b_1'c_1' \parallel OX$。同时求出水平投影 c_1、b_1，平面 ab_1c_1 就是平面 ABC 的实形。

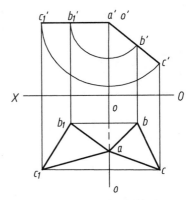

图 5-19　投影幕垂直面旋转成
投影面平行面

5.2.4　旋转法的应用

【例 5-15】 如图 5-20 所示，试在平面 $ABCD$ 内过点 M 作一直线 MN，使其与 V 面的倾角为 45°。

分析：过点 M 作 $\beta = 45°$ 的直线 MN 会有若干条，但含于平面 $ABCD$ 内的直线却是有确定解的。为此，包含 M 点任作一水平线 MN_1，使 MN_1 直线与 V 面的倾角 $\beta = 45°$；然后将 N_1 点旋转到平面 $ABCD$ 上，为保持 $\beta = 45°$，应为过 M 点的正垂线。

作图步骤：

（1）作 $\beta = 45°$ 的水平线 MN_1：作 mn_1，使 mn_1 与 OX 轴的夹角为 45°，$m'n_1' \parallel OX$。

（2）过点 M 作正垂轴 OO：$m \in OO$，$oo \perp OX$，m' 与 o' 重合。

（3）将正面投影 n_1' 旋转至 $a'b'$ 上的 n' 位置，同时求出水平投影 n，$n \in ab$。

（4）连接 $m'n'$、mn，即为所求。

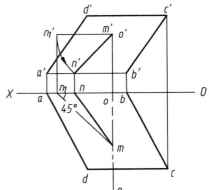

图 5-20　旋转法的应用

小　结

本章介绍了投影变换的两种方法：换面法和旋转法。其目的是通过改变其位置或改变其投影面，使处在一般位置的线、面变换成特殊位置（平行或垂直）的线、面，从而能简便地解决相关的空间问题。

第6章

曲线曲面

在建筑工程中，我们会遇到各种各样表面有曲线曲面的情况。如图 6-1（a）所示，建筑的顶面为柱状曲面；图 6-1（b）所示的桥墩，其侧面有两个锥面曲面。本章主要研究建筑上各种常用曲线和曲面的形成、投影特点以及它们的图示方法。

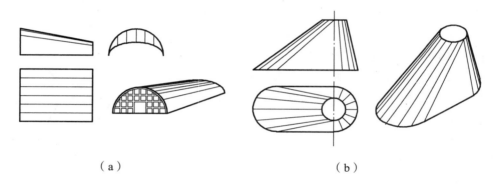

（a）   （b）

图 6-1 曲线曲面的工程实例

世界十大高楼广州塔，是一座高度为 610 m 的摩天大楼，塔身呈双曲线形状，建筑风格独特，设计感强烈。我国现代众多伟大超级工程的壮举，已然在世界级工程的设计、施工与管理等很多方面领先于世界。

6.1 曲 线

曲线是由点运动而形成的，曲线可分为平面曲线和空间曲线两大类。

凡曲线上所有点都在同一平面上的，称为平面曲线。

凡曲线上 4 个连续的点不在同一平面上的，称为空间曲线。

我们研究的是，点按一定规律运动而形成的曲线。常见的平面曲线有圆、椭圆、抛物线与双曲线等，建筑上螺旋楼梯底面的空间曲线是圆柱螺旋线。如果我们了解所画曲线的形成规律、特点和投影特性，就能迅速、准确地画出该曲线的投影。

只要画出曲线上一些点的投影，并将各投影依次光滑地连接起来，即得到该曲线的投影。

6.1.1　平面曲线

曲线的投影一般仍然是曲线。只有当平面曲线所在的平面垂直于某投影面时，曲线在该投影面上的投影成为一直线。

【例6-1】　求作平面曲线段 AB 的实长，如图6-2（a）所示。

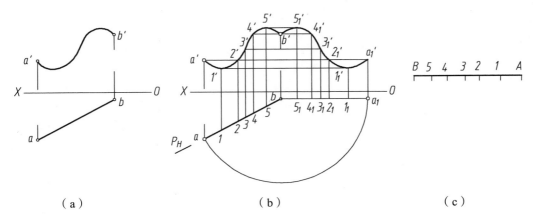

（a）　　　　　　　　　（b）　　　　　　　　　（c）

图6-2　平面曲线的展开

分析：由于平面曲线 AB 在 P_H 面上，而 P_H 平面是铅垂面，可以先将铅垂面 P_H 旋转成为正平面，求出 AB 曲线的实形，再把它"拉直"成一直线段。拉直的过程为，把 AB 曲线分成若干小段，以每一小段的弦长近似代替弧长，再依次画在一直线上，便得到曲线段的实长。

分段越多，实长越准确，但分段过多作图麻烦。这种作图求实长的方法主要用于准确度要求不高的时候。

作图步骤如下：

（1）如图6-2（b）所示，将 P_H 面上的 AB 曲线分成6段，为了作图简便，使2点与 A 点在同一高度，4点与 B 点在同一高度，1、5分别是最低点与最高点，3点为曲线开口向上与开口向下的转折点。将 P_H 面绕过 B 点的铅垂线旋转至正平面位置，旋转时曲线上的点 z 坐标不变，完成正平面上曲线的 V 面投影，即求出平面曲线的实形。

（2）在 V 面投影上，用平面曲线实形每一小段的弦长近似代替弧长，依次画在一直线上，如图6-1（c）所示，$b'5_1' = b5$、$5_1'4_1' = 54$、$4_1'3_1' = 43$…便得到曲线段的实长。

6.1.2　空间曲线

建筑工程中广泛运用的螺旋楼梯、螺旋扶手表面均有圆柱螺旋线，圆柱螺旋线是空间曲线。

1. 圆柱螺旋线的形成

在一导圆柱面上，一动点沿圆柱面上的一直线作等速直线运动，同时绕导圆柱面的轴线作等角速旋转，动点的运动轨迹就是圆柱螺旋线，如图6-3（a）所示。

螺距：当动点绕轴线等角速旋转一周时，动点从 A 移动到 B 的距离称为螺距。

旋向：摊开自己的手掌，五指合并，再让拇指与其余四指垂直，用拇指指向动点在直线上的运动方向（向上或向下），其余四指指向绕轴线作旋转运动的切线方向，动点的运动方向符合右手规则旋转，称为右螺旋线，如图 6-3（a）所示，反之称为左螺旋线，如图 6-3（b）所示。

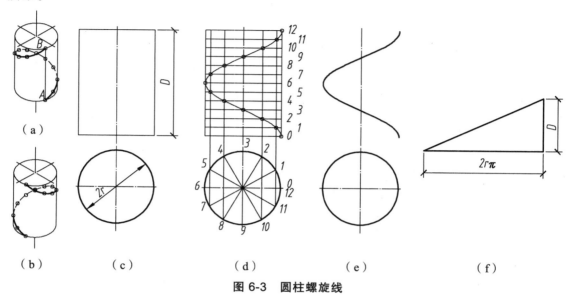

图 6-3　圆柱螺旋线

2. 圆柱螺旋线的投影图

【例 6-2】　已知圆柱螺旋线的导圆柱半径 r、螺距 D，作右旋圆柱螺旋线的投影图，如图 6-3（c）所示。

分析：导圆柱的轴线垂直于 H 面时，圆柱螺旋线的 H 面投影就积聚在导圆柱的 H 面投影圆周上，只需要作出螺旋线的 V 面投影。作出螺旋线一个螺距上等距离的一些点的投影，再将其光滑连接，即完成螺旋线的 V 面投影。

作图步骤如下：

（1）将圆周和螺距分为相同等份。如图 6-3（d）所示，分为 12 等份。

（2）假设动点的起始位置是在导圆柱面的右下方，以此为 0 点。在 V 面投影上，各等分点是动点每上升 1/12 高度时的投影。在 H 面上圆周各等分点是动点右旋时每旋转 30° 时的投影。在各等分点的 V 面投影高度位置与对应圆周上的位置，标上相应数字。

（3）在 V 面投影上，过各等分点的 V 面投影作水平线，与 H 面上过各等分点作的竖直线交点，即为动点在导圆柱面上上升的位置。

（4）在 V 面投影上，用光滑曲线连接相邻各点，即得圆柱螺旋线的 V 面投影，整理图线，结果如图 6-3（e）所示。

当导圆柱面是实体时，判别可见性：动点从 0～6 点位于后半圆柱面上，因此圆柱螺旋线由 0～6 为不可见，连成虚线。动点从 6～12 点位于前半圆柱面上，该部分圆柱螺旋线为可见，连成实线。即圆柱螺旋线下半个螺距不可见，上半个螺距可见。

当导圆柱面不是实体时，圆柱螺旋线全螺距为可见。

圆柱螺旋线展开：由于动点的直线运动及旋转运动都是等速运动，圆柱螺旋线上每一点的切线，对圆柱正截面的倾角都相等。因此，圆柱螺旋线展开后成为一直线，它是以圆柱正截面圆周长 ($2\pi r$) 为底边，螺距 D 为高的直角三角形的斜边，如图 6-3（f）所示。

6.2 曲 面

曲面是由直线或曲线在一定约束条件下运动而形成的。这条运动的直线或曲线，称为曲面的母线。母线运动时所受的约束，称为运动的约束条件。在约束条件中，把约束母线运动的直线或曲线称为导线，把约束母线运动状态的平面称为导平面。

在工程实践中，通常根据母线运动方式的不同，把曲面分为：

回转曲面——曲面由母线绕一轴线回转而形成；

非回转曲面——曲面由母线根据其他约束条件运动而形成。

还可以根据母线的形状把曲面分为：

直母线曲面——由直母线运动而形成的曲面；

曲母线曲面——由曲母线运动而形成的曲面。

下面介绍几种建筑上常见的曲面。

6.2.1 圆柱面

1. 圆柱面的形成

两平行直线，一条作轴线，一条作母线，母线绕轴线旋转一周，就形成了圆柱面，如图 6-4（a）所示。直母线在圆柱面上的每个位置叫素线，圆柱面上有无穷多条素线。

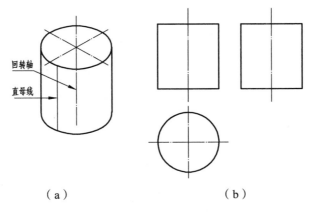

（a） （b）

图 6-4 圆柱面的形成与投影图

圆柱螺旋线是圆柱面上的一条曲线，所以，圆柱面也可看成由圆柱螺旋线绕圆柱轴线旋转形成。

2. 圆柱体的投影图

圆柱体是由圆柱面与两个平面围合而成的曲面体（由曲面或曲面与平面组成的立体叫曲面体）。

当圆柱轴线垂直于 H 面时，如图 6-4（b）所示，上下底面平行于 H 面，在 H 面上的投影反映实形，在 V 面和 W 面的投影积聚为垂直于 Z 轴的直线。由于圆柱面上的每条素线都垂直于 H 面，因此圆柱面在 H 面上的投影积聚为圆周，圆柱面在 V 面和 W 面上的投影为矩形，并关于轴线对称。

当曲面立体投影为对称图形时，用细单点长画线画出对称线，对称线两端要超出图线约 3 mm；当曲面立体投影为圆时，用两条与坐标轴平行的对称线表示圆的中心线，如图 6-4（b）所示。

圆柱面上有 4 条特殊位置素线，当轴线是铅垂线时，特殊位置素线分别是从前半个圆柱面转向后半个圆柱面的转向轮廓线——最左、最右素线，以及从左半个圆柱面转向右半个圆柱面的转向轮廓线——最前、最后素线。

后半个圆柱面的 V 面投影不可见；右半个圆柱面的 W 面投影不可见。

3. 圆柱面上取点

【例 6-3】 已知圆柱面上 A、B、C 三点的一个投影，完成三点的其他两个投影，如图 6-5（a）所示。

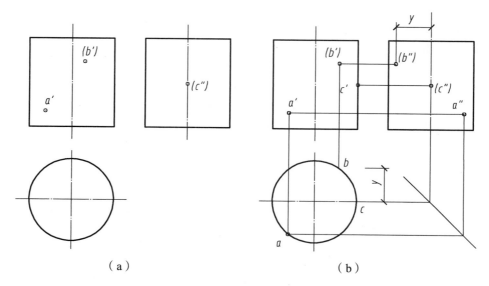

（a） （b）

图 6-5 圆柱表面取点

作图步骤如下：

（1）由已知 A 点的 V 面投影可知，A 点在圆柱面的左前下位置。由于 A 点所在的素线在 H 面上具有积聚性，因此 A 点的 H 投影一定在圆周上，过 a' 作竖直线，与圆周交于左前面的圆弧上，即求出 A 点的水平投影 a，再利用 a' 与 a'' 高平齐，a 与 a'' 宽相等，即求出 A 点的侧面投影 a''。图 6-5（b）中，用 45°斜线来作 A 点的宽相等。

（2）由已知 B 点的 V 面投影可知，B 点在圆柱面的右后上位置。过 b' 作竖直线，与圆周交于右后面的圆弧上，即求出 B 点的水平投影 b，再利用 b' 与 b'' 高平齐，b 与 b'' 宽相等，即求出 B 点的侧面投影 b''。由于 B 点在侧面投影上不可见，在侧面投影上需要有括弧标记。图 6-5（b）中，在 H 面与 W 面投影上直接量取 B 点到前后对称线的相对 y 值来作 B 点的宽相等。

熟练后，一般不用如图作 A 点的方法，即用斜线来作宽相等，而是采用如图作 B 点的方法，在 H 面与 W 面投影上直接量相对 y 值相等来作宽相等。

（3）由已知 C 点的 W 面投影可知，C 点在圆柱面的最右素线上。利用 c' 与 c" 高平齐，过 c" 作水平线，与 V 面最右素线的交点，即求出 c'，在 H 投影上圆周最右点即 C 点的水平投影 c。

6.2.2 圆锥面

1. 圆锥面的形成

两相交直线，一条作轴线，一条作母线，母线绕轴线旋转一周，就形成了圆锥面，如图 6-6（a）所示。圆锥面上有无穷多条素线，每条素线都过锥顶。

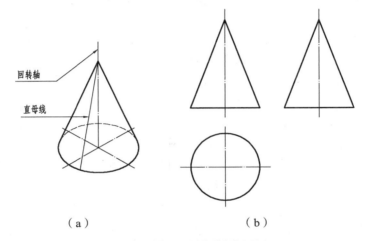

（a）　　　　　　　　　　　　　（b）

图 6-6　圆锥面的形成与投影图

2. 圆锥体的投影图

圆锥体由圆锥面与一个平面围合而成。当圆锥轴线垂直于 H 面时，如图 6-6（b）所示，底面平行于 H 面，在 H 面上的投影反映实形，即投影为圆。在 V 面和 W 面的投影积聚为垂直于 Z 轴的直线。圆锥面的 H 面投影无积聚性，V 面和 W 面投影是等腰三角形，并关于轴线对称。

圆锥面上有 4 条特殊位置素线，当轴线垂直于 H 面时，分别是从前半个圆锥面转向后半个圆锥面的转向轮廓线——最左、最右素线，以及从左半个圆锥面转向右半个圆锥面的转向轮廓线——最前、最后素线。

后半圆锥面的 V 面投影不可见；右半圆锥面的 W 面投影不可见。

3. 圆锥面上取点

圆锥面上取点，可用素线法和纬圆法。

素线法找点，就是通过点的已知投影，找到点所在素线以及素线的其他两个投影，再作出素线其他两个投影上点的投影。

纬圆法找点，就是通过点的已知投影，找到点所在纬圆以及纬圆的其他两个投影，再作出纬圆其他两个投影上点的投影。

【例 6-4】 　 已知圆锥面上 A、B、C、D 三点的一个投影，完成各点的其他两个投影，如图 6-7（a）所示。

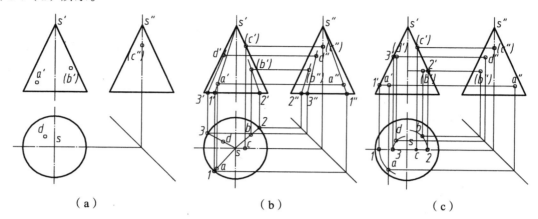

（a）　　　　　　　　　　（b）　　　　　　　　　　（c）

图 6-7　圆锥表面取点

用素线法作图如图 6-7（b）所示，步骤如下：

（1）A 点在圆锥面的左前位置。在锥面上作过 A 点的素线，该素线必然过圆锥顶点 S。在 V 面上连接 $a's'$ 并延长交底圆于 $1'$ 点。再在 H、W 面上分别作出 $s1$ 与 $s''1''$。利用 a' 与 a 长对正、a' 与 a'' 高平齐，即求出 A 点的 a 与 a''。

（2）B 点在圆锥面的右后位置。在 V 面上连接 $b's'$ 并延长交底圆于 $2'$ 点。再在 H、W 面上分别作出 $s2$ 与 $s''2''$。利用 b' 与 b 长对正、b' 与 b'' 高平齐，即求出 B 点的 b 与 b''。由于 B 点在 W 面投影上不可见，在侧面投影上需要有括弧标记，既标注（b''）。

（3）C 点在圆锥面的最右素线上。利用 c' 与 c'' 高平齐，过 c'' 作水平线，与 V 面最右素线的交点，即求出 c'，在 V 面上过 c' 作竖直线，与 H 面最右素线的交点，即求出 c。

（4）D 点在圆锥面的左后位置。在锥面上作过 D 点的素线，该素线必然过圆锥顶点 S。在 H 面上连接 sd 并延长交底圆于 3 点，在 V 面与 W 面上分别在底圆上找到 $3'$ 与 $3''$，再分别连接 $s'3'$ 与 $s''3''$，即找到过 D 点的素线 $S3$ 的其他两个投影。d' 必然在 $s'3'$ 上并且不可见，d'' 必然在 $s''3''$ 上并且可见，即求出 d' 与 d''。

用纬圆法作图如图 6-7（c）所示，步骤如下：

（1）假想过 A 点用水平面截切圆锥，得到一个过 A 点的水平纬圆，该纬圆与最左素线交于 1 点。在 V 面投影图上作图过程是过 a' 作水平线，交最左素线的投影于 $1'$，过 $1'$ 作竖直线交 H 面上最左素线投影于 1 点，在 H 面上以 $1s$ 为半径画圆弧，A 点的水平投影一定在该圆弧上。在 V 面投影图上过 a' 作竖直线，交 H 面上圆弧于 a 点。再由高平齐、宽相等求得 a''。

（2）假想过 B 点用水平面截切圆锥，得到一个过 B 点的水平纬圆，该纬圆与最右素线于 2 点。在 V 面投影图上作图过程是过 b' 作水平线，交最右素线的投影于 $2'$，过 $2'$ 作竖直线交 H 面上最右素线投影于 2 点，在 H 面上以 $2s$ 为半径画圆弧，B 点的水平投影一定在该圆弧上。在 V 面投影图上过 b' 作竖直线，交 H 面上圆弧于 b 点。再由高平齐、宽相等求得 b''。

（3）C 点在最右素线上，适合用素线法求作其他投影。

（4）D 点的已知投影在 H 面上。假想过 D 点用水平面截切圆锥，得到一个过 D 点的水平纬圆，该水平纬圆在 H 面上一定以 ds 为半径。在 H 面上作图，以 ds 为半径画圆弧交最左素线的投影于 3 点，过 3 作竖直线交 V 面上最左素线投影于 3′ 点，3′ 点所在高度为假想过 D 点的水平截切面高度，也即 D 点所在的水平纬圆高度，过 3′ 作水平线，与 H 面上过 d 点作的竖直线交于 d′ 点。再由高平齐宽相等求得 d″。

6.2.3　圆球面

圆球面简称圆球。

1.　圆球面的形成

圆球面是由一圆曲线绕其自身的任一直径旋转半周而成，也可以是一半圆曲线绕其直径旋转一周而成。球面上没有直线。

2.　圆球体的投影图

用平面截切圆球，交线总是纬圆。用与投影面平行的平面截切圆球，交线是平行于投影面的圆。

用过圆心的水平面截切圆球，交线是球面上最大的水平圆；用过圆心的正平面截切圆球，交线是球面上最大的正平圆；用过圆心的侧平面截切圆球，交线是球面上最大的侧平圆。

圆球的三个投影均为等径圆，如图 6-8（b）所示。V 面投影的圆是前后两个半球的转向轮廓线，也是球面上最大的正平圆的投影，它在 H、W 面上的投影积聚在前后对称线上；H 面投影的圆是上下两个半球的转向轮廓线，也是球面上最大的水平圆的投影，它在 V、W 面上的投影积聚在上下对称线上；W 面投影的圆是左右两个半球的转向轮廓线，也是球面上最大的侧平圆的投影，它在 V、H 面上的投影积聚在左右对称线上。

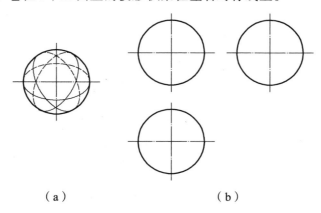

（a）　　　　　　　　　　　（b）

图 6-8　圆球面的形成与投影图

3.　在球面上取点

在球面上取点，只能用纬圆法。即通过已知点用平行于某投影面的平面去截切球面，交线为纬圆，由于点在纬圆上，利用投影关系可以确定点的其他投影。

【例 6-5】　已知圆球柱面上 A、B、C、D、E 五点的一个投影，完成各点的其他两个投影，如图 6-9（a）所示。

作图步骤如图 6-9（b）所示。

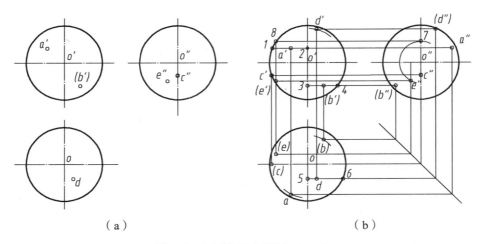

（a）   （b）

图 6-9 圆球面表面取点（一）

（1）A 点在球面的左上前位置。用过 A 点的水平面截切圆球，得到的交线为水平圆，A 点在该水平圆上。A 点的 V 投影一定在水平圆的积聚投影上。在 V 面上过 a′ 作水平线，水平线与最大的正平圆交于 1，与左右对称线交于 2，12 即为水平圆的半径。A 点的 H 投影一定在圆周上，在 H 面上，以 12 为半径、o 为圆心，在左前部分画圆弧，过 a′ 作竖直线，交圆弧于 a 点。再利用 a′ 与 a″ 高平齐、a 与 a″ 宽相等，即求出 A 点的侧面投影 a″。

（2）B 点在球面的右下后位置。在 V 面上过 b′ 作水平线，水平线与最大的正平圆交于 4，与左右对称线交于 3，34 即为水平圆的半径。在 H 面上，以 34 为半径、o 为圆心，在右后部分画圆弧，过 b′ 作竖直线，交圆弧于 b 点，由于 B 点在下半个球面上，H 面投影为不可见，在 H 面投影上需要有括弧标记，标注（b）。再利用 b′ 与 b″ 高平齐、b 与 b″ 宽相等，即求出 B 点的侧面投影 b″。由于 B 点在右半个球面上，W 面投影为不可见，在 W 面投影上需要有括弧标记，标注（b″）。

（3）C 点在球面的左下位置，并在最大的正平圆上。过 c″ 作水平线交圆球的 V 面投影左下部分于 c′ 点，过 c′ 作竖直线，交 H 面上前后对称线于 c 点。由于 C 点在下半个球面上，H 面投影上需要有括弧标记，标注（c）。

（4）D 点在球面的右上前位置。用过 D 点的正平面截切圆球，得到的交线为正平圆，D 点在该正平圆上。在 H 面上过 d 作水平线，该水平线与最大的水平圆交于 6，与左右对称线交于 5，56 即为正平圆的半径。在 V 面上，以 56 为半径、o′ 为圆心，在右上部分画圆弧，过 d 作竖直线，交圆弧于 d′ 点。再利用 d′ 与 d″ 高平齐、d 与 d″ 宽相等，即求出 D 点的侧面投影 d″。由于 D 点在右半个球面上，W 面投影为不可见，在 W 面投影上需要有括弧标记，标注（d″）。

（5）E 点在球面的左下后位置。用过 E 点的侧平面截切圆球，得到的交线为侧平圆，D 点在该侧平圆上。在 W 面上以 e″o″ 为半径、o″ 为圆心画圆弧，交前后对称线于 7 点，过 7 作水平线交 V 面最大正平圆于 8 点，过 8 作竖直线与过 e″ 作的水平线交于 e′，e′ 为不可见点，要有括弧标记，标注（e′）。再利用 e′ 与 e 长对正、e 与 e″ 宽相等，即求出 E 点的水平投影 e，E 点在 H 面投影为不可见点，要有括弧标记，标注（e）。

讨论：每个点都可以有三种截切法，即分别用水平面、正平面与侧平面截切。如图 6-9（b）所示 A 点是用过 A 点的水平面截切圆球，得到的交线为水平圆，A 点在该水平圆上。同样采用其他方法也能得到相同的结果。

如图 6-10（a）所示，是用过 A 点的正平面截切圆球，得到的交线为正平圆，A 点在该水平圆上。如图 6-10（b）所示，是用过 A 点的侧平面截切圆球，得到的交线为侧平圆，A 点在该水平圆上。作图过程自己分析。

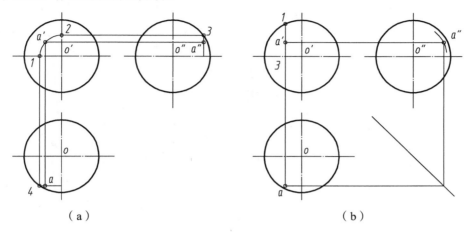

（a）　　　　　　　　　　　　　（b）

图 6-10　圆球面表面取点（二）

6.2.4　柱面与锥面

1. 柱　面

如图 6-11（a）所示，直母线 AC 沿着曲导线 AB 移动，并始终平行于一直导线 K 时，所形成的曲面称为柱面。画柱面的投影图时，必须先确定曲导线、直导线的投影，再画出曲面的边界线，如图 6-11（b）所示。

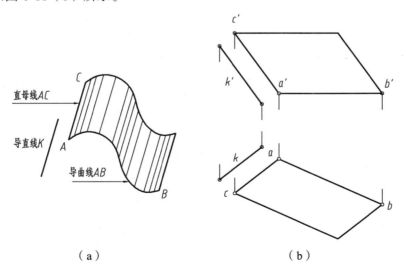

（a）　　　　　　　　　　　　　（b）

图 6-11　柱面的形成与投影图

柱面所有素线均平行于导线。

2. 锥　面

如图 6-12（a）所示，锥面直母线 *AK* 沿着一导曲线 *AB* 移动，并始终通过一定点 *K*，所形成的曲面称为锥面，定点 *K* 称为锥顶。画锥面的投影图时，必须先确定曲导线、定点的投影，再画出曲面的边界线，如图 6-12（b）所示。

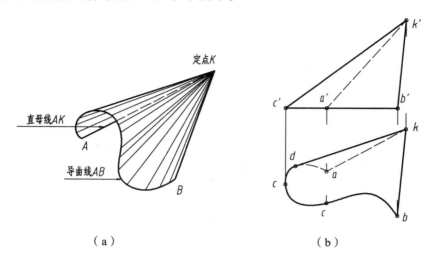

（a）　　　　　　　　　　　　　　　（b）

图 6-12　锥面的形成与投影图

在 *V* 面投影图上，*k′c′* 是曲面从前向后的转向轮廓线，由于 *A* 点在 *C* 点的后面，边界线 *a′k′* 为不可见，要画成虚线。

在 *H* 面投影图上，*kd* 是曲面从上向下的转向轮廓线，直线边界 *ak* 与曲线边界 *da* 均为不可见，要画成虚线。

锥面所有素线交于锥顶。

3. 各种柱面与锥面

用与轴线垂直的平面截切，当交线是圆时，叫圆柱面，当交线是椭圆时，叫椭圆柱面。当底面与轴线垂直时叫正柱面或正锥面，一般将"正"字省略，如将"正圆柱"简称"圆柱"，当底面与轴线倾斜时叫斜柱面或斜锥面。

如图 6-13 所示，图 6-13（a）叫正圆柱，图 6-13（b）叫正椭圆柱，图 6-13（c）叫斜椭圆柱，图 6-13（d）叫正圆锥，图 6-13（e）叫正椭圆锥，图 6-13（f）叫斜椭圆锥。图 6-13（f）的断面为椭圆，它的长轴在 12 为直径的圆上，因此长轴长度等于 12，短轴长度等于 34。

图 6-1（b）所示桥墩的侧面左侧是部分斜椭圆锥面，右侧是部分正圆锥面，前后均为三角形平面。

柱面与锥面的曲导线 *AB* 可以是平面曲线，也可以是空间曲线；可以是闭合的，也可以是不闭合的。

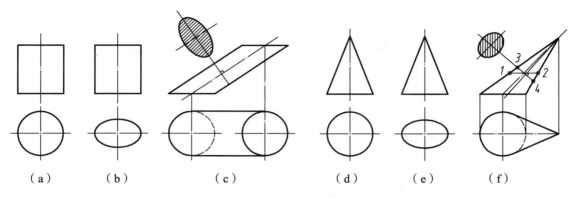

图 6-13 各种柱面与锥面

6.2.5 柱状面与锥状面

1. 柱状面

如图 6-14（a）所示，直母线 *AC* 两端分别沿着两曲导线 *AB* 与 *CD* 移动，并始终平行于一导平面 *P* 时，所形成的曲面称为柱状面。画柱状面的投影图时，也必须先确定两曲导线、导平面的投影，再画出曲面的边界线，还可以画出一些曲面上的素线。如图 6-14（b）所示，是以 *W* 面为导平面，两曲导线水平投影平行且投影长度一样长，但高度不同。

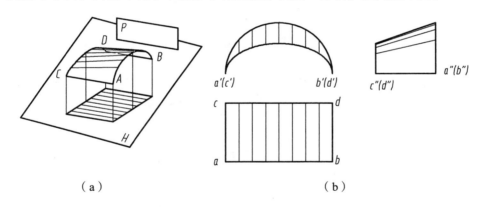

图 6-14 柱状面的形成与投影图

图 6-1（a）所示屋面为柱状面。柱状面上相邻素线是交叉线。

2. 锥状面

如图 6-15（a）所示，锥状面直母线 *AC* 两端分别沿着一曲导线 *AB* 与一直导线 *CD* 移动，并始终平行于导平面 *P*，所形成的曲面称为锥状面。画锥状面的投影图时，必须先确定曲导线、直导线与导平面的投影，再画出曲面的边界线，还可以画出一些曲面上的素线。如图 6-15（b）所示，是以 *W* 面为导平面，曲导线与直导线水平投影平行且投影长度一样长。

锥状面上相邻素线是交叉线。

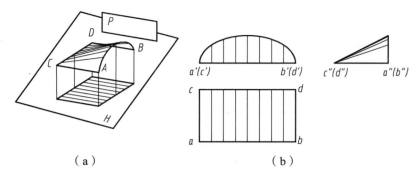

（a）   （b）

图 6-15　锥状面的形成与投影图

6.2.6　单叶双曲回转面

单叶双曲回转面的形成：由直母线 *AB* 绕与它交叉的轴线 *O* 旋转而成。如图 6-16（a）所示，直母线上的 *A* 点旋转轨迹为顶圆，*B* 点的旋转轨迹为底圆，*AB* 线上距离轴线最近的点 *C*，其旋转轨迹为颈圆（也叫喉圆）。

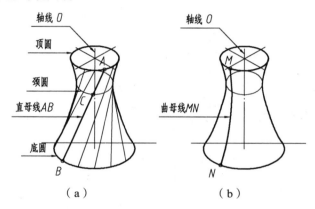

（a）   （b）

图 6-16　单叶双曲回转面的形成

同样，如图 6-16（b）所示，由双曲线的一支 *MN* 作曲母线，使 *MN* 绕与它共面的轴线 *O* 旋转一周，也能得到相同的曲面。曲面的转向轮廓线是双曲线。

单叶双曲回转面投影图画法：

1. 素线法

【例 6-6】　如图 6-17（a）所示，已知直母线 *AB* 与轴线 *O* 的投影图，完成单叶双曲回转面的投影图。由于曲面是连续光滑的，需要画出一些素线。

作图步骤如下：

（1）找出 *AB* 线上距离轴线最近的 *C* 点。在 *H* 面上过 *o* 作 *ab* 的垂线，垂足即为 *c* 点，过 *c* 作竖直线交 *a'b'* 于 *c'* 点，*c'* 点的位置就是颈圆的高度，如图 6-17（b）所示。

（2）作出顶圆与底圆的投影图，并将它们各分为 12 等份，即需要作出 12 条素线的投影，也即分别作出母线每旋转 30° 时的 *V* 面与 *H* 面的投影，如图 6-17（c）所示。

（3）画出 V 面投影的外包络线，和 H 面投影的内包络线。V 面投影的外包络线与各素线都相切，是双曲线。H 面投影的内包络线是颈圆的水平投影。

在 H 面上也可先画出颈圆，再过顶圆（或底圆）上的等分点作颈圆的切线，与底圆（或顶圆）相交，既画出 H 面上各条素线的投影。

（4）素线可见性的评定。

V 面上可见性判断：

如图 6-17（d）所示，当某素线全部在前半个曲面上时，其 V 面投影图是可见的，画细实线，如素线 AB；当某素线全部在后半个曲面上时，其 V 面投影图是不可见的，画细虚线，如素线 A_5B_5 所示；当某素线一部分在前半个曲面上一部分在后半个曲面上时，其 V 面投影图就是一部分可见一部分不可见。

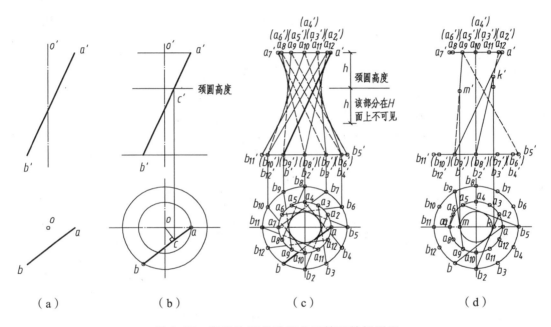

（a）　　　　　（b）　　　　　（c）　　　　　（d）

图 6-17　素线法画单叶双曲回转面的投影图

可见与不可见的分界点确定方法，如图 6-17（d）上素线 A_2B_2 所示，在 H 面上 a_2b_2 交前后对称线于 k 点，过 k 作竖直线交 V 面 $a_2'b_2'$ 于 k'，k' 点为素线 $a_2'b_2'$ 可见与不可见部分的分界点。如图 6-17（d）上素线 A_9B_9 所示，在 H 面上 a_9b_9 交前后对称线于 m 点，过 m 作竖直线交 V 面 $a_9'b_9'$ 于 m'，m' 点为素线 $a_9'b_9'$ 可见与不可见部分的分界点。

H 面上可见性判断：

将曲面向 H 面投影时，由于颈圆以下部分曲面被颈圆以上曲面投影重合，在 H 面上被投影重合的部分是不可见的，在 H 面投影上画素线时，每条素线中间都是不可见的，即由上至下从顶圆到与颈圆切点这段是可见的，从切点到顶圆这段是不可见的，再由顶圆到底圆又可见，中间不可见这段素线画成细虚线，如图 6-17（c）所示。

同一单叶双曲回转面上有两组素线，如图 6-18 所示。同一组素线互不相交，相邻素线是交叉线。

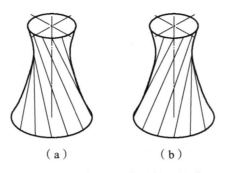

（a）　　　　　　（b）

图 6-18　单叶双曲回转面的两组素线

2．纬圆法

【例 6-7】　如图 6-19（a）所示，已知直母线 *AB* 与轴线 *O* 的投影图，用纬圆法完成单叶双曲回转面的投影图，如图 6-19（b）所示。

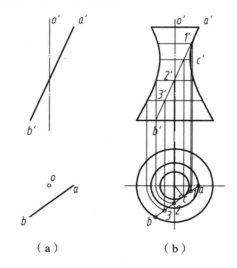

（a）　　　　　　　　　（b）

图 6-19　纬圆法画单叶双曲回转面的投影图

作图步骤如下：

（1）作出顶圆、底圆以及颈圆的两面投影。

（2）在 *AB* 线上适当确定几个点，图上为 1、2、3 三个点，并分别作出三个点绕轴线回转而成的三个纬圆的投影图。

（3）根据各纬圆的 *V* 面投影作出单叶双曲回转面轮廓线的投影——双曲线。

6.2.7　双曲抛物面

如图 6-20（a）所示，双曲抛物面是由直母线 *AD* 沿着两交叉直导线 *AB*、*DC* 移动，并始终平行于一个导平面 *P* 而形成的。同样的曲面也可以是由直母线 *AB* 沿着两交叉直导线 *AD*、*BC* 移动，并始终平行于一个导平面 *Q* 而形成的。在双曲抛物面上存在着两组素线，同一组素线互不相交，相邻素线是交叉线，每一条素线与另一组所有素线都相交。

70

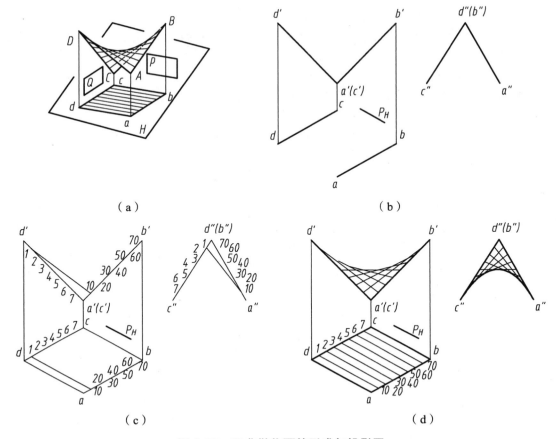

图 6-20　双曲抛物面的形成与投影图

【例 6-8】　已知双曲抛物面的两交叉直导线 *AB*、*DC* 及导平面 *P* 的投影图，如图 6-20（b）所示，完成双曲抛物面的投影图。

作图步骤为：

（1）把两导线作相同的等分，图上为八等分，得到等分点的各个投影，如图 6-20（c）所示。

（2）作出曲面边界线和各条素线的各个投影，如图 6-20（c）所示，为边界线 *AB*、*BC*、*CD*、*DA* 与中间第一条素线 1～10 的投影图。再分别完成 *V* 面、*H* 面上其他素线的投影，即依次连接，如 2—20、3—30…7—70。

（3）在正面投影图与侧面投影图上作出曲面的转向轮廓线（也即外包络线）的投影。*V* 面与 *W* 面的转向轮廓线均为抛物线，抛物线与各条素线都相切。

6.2.8　平螺旋面

平螺旋面的形成：平螺旋面的两条导线是圆柱螺旋线和圆柱螺旋线的轴线。当直母线在运动时，一端沿着直导线（轴线），另一端沿着曲导线（螺旋线）并始终保持与轴线的倾角不变，直母线的运动轨迹就是螺旋面。当直母线与轴线的倾角为 90° 时，可将垂直于轴线的平面视为导平面，此时的螺旋面就是平螺旋面。

平螺旋面也简称螺旋面。当轴线垂直于 H 面时，如图 6-21（a）所示，母线即为水平线，导平面也就是水平面。

画螺旋面就是画出导圆柱螺旋线和轴线之间的一些素线及边界线。

【例 6-9】 已知螺旋面的导圆柱螺旋线和轴线的投影，完成螺旋面的投影，如图 6-21（b）所示。

分析：如图 6-21（a）所示，导圆柱螺旋线和轴线是螺旋面的外边界线与内边界线，最上素线与最下素线也是螺旋面的边界线。

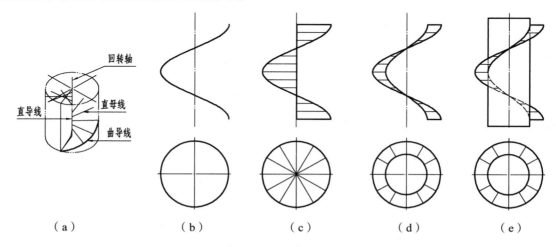

图 6-21　平螺旋面的形成与投影图

画螺旋面投影图步骤如下：

（1）将 H 面上圆周和 V 面上螺距作相同的等分，作出各条素线的投影。如图 6-21（c）所示为 12 等分。

（2）整理图线，加粗上下及内外边界线。

假设用一个同轴的小圆柱面与螺旋面相交，这时螺旋面与小圆柱面的交线，也是一个同螺距、同旋向的螺旋线，形成一个空心的部分螺旋面。部分螺旋面也简称螺旋面，如图 6-21（d）所示。如果小圆柱实际存在，则还应区分可见性，如图 6-21（e）所示。

6.2.9　螺旋扶手与螺旋楼梯

在建筑工程上，圆柱螺旋线和平螺旋面常见于螺旋扶手与螺旋楼梯。

1．螺旋扶手

【例 6-10】 完成如图 6-22（a）所示螺旋扶手弯头的投影图。

分析：螺旋扶手由矩形断面 $ABCD$ 绕 O 轴作右旋螺回转而成。AB 与 CD 线的运动轨迹为扶手的上下螺旋面，AD 与 BC 线运动轨迹为扶手的内外圆柱面。

在 H 面上，上下螺旋面投影重合为半圆环图形，内外圆柱面投影分别积聚为内外半圆周，只需要完成 V 面的投影图。

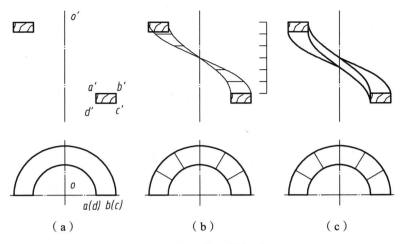

图 6-22　螺旋扶手的投影图

螺旋扶手 V 面投影图绘图步骤如下：

（1）将 H 面上半圆周和 V 面半个螺距作相同的等分，图 6-22（b）上为 6 等分，作出上螺旋面的 V 面投影。

（2）在 V 面上将上螺旋面向下平移，即画出下螺旋面的投影。

（3）V 面投影可见性判别：由于弯头的旋向是右旋，因此在右侧可见扶手的上螺旋面，左侧可见扶手的下螺旋面。由于弯头在圆柱的后半部分，因此内圆柱面可见，外圆柱面不可见。

2．螺旋楼梯

在实际工程中，螺旋楼梯的下表面就是螺旋面。

螺旋楼梯由扇形踏面、矩形踢面、内圆柱面、外圆柱面与螺旋底面组成，如图 6-23（a）所示。

【例 6-11】　已知螺旋楼梯为右旋，板厚 h，如图 6-23（b）所示，一周为 12 级。完成如图 6-23（c）所示螺旋楼梯投影图。

分析：由于扇形踏面平行于 H 面，在 H 面上的投影反映实形，12 个扇形踏面与螺旋底面在 H 面上的投影重合为圆环图形；矩形踢面垂直于 H 面，踢面在 H 面上的投影积聚为直线；内外圆柱面在 H 面上的投影分别积聚为内外圆周。

螺旋楼梯投影图绘图步骤如下：

（1）将 H 面上圆周作 12 等分，即完成 H 面投影，如图 6-23（d）所示。

（2）在 V 面上将螺距 12 等分，并标注各踢面高度的数字符号，同时在 H 面上标注各踢面积聚投影的数字符号。

（3）在 V 面上作出各矩形踢面的投影。让最下面的踢面处于正平面的位置，使其在 V 面上投影反映实形。如果只有 12 个踢面，楼梯还没有转完一个螺距，则需要画出第 13 个踢面。由于是右旋楼梯，在 V 面投影图上，右侧踢面可见，左侧踢面不可见，因此左侧的踢面画成虚线。其中编号为 1、7、13 的踢面处于正平面位置，V 面投影反映实形；编号为 4、10 的踢面处于侧平面位置，V 面投影具有积聚性；其他编号的踢面处于铅垂面位置，如图 6-23（d）所示。

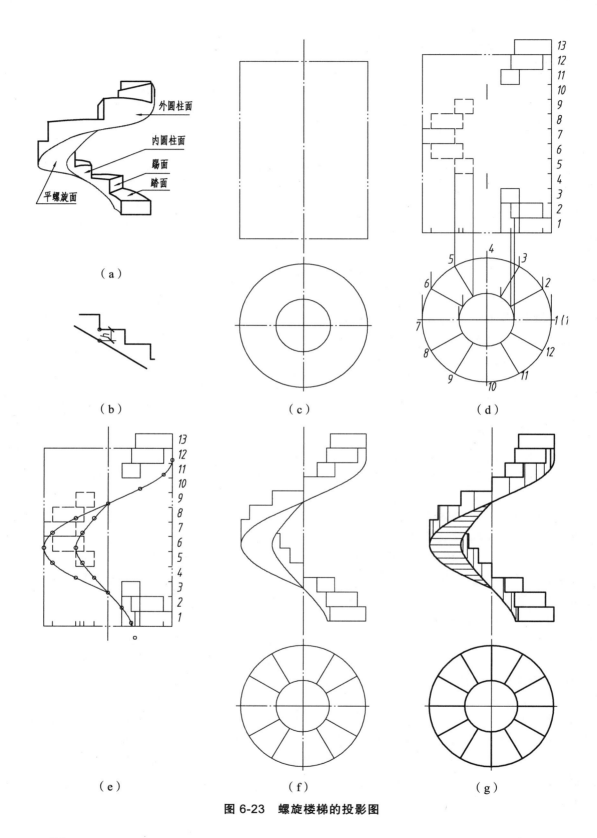

图 6-23 螺旋楼梯的投影图

（4）在 V 面上作出螺旋底面的投影，即作出底面上的内外螺旋线。

作内螺旋线上的点，由各个踢面内边线下端向下量取梯板厚 h，即得到内螺旋线上的各个点，将各点依次光滑连接。

作外螺旋线上的点，由各个踢面外边线下端向下量取梯板厚 h，即得到外螺旋线上的各个点，将各点依次光滑连接。

由于外圆柱面可见上半个螺距，而外螺旋线又是外圆柱面的下边界线，因此量取外螺旋线上的各个点时，从上往下量取 3/4 周。而内圆柱面可见下半个螺距，而内螺旋线又是内圆柱面的下边界线，因此量取内螺旋线上的各个点时，从下往上量取 3/4 周，如图 6-23（e）所示。

（5）完成内外圆柱面的上边界线。螺旋底面上的内外螺旋线既是螺旋底面的边界线，又分别是内外圆柱面的下边界线。

外圆柱面的上边界线，在 V 面投影图上为踏面的积聚投影与踢面的外边线；内圆柱面的上边界线，在 V 面投影图上为踏面的积聚投影与踢面的内边线，如图 6-23（f）所示。

（6）整理图线。擦掉 V 面图上左侧画成虚线的踢面。

为了加强直观性，可在大小圆柱面的可见部分用细实线加绘阴影线，画法是远离轴线的素线间距密些，靠近轴线的素线间距稀些；并在螺旋底面上画出一些素线，如图 6-23（g）所示。

小　结

曲面分类：

回转面：由直母线或曲母线绕一轴线回转而形成的曲面，称为回转面。

可展曲面——圆柱面、圆锥面。

不可展曲面——圆球面、单叶双曲回转面。

非回转面：曲面无回转轴。

可展曲面——柱面、锥面。

不可展曲面——柱状面、锥状面、双曲抛物面、圆柱螺旋面。

可展曲面：曲面上相邻素线共面（平行或相交）。

不可展曲面：曲面上相邻素线交叉。

第 7 章

立体表面的交线

立体表面交线的形成条件不同，产生的交线有两种：一种是立体的表面被平面截切而产生的交线，称为截交线，其假想用来切割基本形体的平面称为截平面，截交线所围成的平面图形称为截断面，如图 7-1 所示；另一种是两立体相交而产生的交线，称为相贯线，如图 7-2 所示。

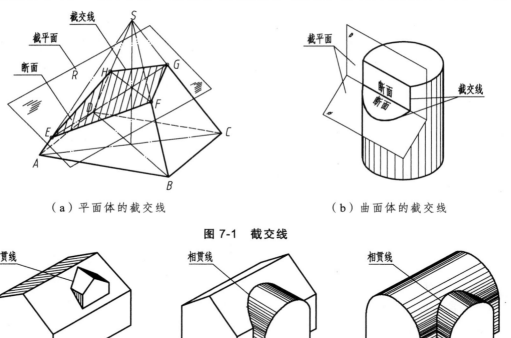

（a）平面体的截交线　　　　　　　（b）曲面体的截交线

图 7-1　截交线

（a）两平面体相贯　　　　（b）平面体与曲面体相贯　　　　（c）两曲面体相贯

图 7-2　立体的相贯

7.1　截交线

由于截交线是截平面与立体表面的交线，故截交线上的点是截平面与立体表面的共有点。

因此，截交线的作图就是求作共有线上的共有点的投影作图问题。

7.1.1 平面体的截交线

平面截切平面体所得的截交线是一条封闭的平面折线，为截平面和形体表面所共有。

求平面立体截交线的方法：

1. 棱线法

求出各棱线与截平面的交点，然后依次连接。其实质是直线与平面的交点问题。

2. 棱面法

求出各棱线与截平面的交线。其实质是两平面相交求交线的问题。

立体被截平面截切后，截去的部分如要在投影图中绘出，应用双点长画线表示。立体的截交线在投影图中如可见则用实线表示，反之为虚线，作图时一定要注意判别截交线的可见性。

【例 7-1】 已知正四棱柱被一正垂面 P 所截断，求作截交线的投影［图 7-3（a）］。

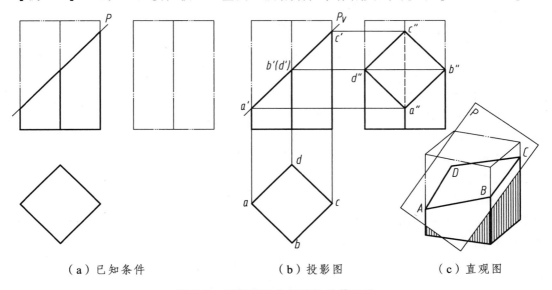

（a）已知条件　　　　　　　（b）投影图　　　　　　　（c）直观图

图 7-3　用棱线法作四棱柱的截交线

（1）分析。由于截平面 P 是正垂面，其 V 面投影有积聚性，可直接利用 P 的积聚投影求出棱线与截平面交点后连线。

（2）作图。

① 利用 P_V 有积聚性，可直接得出各棱线与截平面交点的 V 面投影 a'、b'、c'、d'。

② 根据点的投影规律，由 a'、b'、c'、d' 在相应棱线的 H 面投影上得出 a、b、c、d；在 W 面投影上得出 a''、b''、c''、d''。

③ 连接 a''、b''、c''、d''，就得截交线的 W 面投影四边形 $a''b''c''d''$；连 a、b、c、d，即为与四棱柱 H 面投影重合的四边形 $abcd$，如图 7-3（b）所示。

【例 7-2】 已知三棱锥被两个平面截断，作出其截交线的投影［图 7-4（a）］。

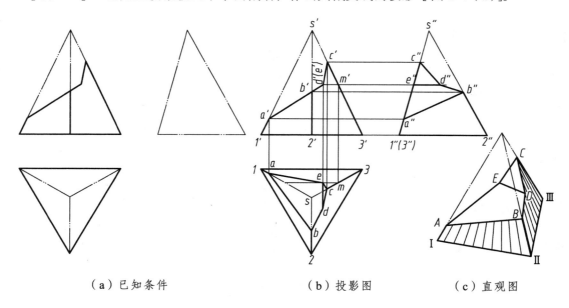

（a）已知条件　　　　　（b）投影图　　　　　（c）直观图

图 7-4　用棱线法作三棱锥的截交线

（1）分析。由于两个截平面都是正垂面，其 *V* 面投影有积聚性，可直接利用其积聚投影求出棱线与截平面的交点，及截平面与三棱锥右棱面、后棱面的交点后连线。

（2）作图。

① 利用截平面有积聚性，可直接得出各棱线与截平面交点的 *V* 面投影 *a'*、*b'*、*c'*，及截平面与三棱锥右棱面、后棱面的交点 *d'*、*e'*。

② 根据点的投影规律，由 *a'*、*b'*、*c'* 在相应棱线的 *H* 面投影上得出 *a*、*b*、*c*；在 *W* 面投影上得出 *a"*、*b"*、*c"*。

③ 根据棱锥表面取点的方法，过 *d'*、*e'* 的 *V* 面投影分别作底边 1'3'、2'3' 的平行线交棱线 *s'3'* 于 *m'* 点，在 *H* 面投影上得出 *m*，过 *m* 作底边 1 3、2 3 的平行线分别得出 *d*、*e*；在 *W* 面投影上得出 *d"*、*e"*。

④ 连接 *a"*、*b"*、*d"*、*e"*，及 *c"*、*d"*、*e"*，就得截交线的 *W* 面投影四边形 *a"b"d"e"* 和三角形 *c"d"e"*；连 *a*、*b*、*d*、*e*，及 *c*、*d*、*e* 为截交线的 *H* 面投影四边形 *abde* 和三角形 *cde*，如图 7-4（b）所示。

7.1.2　曲面体的截交线

曲面立体的截交线，一般是封闭的平面曲线，有时是曲线和直线组成的平面图形。

求曲面体上截交线的解题思路：

（1）找特殊位置点，即曲面体上各极限位置（最高、最低、最前、最后、最左、最右等）的点。

（2）找一般位置点，连线（参照不同曲面体上的不同截交线的投影特征连线）补全投影。

1．圆柱的截交线

表 7-1 列出了截平面与圆柱轴线相对位置变化的截交线情况。截平面与圆柱面相交时，其截交线的形式由平面与轴线的相对位置决定：当截平面与轴线垂直时，截交线是圆；当截平面与轴线平行时，截交线是矩形；当截平面与轴线倾斜时，截交线是椭圆。

表 7-1　圆柱面的截交线

截平面位置	截平面与柱轴垂直	截平面与柱轴平行	截平面与柱轴斜交
截交线形状	圆	矩　形	椭　圆
投影图与立体图			

【例 7-3】　　圆柱体的上部左右两侧各被切去一块，下部被开出一方形槽［图 7-5（a）］。求作其三面投影图。

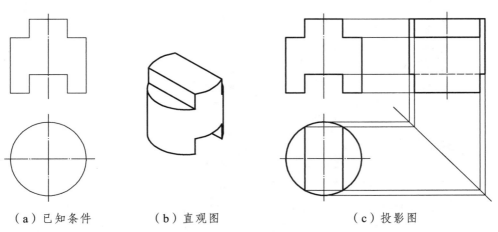

（a）已知条件　　　　（b）直观图　　　　（c）投影图

图 7-5　圆柱体被切割后的三面投影图

（1）分析。圆柱体上部各切块和下部开出方形槽的截平面均为与其轴线正交的水平面——截交线为圆弧，或与轴线平行的侧平面——截交线为矩形。水平截面与侧平截面之间及截面与圆柱底面之间交线为直线段，都是正垂线。这些圆柱面截交线及平面与平面的交线

79

分别组成了水平截面和侧平截面，它们的三面投影分别是：各水平截面及侧平截面的 V 面投影都积聚成一直线段；各水平截面上的圆柱体表面截交线（圆弧）积聚于圆柱体的 H 面投影（圆周）上，各侧平截面的 H 面投影都积聚成一直线段；各水平截面 W 面投影积聚成一直线段，各侧平截面的 W 面投影反映实形——矩形，如图 7-5（c）所示。

（2）作图。

① 画出圆柱体的三面投影。

② 画出截切平面的积聚投影，并画出截交线的三面投影。

③ 去掉被截切部分的投影轮廓线。

④ 判别可见性。H 面投影，左、右上切口投影可见，故画实线；下切口投影虽不可见，但与上切口投影重合，故不画虚线。W 面投影，左、右上切口投影可见，故画实线；下切口的水平投影在圆柱体的中间被圆柱左部表面挡住的部分不可见，故画成虚线。

2. 圆锥的截交线

表 7-2 列出了截平面与圆锥轴线相对位置变化时的截交线情况。截平面与圆锥面相交时，其截交线的形式由截平面与圆锥轴线的相对位置来确定，圆锥的截交线形式有 5 种：即圆、椭圆、抛物线、双曲线及三角形。

表 7-2 圆锥面的截交线

截平面位置	截平面垂直于锥轴	截平面与所有素线都相交	截平面平行于一条素线	截平面平行于两条素线	截平面通过锥顶
截交线形状	圆	椭 圆	抛物线	双曲线	三角形
投影图与立体图	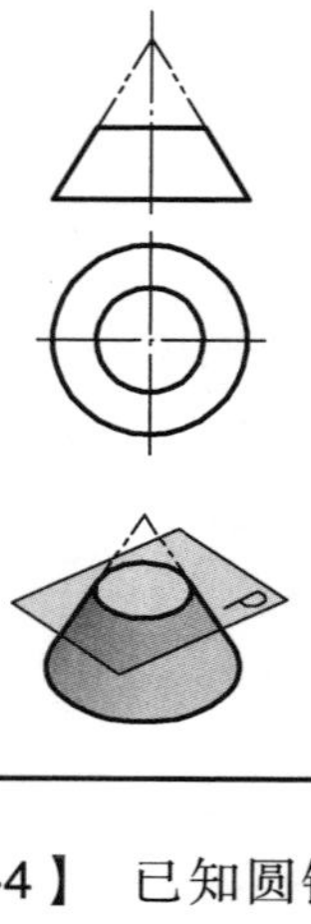	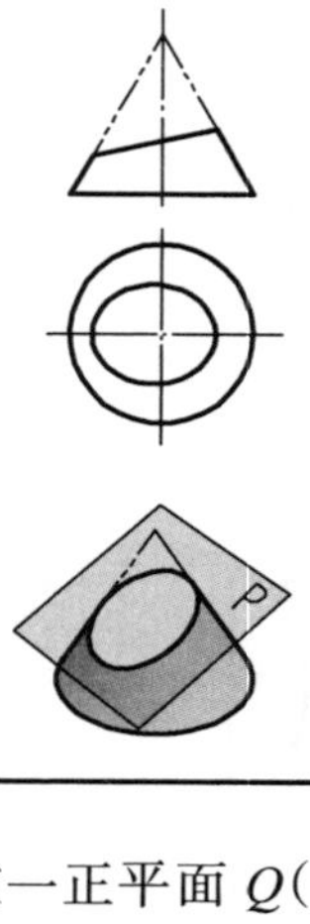	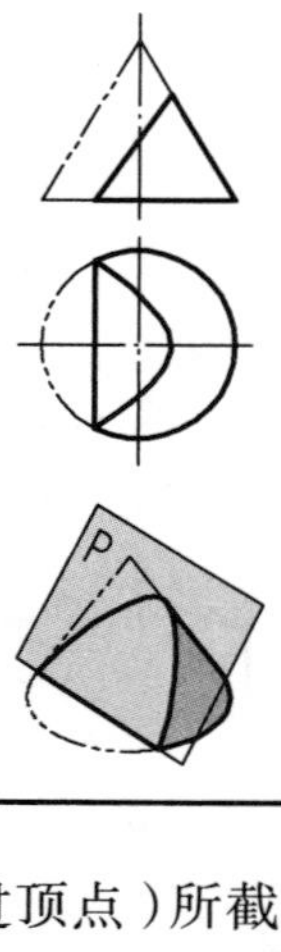	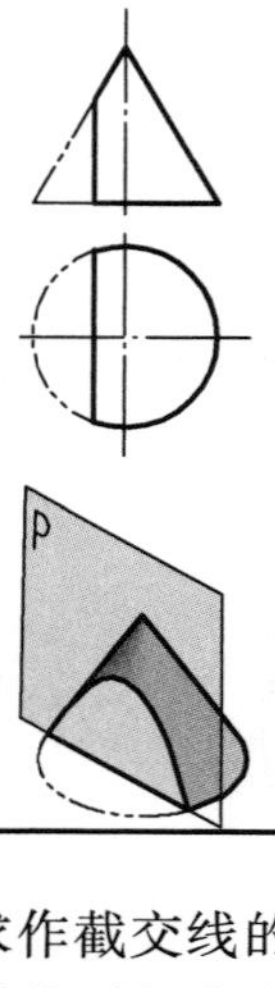	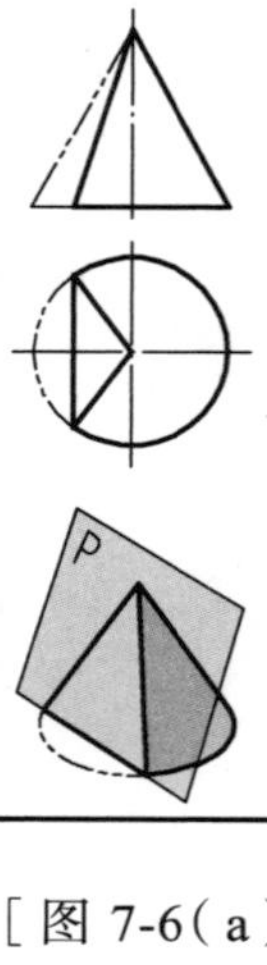

【例 7-4】 已知圆锥被一正平面 Q（不过顶点）所截断，求作截交线的投影［图 7-6（a）］。

（1）分析。截平面为正平面，在水平面、侧平面上的投影分别积聚为一直线，故截交线在水平面、侧平面上的投影落在截平面的积聚线上，截平面分别和圆锥的最左、最右素线平行，所以截交线的 V 面投影为双曲线。

（2）作图。

① 找特殊点。平面 Q_H 与圆锥最前素线的交点为 A，它的 H 投影 a 和 W 面投影 a'' 可直

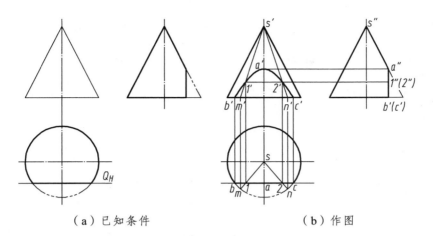

（a）已知条件　　　　　　　　　　（b）作图

图 7-6　直素线法作圆锥的截交线

接找出。自 a'' 作水平线，在 V 面投影可求得它的 V 面投影 a'，即为双曲线上最高一点。截平面 Q 与圆锥底圆的两个交点 B 和 C，它们的 H 面和 W 面投影可在图中直接找出，它们的 V 面投影也很容易求得，b' 和 c' 即为双曲线最下面的两个点。

② 找一般点。双曲线的 H 面投影为一直线，与 Q_H 重合。首先在该直线上取 1 和 2，作为双曲线上一般点 1 和 2 的 H 面投影，连 $s1$ 和 $s2$，并延长与底圆交于 m 和 n，得 sm 和 sn 在圆锥面上通过点 1 和 2 素线的 H 面投影。再自 m 和 n 向上引垂线，与圆锥底圆的 V 面投影相交得 m' 及 n'，连 $s'm'$ 和 $s'n'$，再自 1 向上作垂线与素线 $s'm'$ 交于 $1'$，自 2 向上作垂线与素线 $s'n'$ 交于 $2'$，即为双曲线上一般点 1 和 2 的 V 面投影。

③ 连线。在圆锥的 V 面投影上依次光滑连接 b'、$1'$、a'、$2'$、c' 各点，即得双曲线的 V 面投影，如图 7-6（b）所示。

3. 圆球的截交线

截平面切割球时，不论截平面的空间位置如何，其截交线的空间形状均是圆，但是由于截平面与投影面的相对位置关系，截交线的投影可能为圆、椭圆或直线段。

【例 7-5】　已知球体被水平面截切，求截交线（图 7-7）。

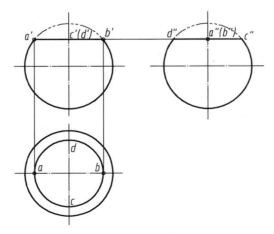

图 7-7　球体的截交线

（1）分析。截平面是水平面，在正立面和侧立面上的投影有积聚性，故截交线在正立面和侧立面上的投影可直接作出。

（2）作图。

① 截平面在 V 面投影上交平行于 V 面的轮廓圆于点 a'、b'，在 W 面投影上交平行于 W 面的轮廓圆于点 c'' 和 d''。

② 在水平面上以球心为圆心，以 $a'b'$ 的 $1/2$ 为半径画圆，即为所求。

7.2　相贯线

相贯线是相交两形体的表面共有线。两形体相贯有三种情况：平面体与平面体相贯、平面体与曲面体相贯、曲面体与曲面体相贯。

7.2.1　平面体与平面体的相贯线

两平面体的相贯线是封闭的空间折线或平面多边形，如图 7-8 所示。两平面立体的相贯线是两立体棱面的交线，其转折点是一立体的棱线与另一立体的贯穿点。求平面立体的相贯线实质是求作两平面体棱面的交线，或一平面体棱线对另一平面体棱面的贯穿点。

求两个平面立体相贯线的方法可归纳为：

（1）求出各个平面立体的有关棱线与另一个立体的贯穿点。

（2）将位于两立体各自的同一棱面上的贯穿点（相贯点）依次相连，即为相贯线。

（3）判别相贯线各段的可见性。

（4）如果相贯的两立体中有一个是侧棱垂直于投影面的棱柱体，且相贯线全部位于该棱柱体的侧面上，则相贯线的一个投影必为已知，故可由另一立体表面上按照求点和直线未知投影的方法，求作出相贯线的其余投影。

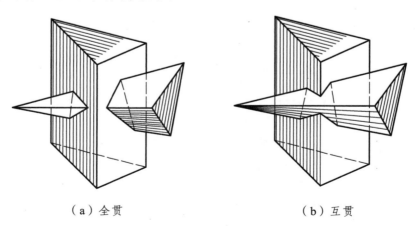

（a）全贯　　　　　　　　　　　　　（b）互贯

图 7-8　平面体相贯的两种情形

【例 7-6】　求烟囱与坡屋面的相贯线 [图 7-9（a）]。

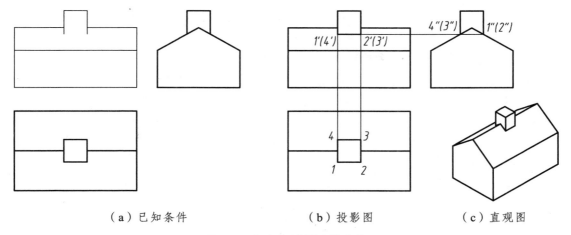

（a）已知条件　　　　　　（b）投影图　　　　　　（c）直观图

图 7-9　烟囱与坡屋面的交线

（1）分析。烟囱与坡屋面相交，其形体可以看作是垂直于 H 面的四棱柱与垂直于 W 面的五棱柱相贯。相贯线的 H 面投影与烟囱的 H 面投影四边形重合；前屋面和后屋面是侧垂面，W 面投影积聚成斜线，相贯线的 W 面投影落在此斜线上，只需求出相贯线的 V 面投影。如图 7-9（b）所示。

（2）作图。

① 在烟囱的 H 面投影上标明点 1、2、3、4，在坡屋面的 W 面投影上标明点 1″、2″、3″、4″，然后根据点的投影规律，在 V 面投影上分别作出 1′、2′、3′、4′。

② 依次连接各点的 V 面投影形成闭合折线。

③ 判断 V 面投影的可见性。

【**例 7-7**】　求作四棱柱与四棱锥的相贯线［图 7-10（a）］。

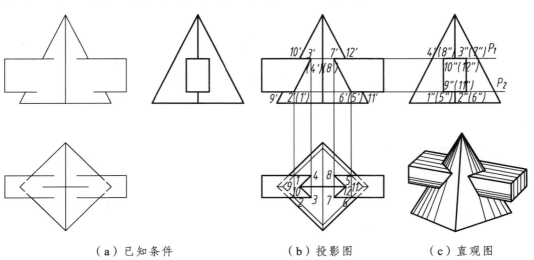

（a）已知条件　　　　　　（b）投影图　　　　　　（c）直观图

图 7-10　求四棱柱与四棱锥的相贯线

（1）分析。图中两平面体底面都处于平行投影面的位置。四棱柱各侧棱面的 W 面投影具有积聚性，因此，相贯线的 W 面投影与四棱柱各棱面的 W 面投影重合，只需要求作相贯线

的 H 面投影和 V 面投影。此两平面体的相贯线左右对称，可利用辅助平面法作图。

（2）作图。

① 作辅助面 P_1、P_2。在 W 面投影中，过四棱柱上、下两个水平面分别作辅助面 P_1、P_2，它们与四棱锥的交线为两个与棱锥底面相似的四边形，其顶点是四棱锥的四条棱线与 P_1、P_2 的交点。交线四边形的 H 面投影在棱柱两水平棱面投影范围内的线段 19、92、3 '10'、'10' 4 和 7 '12'、'12' 8 和 5 '11'、'11' 6，即为所求四棱柱两水平棱面与四棱锥棱面交线之投影。连接 14、23 和 58、67，所得多边形 14 '10' 3 '29' 和 58 '12' 76 '11'，即为所求相贯线的 H 面投影。

② 求相贯线的 V 面投影。自交线各点的 H 面投影。作投影连线，即可求得 V 面投影。

③ 判断可见性。在 H 面投影中，四棱锥各棱面与四棱柱上棱面可见，故其相贯线可见，其投影画实线；四棱柱下棱面不可见，故其相贯线投影应画虚线。在 V 面投影中，四棱锥两前棱面与四棱柱前棱面可见，相贯线 V 面投影亦可见，其投影画实线；四棱柱后棱面不可见，相贯线亦不可见，但由于其投影与前棱面重合，故不画线。

7.2.2 平面体与曲面体的相贯线

平面立体与曲面立体相贯，其相贯线是由若干平面曲线或平面曲线和直线所组成的空间封闭折线。每段平面曲线是平面体上某一棱面与曲面体表面的截交线。各段截交线的交点，称为结合点。它是平面体的棱线对曲面体表面的贯穿点。求平面体与曲面体的相贯线实质就是求作平面与曲面的截交线及棱线与曲面的贯穿点问题。

【例 7-8】 求四棱柱与圆锥的相贯线［图 7-11（a）］。

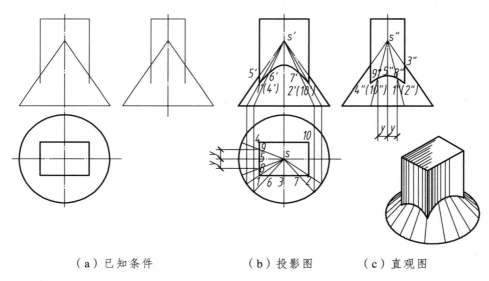

（a）已知条件 （b）投影图 （c）直观图

图 7-11 圆锥薄壳基础相贯线

（1）分析。四棱柱各侧棱面的 H 面投影有积聚性，相贯线的 H 面投影落在各侧棱面的积聚投影上，只需求出相贯线的 V 面投影和 W 面投影。可利用积聚投影作图。

由于四棱柱的 4 个侧棱面均平行于圆锥的两条素线，所以相贯线是由 4 条双曲线组成的空间封闭曲线。4 条双曲线的结合点，就是四棱柱的 4 条棱线与锥面的贯穿点。两立体相贯而成的形体前后、左右对称，因而只需求出棱柱前棱面和左棱面与圆锥面的交线。

（2）作图。

① 找特殊点。求作相贯线的结合点 1、2、4、10。用直素线法利用积聚投影直接作图，由 1、2、4、10 得 1′、2′、（4′）、（10′）和 1″、（2″）、4″、（10″），在利用积聚投影直接求四棱柱前棱面和左棱面上相贯线上最高点 3、5 的投影 3′、3″ 和 5′、5″，如图 7-11（b）所示。

② 求适当的一般点。用直素线法求出四棱柱前棱面上相贯线上两对称的一般点 6、6′、6″ 和 7、7′、7″。用同样的方法，可求出四棱柱左棱面上相贯线上的一般点 8、8′、8″ 和 9、9′、9″。

③ 判断可见性，依次连接相贯线上点的投影。在 V 面投影上，四棱柱后侧棱面上的相贯线与前侧棱面上的相贯线投影重合，四棱柱左、右棱面上的相贯线投影落在该棱面的积聚投影上；在 W 面投影上，右侧棱面上的相贯线与左侧棱面上的相贯线投影重合，四棱柱前、后棱面上的相贯线投影落在该棱面的积聚投影上。

7.2.3 曲面体与曲面体的相贯线

两曲面体相贯，其相贯线一般是封闭的空间曲线，特殊情况下为封闭的平面曲线或直线。相贯线上的点是两曲面体表面的共有点。

1. 曲面体和曲面体一般相贯

两曲面体的相贯线一般是闭合的空间曲线。求两曲面体的相贯线实质是求得两立体表面的一系列共有点，然后依次连点成线，并判别其可见性。求共有点时，应先求出相贯线上的特殊点，如最左、最右、最前、最后、最高、最低及轮廓线上的点等，再求其他点。

【例 7-9】 已知两圆拱形屋面相交，求它们的相贯线 [图 7-12（a）]。

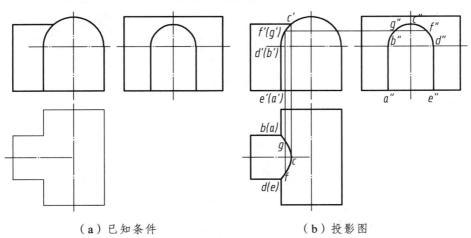

（a）已知条件　　　　　　　　　（b）投影图

图 7-12　求两圆拱形屋面的相贯线

（1）分析。屋面的大拱和小拱是半圆柱面，大拱轴线垂直于 V 面，小拱轴线垂直于 W 面。相贯线的 V 面投影重合在大拱的 V 面积聚投影上，相贯线的 W 面投影重合在小拱的 W 面积聚投影上。只需求出相贯线的 H 投影即可。

（2）作图。

① 找特殊点。最高点 C 是小圆柱最高素线与大拱的交点；最前点 D 是小圆柱最前素线与大圆柱最左素线的交点；最后点 B 是小圆柱最后素线与大圆柱最左素线的交点；最低点 A、E 是小圆柱与大圆柱最底部的交点。它们的三面投影均可直接求得。

② 求一般点 F、G。在相贯线的 V 面积聚投影上取对称的任意点 f'（g'），f''、g'' 落在大拱的 W 面积聚投影上，据此求得 f、g。

③ 连点并判断可见性。在 H 面投影上，依次连接 b（a）—g—c—f—d（e），即为所求。由于两圆拱形屋面 H 投影均可见，所以相贯线的 H 面投影为可见，画成实线，如图 7-12（b）所示。

2. 曲面体和曲面体特殊相贯

在一般情况下，两曲面体的交线为空间曲线，但在下列情况下，可能是平面曲线或直线，如表 7-3 所列。

（1）当两曲面体相贯具有公共的内切球时，其相贯线为椭圆。

（2）当两曲面体相贯轴线平行或相交时，其相贯线为直线。

（3）当两曲面体相贯且同轴时，相贯线为垂直于该轴的圆。

表 7-3　曲面体和曲面体特殊相贯

相贯线	特殊情况	投影图	直观图
椭圆	两等径圆柱相交，相贯线是平面曲线（椭圆垂直面）	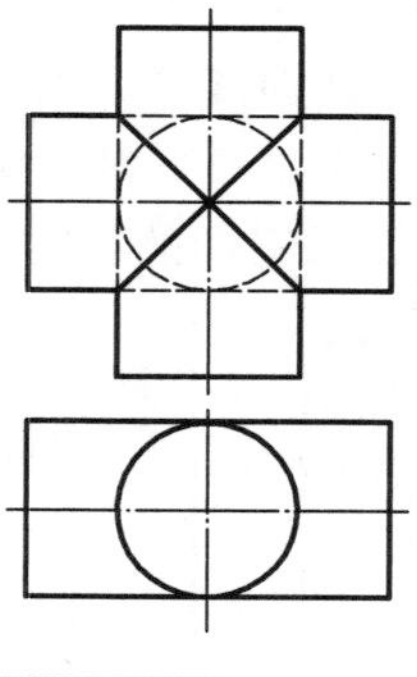	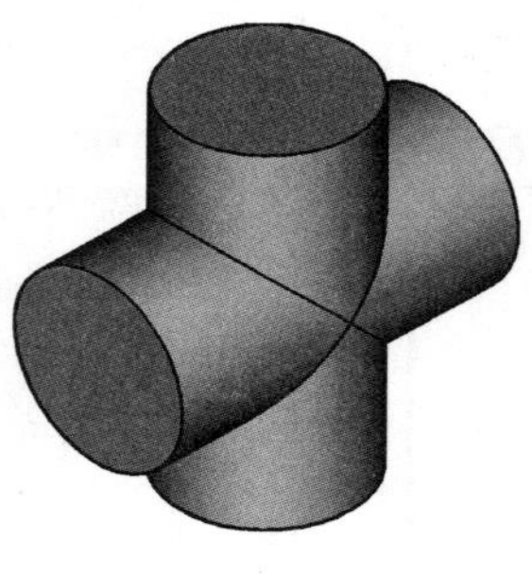
	当圆柱与圆锥相交，具有公共内切球时，相贯线是平面曲线	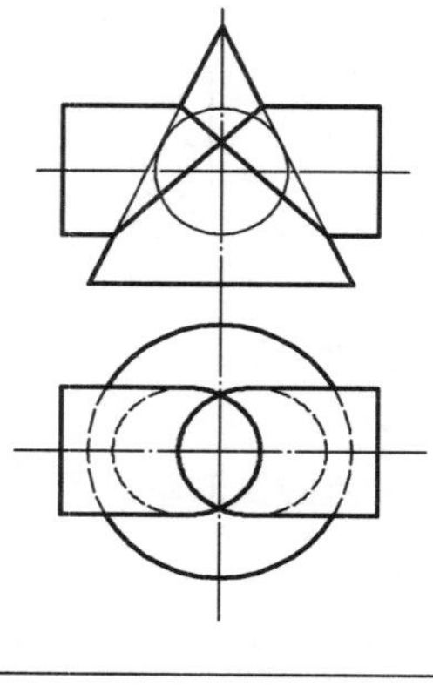	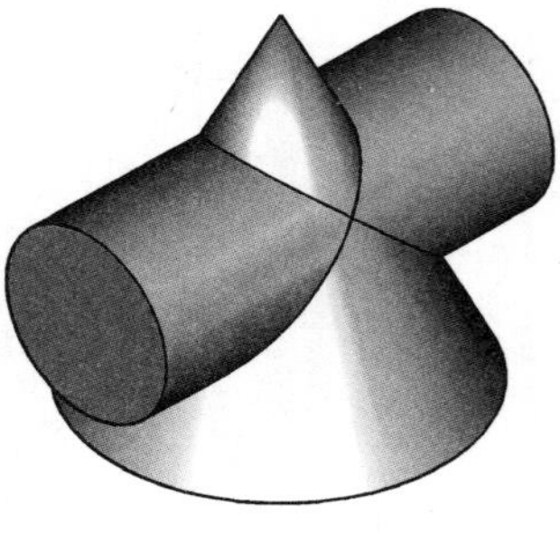

相贯线	特殊情况	投影图	直观图
直线	轴线平行的两圆柱体相交,相贯线为两条平行素线	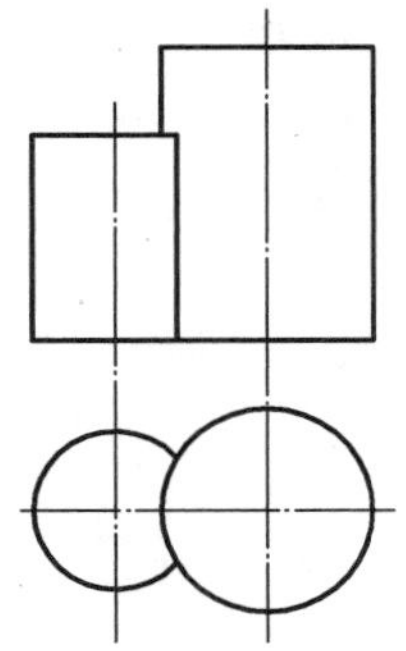	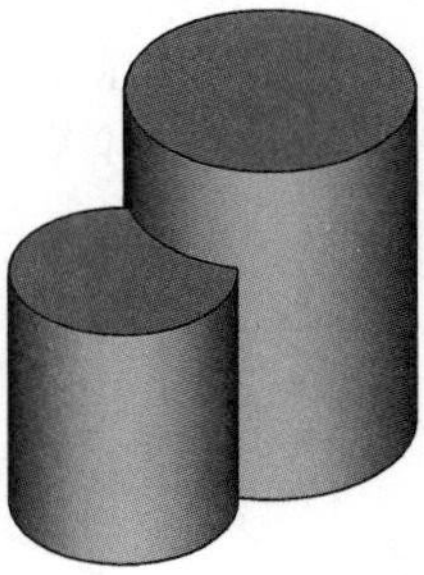
	两圆锥共一顶点相交,相贯线为过锥顶的两条素线	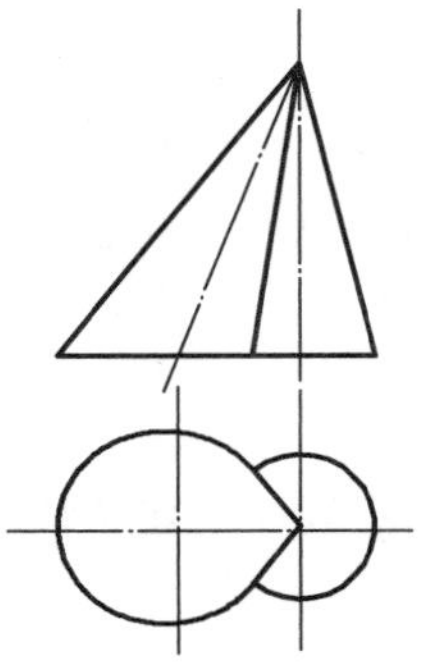	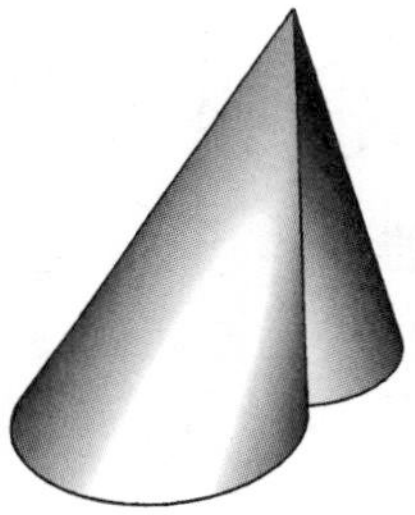
圆	圆柱与圆球同轴相贯,相贯线为圆	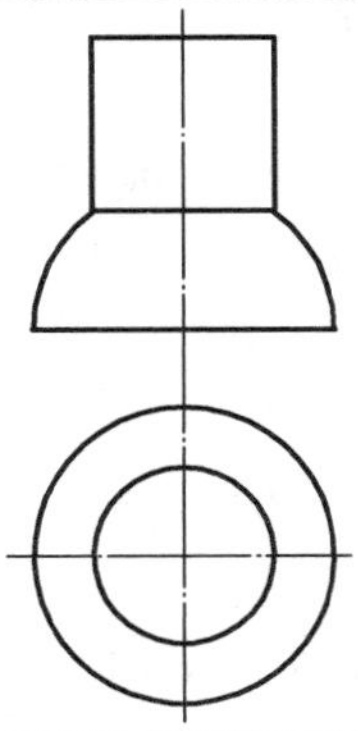	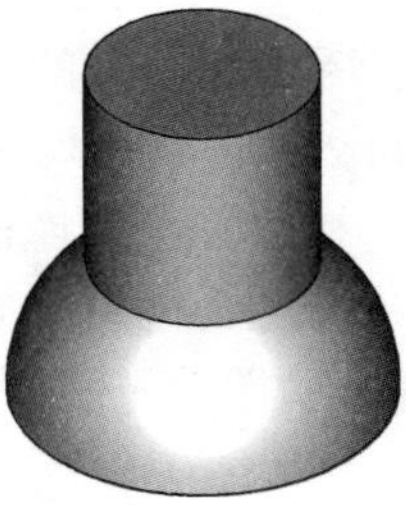
	圆锥与圆球同轴相贯,相贯线为圆	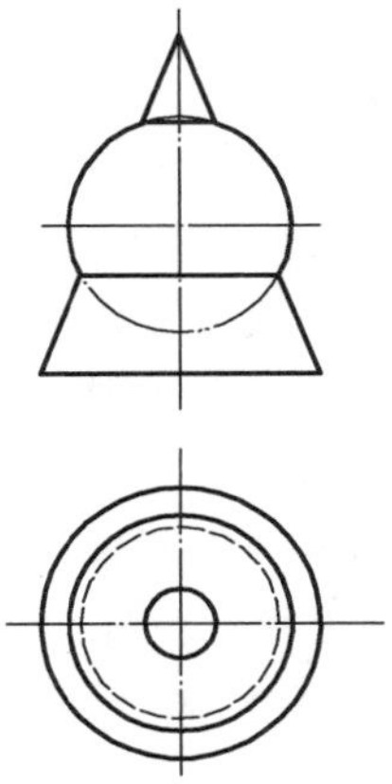	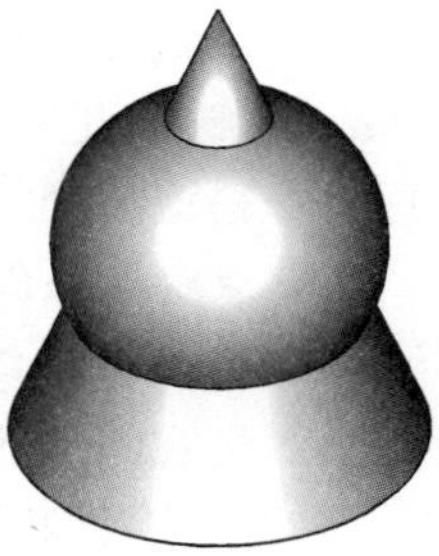

7.3 同坡屋面的交线

在建筑中，坡屋面是常见的一种屋顶形式。在通常情况下，屋顶檐口的高度在同一水平面上，各个坡面与水平面的倾角又相等，故称为同坡屋面。

同坡屋面的交线是两平面体相贯的工程实例，故在求作屋面交线时可结合形成同坡屋面的几个特性来进行。

同坡屋面上各部分交线名称如图 7-13（a）所示。

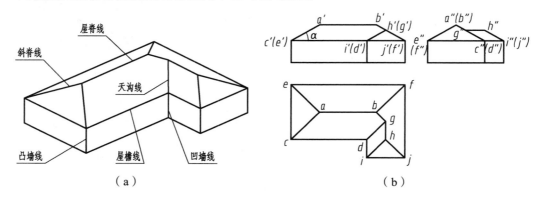

图 7-13　同坡屋面

同坡屋面交线有如下特点：

（1）屋檐线平行且等高的相邻两坡面相交，必交于一条水平屋脊线，屋脊线的水平投影与两屋檐线的水平投影平行且等距。

（2）屋檐线相交的相邻两坡面，必交于斜脊线或天沟线，斜脊线位于凸墙角处，天沟线位于凹墙角处。若墙角均为直角，则天沟线或斜脊线水平投影与屋檐线的水平投影都成 45° 角。

（3）相邻三个坡屋面必有一个共有点，即一水平屋脊与两斜脊或两天沟，一斜脊一天沟的交点（简述为两斜一直交于一点），如图 7-13（b）所示中 A、B、G、H 四点。

【例 7-10】　已知同坡屋面的倾角 α=30° 及檐口线的 H 投影，求屋面交线的 V 面和 H 面投影 ［图 7-14（a）］。

（1）分析。此房屋平面形状是由两个四坡屋面垂直相交形成的屋顶。

（2）作图。

① 先根据投影规律作屋面交线的 H 面投影。由于屋檐的水平夹角都是 90°，根据同坡屋面的特性，分别由各顶角画 45° 线，过 1、2 角的 45° 线交于 a 点，过 5、6 角的 45° 线交于 f 点。遵照"两斜一直交于一点"的特性，过 a 作水平线与过 3 的 45° 线交于 b 点。在 b 点有一水平直线一斜线相交，第三条必为斜线，故过 b 作 45° 线与 b3 相垂直，与过 8 的 45° 线交于 c 点，在 c 点有两条斜线相交，第三条必为屋脊线，故过 c 作 cd 平行于 34、78 两线，且居中，cd 与过 4 的 45° 线交于 d。同理，过 d 作 45° 线与过 7 的 45° 线交于 e，连接 e 与 f，即完成了屋面交线的 H 面投影，如图 7-14（b）所示。

② 作屋面的 V 面投影。先画出檐口投影，由其两端向内画角度为 30° 的斜线。由 H 面投影分别自 a、b、c、d、e、f 引投影线与 30° 斜线相交得 a'、b'、c'、d'、e'、f'，其中 c'

与 *d'* 重合。顺序连接各有关点，即为屋面的 *V* 面投影，如图 7-14（c）所示。
③ 由 *H* 面及 *V* 面投影作屋面的 *W* 面投影（略），如图 7-14（d）所示。

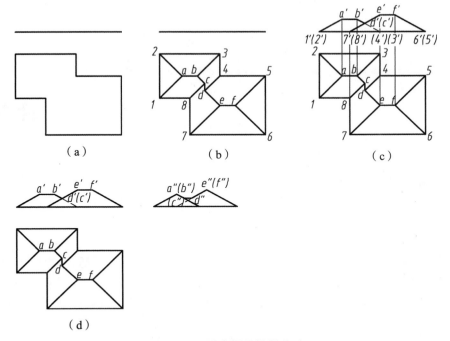

（a）　　　　　　　　（b）　　　　　　　　（c）

（d）

图 7-14　同坡屋面投影作法

小　结

  本章讲述了组合形体和建筑形体经常出现的截交线和相贯线。学习本章后，要求了解截交线和相贯线的形成、投影特性，掌握它们的作图方法和步骤。具体要求如下：

  （1）能分析平面与立体的截交线性质，掌握平面与平面立体，平面与曲面立体的截交线的作图方法（截平面以特殊位置为主）。

  （2）掌握两平面立体、平面体与曲面体、两曲面立体（两形体相贯，至少其中有一个形体必有一个积聚投影）的相贯线的画法。

  （3）熟悉两曲面体相贯的几种特殊情况的图示特点。

  （4）掌握同坡屋面交线的投影特性及投影图的作法。

第8章

轴测投影

8.1 轴测图概述

8.1.1 轴测图的作用

在工程上，应用正投影法绘制的两面或三面正投影图，可以完全确定物体的形状和大小，且作图简便，度量性好，依据这种图样可制作出所表示的形体。但它缺乏立体感，直观性较差，制作人员要想象出物体的形状，需要运用正投影原理把几个投影图联系起来看，缺乏正投影图知识的人难以看懂。

轴测图是一种单面投影图，在一个投影面上能同时反映出形体三个坐标面的形状，并接近于人们的视觉习惯，形象逼真，富有立体感，任何人都能看懂，常用来作效果图。但是轴测图一般不能反映出物体各表面的实形，因而度量性差，同时作图较复杂。因此，在工程上常把轴测图作为辅助图样，来说明形体的结构、安装、使用等情况，如图 8-1 所示。在设计中，用轴测图帮助构思、想象物体的形状，以弥补正投影图的不足。

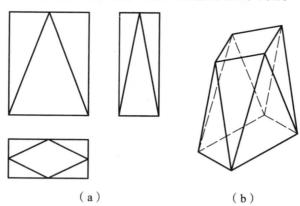

（a）　　　　　　　　（b）

图 8-1　形体的三面投影图与轴测图

8.1.2 轴测图的形成

作正投影图时，应尽可能多地使形体的表面与投影面平行或垂直。如图 8-2（a）所示，

90

形体的前后面平行于 V 面，其前后面在 V 面上的投影反映实形，且具有重合性。形体的其他面均垂直于 V 面，它们在 V 面上的投影具有积聚性，成为一条直线。即 V 面只反映形体的长、高，不反映宽；在 H 面上，只反映长、宽，不反映高。

如果把形体连同确定其空间位置的直角坐标轴（OX、OY、OZ）一起，沿着与 V 面倾斜的方向投影，如图 8-2（b）所示，这时 OX、OZ 轴与 V 面平行，即前后面与 V 面平行，在 V 面上的投影仍然反映实形。由于 OY 轴与 V 面倾斜，因此同时也能反映宽度。当投影线与投影面倾斜时，得到的投影图叫斜轴测投影图。

如果 OX、OY、OZ 轴均与新的投影面 P 倾斜，如图 8-2（c）所示，并采用正投影，则在投影图上能同时反映长、宽与高。在这种情况下得到的投影图叫正轴测投影图。

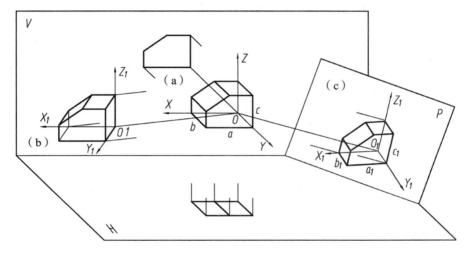

图 8-2　轴测图的形成

在斜轴测投影图中用到的投影面，与正轴测投影图中用到的新的投影面，都是用来画轴测投影图的，称为轴测投影面。三条空间直角坐标 OX、OY、OZ 轴在轴测投影图上称为轴测投影轴 O_1X_1、O_1Y_1、O_1Z_1（以下文中提到轴测投影轴将不带下脚标 1），简称轴测轴。

两相邻轴测轴之间的夹角叫轴间角，三个轴间角分别是 $\angle Z_1O_1X_1$、$\angle X_1O_1Y_1$、$\angle Z_1O_1Y_1$（以下文中提到轴间角将不带下脚标 1），轴测轴上线段长度与它的实长之比，称为该轴的轴向变形系数。X、Y、Z 轴的轴向变形系数分别表示为 p、q、r。如图 8-2 中，$a_1/a=p$、$b_1/b=q$、$c_1/c=r$。画轴测图时，只要知道各轴的轴向变形系数，就可以沿轴向测量绘图线的长度，因此轴测投影图简称为轴测图。

8.1.3　轴测图的特性

轴测投影图是根据平行投影原理而作出的一种立体图，因此它必定具有平行投影的一切特性。利用其特性将有助于快速准确地绘制轴测投影图。

平行性：形体上互相平行的线段，在轴测图上仍互相平行。

定比性：形体上互相平行的线段，若平行于某坐标轴，在轴测图上它们有相同的某轴向变形系数。

全等性：形体上平行于轴测投影面的直线和平面，在轴测图上反映实长和实形。

轴向变形系数与轴间角是轴测投影中的两个基本要素。在画轴测投影之前，必须首先确定这两个要素，才能确定和量出形体上平行于三个坐标轴的线段在轴测投影中的长度和方向。因此，画轴测投影时，凡是与坐标轴平行的线段，都可以沿轴向进行作图和测量。但也只能沿着轴测轴或平行于轴测轴的方向，用轴向变形系数来确定形体在长、宽、高三个方向上的线段长度，也就是沿轴测轴去测量画线的长度，所以这种投影图称为轴测投影图。

轴测投影的基本画法：只要给出轴间角及轴向变形系数，便可根据形体的正投影图作其轴测投影图。

8.1.4　轴测图的分类

按投影线与投影面的相对位置分，轴测图可以分为斜投影轴测投影图与正投影轴测投影图。

按轴向变形系数分，轴测图可以分为：

当三个轴向变形系数相等时，即 $p = q = r$ 时，叫等轴测投影图。

当任意两个轴向变形系数相等，不等于第三项时，如 $p = q \neq r$ 时，叫二测轴测投影图。

当三个轴向变形系数不相等时，即 $p \neq q \neq r$，$p \neq r$ 时，叫三测轴测投影图。

将上述两种情况进行组合，理论上有无穷多种绘制轴测投影图的方法。GB/T 50001—2010 规定，房屋建筑的轴测图一般采用正等测、正二测、斜等测、斜二测四种。其中斜等测又分为正面斜等测、水平斜等测；斜二测又分为正面斜二测、水平斜二测。

1.　正投影等测轴测投影图，简称正等测

让轴测投影面与形体的三条空间直角坐标轴有相同的倾角，并采用正投影。这时，轴测图上三个轴间角均为 120°。三个轴向变形系数相等，由计算得 $p = q = r = 0.82$。也就是说，画轴测图时，在正投影图上量取的每一个轴向长度，都需要乘以 0.82，这样画图很不方便。实际画轴测图时，取 $0.82 \approx 1$，1 叫简化系数，这样就可以按正投影图上实际尺寸直接作图。这样画出来的正等测图形放大了 1.22 倍（$1/0.82 = 1.22$）。因此正等测轴测投影图没有可量度性，图形的大小不能作为施工的尺寸依据，主要是为了直观形象地表达形体。

2.　正投影二测轴测投影图，简称正二测

当采用正投影，在轴测图上让 OX 与 OZ 轴的轴向变形系数相等，并等于 OY 轴的 2 倍，即 $p = r = 2q$ 时，根据计算得 $p = r = 0.94$，$q = 0.47$。实际画轴测图时，取 $p = r = 0.94 \approx 1$，$q = 0.47 \approx 0.5$，即 OX 与 OZ 轴的简化系为 1，OY 轴的简化系数为 0.5，这样 OX 与 OZ 轴就可以按正投影图上实际尺寸直接作图，而 OY 轴按正投影图上实际尺寸取一半作图。这样画出来的正二测图将图形放大了 1.06 倍（$1/0.94 = 0.5/0.47 = 1.06$），相对于正等测图放大 1.22 倍来说，变形比较小。

轴间角 $\angle XOZ = 97°10'$、$\angle XOY = \angle YOZ = 131°25'$。实际绘图时，由于 OX 轴与水平线成 $7°10'$，用比值 1/8（$\tan 7°10' \approx 1/8$）确定 OX 轴；由于 OY 轴与水平线夹角为 $41°25'$，用比值 7/8（$\tan 41°25' \approx 7/8$）确定 OY 轴。

3. 以投影面（V或H）作轴测投影面的斜投影等测轴测图，简称斜等测

（1）以V面作轴测投影面的斜投影等测轴测图，简称正面斜等测。

当形体的主要特征面平行于V面时，以V面为轴测投影面，采用与V面倾斜的投影线作平行投影，这时与V面平行的OX、OZ轴的轴向变形系数为1，即无变形，轴间角∠XOZ=90°。OY轴的方向与轴向变形系数，随着投影线与V面的倾斜方向与倾斜角度的变化而变化。为方便画图，通常取OY轴的方向与水平线成45°，轴向变形系数取1。

（2）以H面作轴测投影面的斜投影等测轴测图，简称水平斜等测。

当形体的主要特征面平行于H面时，以H面为轴测投影面，采用与H面倾斜的投影线作平行投影，这时与H面平行的OX、OY轴的轴向变形系数为1，即无变形，轴间角∠XOY=90°。OZ轴的方向与轴向变形系数，随着投影线与H面的倾斜方向与倾斜角度的变化而变化。由于人们习惯在竖直线方向判断高度，因此通常在水平斜等测图上，取OZ轴的方向为竖直线方向，轴向变形系数取1。通常取OX轴的方向与水平线成30°。

4. 以投影面（V或H）作轴测投影面的斜投影二测轴测图，简称斜二测

（1）以V面作轴测投影面的斜投影二测轴测图，简称正面斜二测。

正面斜二测与正面斜等测不同的是：OY轴的轴向变形系数取0.5。它的适用范围与正面斜等测不同。

（2）以H面作轴测投影面的斜投影二测轴测图，简称水平斜二测。

水平斜二测与水平斜等测不同的是：OZ轴的轴向变形系数取0.5。它的适用范围与水平斜等测不同。

各种常用轴测图的轴间角与轴向变形系数及其轴测图效果如表8-1所示。

表 8-1　轴测投影图的分类

分　类	轴间角与轴向变形系数	正立方体的轴测图
正等测		
正二测		

分　类	轴间角与轴向变形系数	正立方体的轴测图
正面斜等测	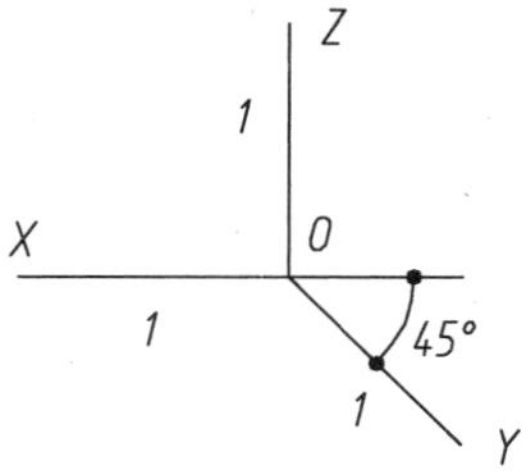	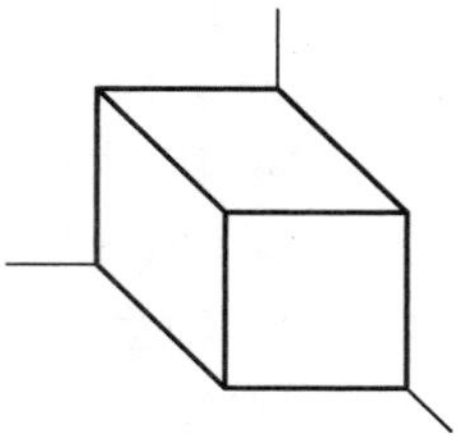
水平斜等测	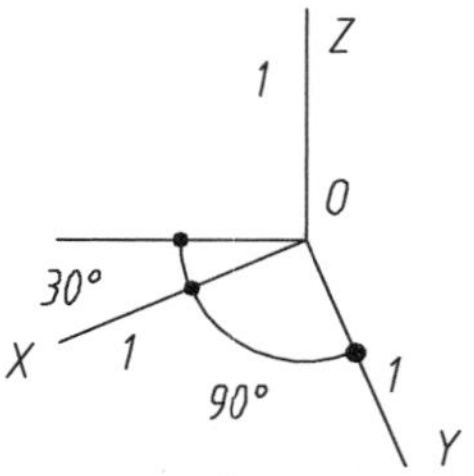	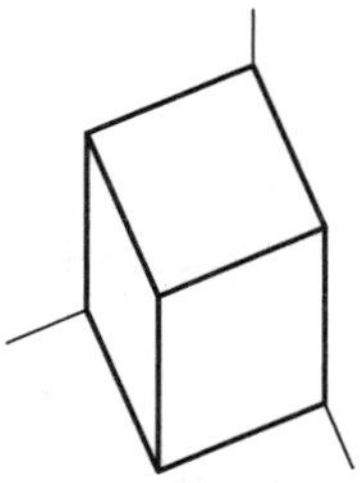
正面斜二测	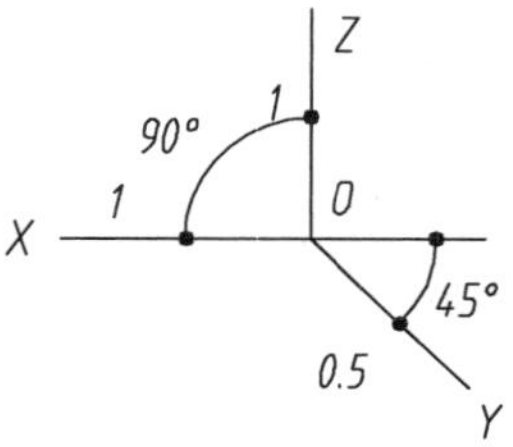	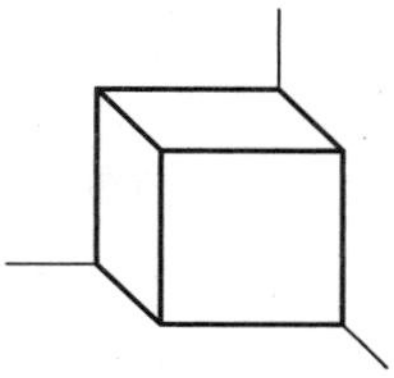
水平斜二测	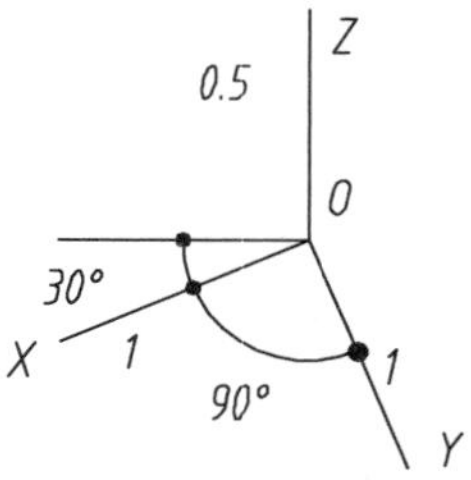	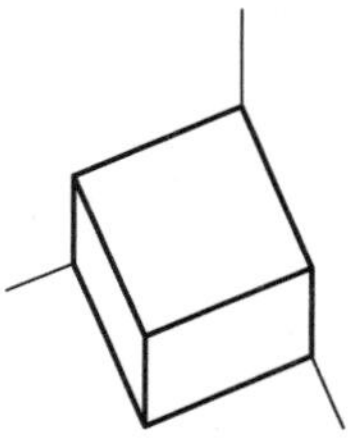

8.2　正等测的画法

8.2.1　平面立体的正等测图

1. 坐标法画四棱锥的正等测图

【例 8-1】　完成如图 8-3（a）所示四棱锥的正等测图。

分析：在正等测图上画出四棱锥底面四个角点与顶点的轴测图，并按空间顺序连接。

画图步骤为：

（1）读懂正投影图，并确定形体上直角坐标系位置。如图 8-3（b）所示，将原点定在底面的中心点上，底面与坐标面 XOY 重合。

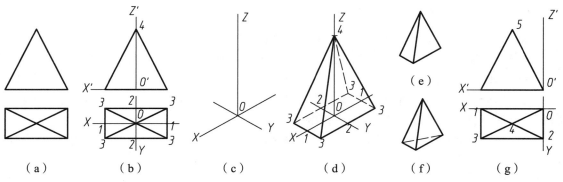

图 8-3　坐标法画正等测图

（2）按正等测的轴间角关系画出三个轴测轴 $O\text{-}XYZ$，确定轴向变形系数，三个轴向变形系数均取简化系数1，如图 8-3（c）所示。

（3）绘制四棱锥底面四个角点与顶点的轴测图。量取各点在正投影图［图 8-3（b）］上的坐标值，在图 8-3（d）上找到相应的坐标位置，画出各点的轴测图。底面上 1、2 点分别是短边与长边的中点，并分别在 OX、OY 轴上，短边为过 1 点作 OY 轴的平行线，长边为过 2 点作 OX 轴的平行线，短边与长边的交点为 3 点。顶点 4 在过原点的 Z 轴上。

（4）完成轮廓线，如图 8-3（d）所示。

坐标法是画各种轴测图最为基本的方法，必须掌握。

作图注意事项：

（1）作图时先绘底稿线。

（2）擦去多余的作图过程线，检查底稿是否有误，然后加深图线。对于比较复杂的形体，要一边画一边擦去一些作图过程线，否则会因为图线太多影响对图形的正确判断。

（3）轴测图上一般省略不可见的轮廓线，即不绘出虚线。当图形比较简单，如果不画不可见的轮廓线，有可能出现多解时，需要画出不可见的轮廓线，如图 8-3（e）、（f）所示。

讨论：

在正投影图上确定形体直角坐标系位置的方式不是唯一的，还可以按如图 8-3（g）所示，将原点定在底面的右后角上，底面仍与坐标面 XOY 重合，但量取坐标的次数相对于如图 8-3（d）的情况就要多几次。

一般在有对称性的图形上将原点定在中点。在正投影图上量取一次坐标值，可以在轴测图上同时得到 2 个或 4 个点的坐标位置，如图 8-3（d）中各点的量取方法，在以后的学习中就会慢慢体会到。

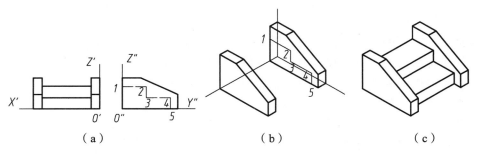

图 8-4　叠加法画台阶的正等测图

2. 叠加法画台阶的正等测图

【例8-2】 画台阶的正等测图，如图8-4（a）所示。

分析：台阶由两边的挡板与中间的踏步板组成。先画两边的挡板，再叠加中间的踏步板。

画图步骤为：

（1）读懂正投影图，并确定形体上直角坐标系位置。如图8-4（a）所示，将原点定在底面的右后下位置点上，底面与坐标面 XOY 重合。

（2）确定轴测轴与轴向变形系数。按正等测的轴间角关系画出三个轴测轴 O-XYZ，如图8-4（b）所示，熟练后可以不写字母符号，三个轴向变形系数均取简化系数 1。

（3）用坐标法绘制两边的挡板，如图8-3（b）所示。

（4）画出右边挡板的左侧面与踢面、踏面的交线。注意踏面与侧面的交线 12、34 与 OY 轴平行，踢面与侧面的交线 23、45 与 OZ 轴平行。

（5）叠加踏步板，分别过 1、2、3、4、5 点作 OX 轴的平行线，如图8-3（c）所示。

（6）整理图线。

讨论：

在上述第（4）步，如果先画出左边挡板的右侧面与踢面、踏面的交线，则这些图线与左挡板的图线重合比较多，容易出错。另外，由于这些交线是不可见的，最后会被擦去，因此在绘图前要先初步判断，怎样画图既清楚又能少画出需要擦去的过程线。

一般先画可见的轮廓线。

8.2.2 曲面立体的正等测图

常见的曲面体圆柱、圆锥表面都有圆形平面，因此，要画曲面立体的轴测图，首先要会画圆平面的轴测图。

1. 平行于坐标面圆的正等测图

在正等测中，由于三个空间直角坐标面均倾斜于轴测投影面，因此坐标面或与其平行面上的圆，在正等测投影图上均为椭圆。

【例8-3】 用坐标法画水平圆的轴测图。

分析：为了快速画出圆曲线上一些点在轴测图上的位置，先作出与轴线平行的弦，弦与圆曲线的交点就是作轴测图所需的点，该方法又叫平行弦法。

画图步骤为：

（1）如图 8-5（a）所示，在正投影图上，作出与 OX 轴线平行的弦，弦与圆曲线的交点就是作轴测图所需的点，将原点定在圆心，圆平面与坐标面 XOY 重合。

（2）用坐标法绘制出各点在轴测图上的位置，如图8-5（b）所示。

（3）将轴测图上的各点光滑地连接，如图8-5（c）所示。

（4）整理图线，如图8-5（d）所示。

四心法画水平圆的正等测图：

用坐标法画平行于坐标面圆的正等测图，绘图准确，但比较麻烦。可以用四段圆弧近似地表示圆的正等测图。

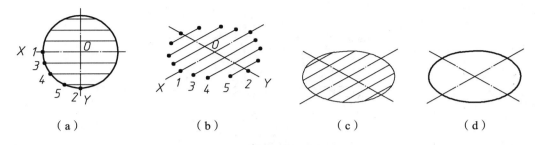

图 8-5 坐标法画水平圆的正等测图

【例 8-4】 用四心法画如图 8-6（a）所示水平圆的正等测图。

画图步骤为：

（1）在正投影图上，如图 8-6（a）所示，作出与圆外接的正四边形，并使正四边形的边与轴线平行。

（2）作外接正四边形的轴测图，成为一个菱形，画出菱形的对角线。短对角线的顶点 O_2 就是小圆弧的圆心，将 O_2 与对面边的 1、2 点连接交长对角线于 O_1 点，O_1 就是大圆弧的圆心，如图 8-6（b）所示。

（3）以 O_1 为圆心、O_1 为半径，画小圆弧；以 O_2 为圆心、O_21 为半径，画大圆弧，如图 8-6（c）所示。

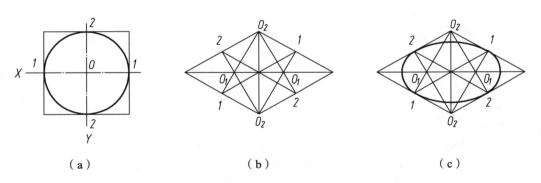

图 8-6 四心法画水平圆的正等测图

（4）整理图线。

正平圆与侧平圆的正等测图画法：

正平圆与侧平圆的正等测图画法同水平圆的画法一样，如图 8-7 所示，要注意：水平圆投影成椭圆时，长轴垂直于 OZ 轴；正平圆投影成椭圆时，长轴垂直于 OY 轴；侧平圆投影成椭圆时，长轴垂直于 OX 轴。

2. 圆柱、圆台、圆锥的正等测图

圆柱的画法：先画顶面的椭圆，再将各段圆弧的圆心以及切点向下移动，移动距离为圆柱的高，可画出底面的椭圆，再画上下椭圆的公切线，如图 8-8（a）所示。

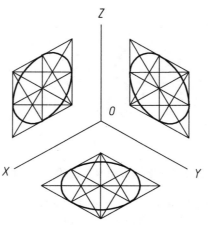

图 8-7　四心法画平行于坐标面圆的正等测图

圆台的画法：分别画出顶面与底面的椭圆，再画上下椭圆的公切线，如图 8-8（b）所示。

圆锥的画法：先画出底面的椭圆，再由椭圆的中点向上量取顶点，然后作顶点与椭圆的公切线，如图 8-8（c）所示。

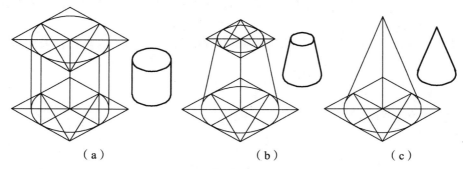

（a）　　　　　　　　　　　（b）　　　　　　　　　　（c）

图 8-8　圆柱、圆台、圆锥的正等测图

3. 切割圆角的画法

遇到切割圆角的图形，画其轴测图时，不需要画出完整的椭圆再擦去大部分图线。

如图 8-9（a）、（b）所示，把完整的圆由轴线处分开成四份，将圆的每部分圆弧对应在轴测图上的圆弧拆分开，如图 8-9（c）所示。由于正等测的轴间角是 120°，因此，四段圆弧的圆心与切点的连线必然垂直于切点所在的直角边，利用这个关系，就可以很快作出各段圆弧的轴测图。

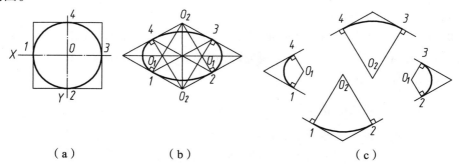

（a）　　　　　　　　（b）　　　　　　　　　　　（c）

图 8-9　切点垂线法画 1/4 圆角的正等测图

【例 8-5】 作切割圆角形体的正等测图，如图 8-10（a）所示。

作图步骤如下：

（1）画出没有切割圆角前四边形顶面的轴测图，找出切点，然后分别过切点作垂线，其交点为轴测图上圆弧的圆心，再分别画出轴测图上的两段圆弧，即完成顶面倒圆角作图，如图 8-10（b）所示。

（2）将顶面圆弧的圆心与切点向下偏移，移动距离为形体的高度，可画出底面的圆弧，然后画右边上下椭圆的公切线，如图 8-10（c）所示。

（3）整理图线，如图 8-10（d）所示。

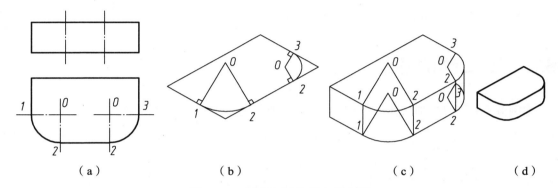

（a）　　　　　（b）　　　　　（c）　　　　　（d）

图 8-10　倒圆角形体的正等测图

在正等测图上，先找切点，再过切点作垂线找圆心画圆弧的方法叫切点垂线法。

作轴测图常用的方法有：坐标法、叠加法、切割法。

8.2.3　复杂组合立体的正等测图

【例 8-6】 作如图 8-11（a）所示复杂组合形体的正等测图。

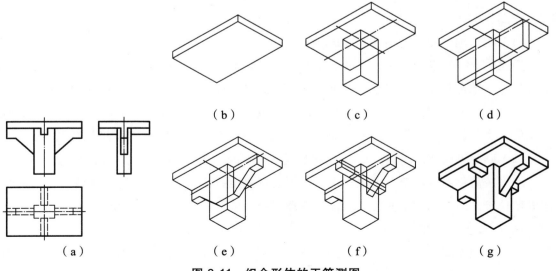

图 8-11　组合形体的正等测图

分析：该组合形体由 4 部分组成，板与柱及前后对称的小梁均为四棱柱，只需要按其相对空间位置叠加，但左右对称的变截面大梁可以理解为由四棱柱截切而成，作图步骤如下：

（1）画出四棱柱板的轴测图，如图 8-11（b）所示。

（2）在板底正中间叠加形状为四棱柱的柱子，如图 8-11（c）所示。

（3）在板的左右叠加变截面大梁。先叠加一个四棱柱，如图 8-11（d）所示，再将其截切成为变截面梁，如图 8-11（e）所示。

（4）最后叠加位于前后的四棱柱小梁，如图 8-11（f）所示。

（5）整理图线，如图 8-11（g）所示。

8.3 正二测的画法

【例 8-7】 用叠加法绘出如图 8-12（a）所示基础的正二测轴测图。

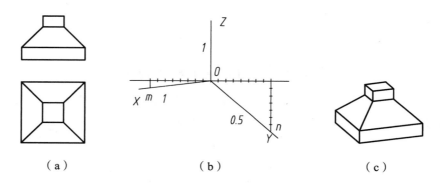

（a）　　　　　　　　　（b）　　　　　　　　　（c）

图 8-12 基础的正二测图

作图步骤如下：

（1）绘出轴测轴，如图 8-12（b）所示。

用比值 1/8 确定 OX 轴。在水平线上，从原点起，向左量取 8 个单位长度，再从末点向下量取 1 个单位长度，即找到 OX 轴线上的 m 点，连接原点 O 与 m，即得到 OX 轴。

用比值 7/8 确定 OY 轴。在水平线上，从原点起，向右量取八个单位长度，再从末点向下量取 7 个单位长度，即找到 OY 轴线上的 n 点，连接原点 O 与 n，即得到 OY 轴。

（2）确定轴向变形系数，OX 与 OZ 轴均采用简化系数 1，OY 轴采用简化系数 0.5。

（3）按简化的轴向变形系数在正投影图上量取绘图长度。先画下边的四棱柱，再叠加中间的四棱锥，最后叠加上面的四棱柱。整理图线，结果如图 8-12（c）所示。

注意 OY 轴采用的简化系数是 0.5，也就是说 OY 方向的长度只取一半。

正二测轴测图的特点是，OX 与 OY 轴不是特殊角度的斜线，绘图时推平行线比较麻烦，但相对于正等测轴测图而言，变形小，形象比较逼真。

8.4 斜等测的画法

8.4.1 正面斜等测的画法

【例 8-8】 作如图 8-13（a）所示局部管网的正面斜等测轴测图。

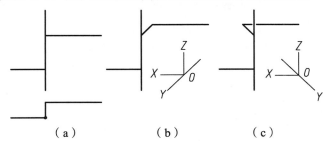

图 8-13 作局部管网的正面斜等测图

作图步骤如下：

（1）绘出轴测轴，如图 8-13（b）所示，OX、OY 与 OZ 轴的轴向变形系数均为 1。

（2）按确定的轴向变形系数在正投影图 8-13（a）上量取绘图长度。绘出局部管网的正面斜等测轴测图，如图 8-13（b）所示。

讨论：该局部管网的正面斜等测轴测图，也可以绘制成如图 8-13（c）所示，这时立管与上面处于侧垂线位置的水平管道有重影，按位置在前面的管道绘制完整，在后面的管道断开绘制的方法绘图。

正面斜等测轴测图主要用于绘制各种管网的立体图，又叫系统图。

8.4.2 水平斜等测的画法

【例 8-9】 作如图 8-14（a）所示建筑形体的水平斜等测轴测图。

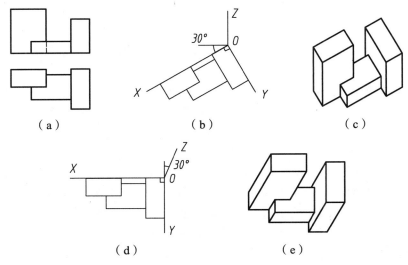

图 8-14 作建筑形体的水平面斜等测图

作图步骤如下：

（1）绘出轴测轴，*OX*、*OY* 与 *OZ* 轴的轴向变形系数均为1，即三个方向的绘图长度均在正投影图 8-14（a）上直接量取。

（2）绘出建筑形体的水平投影轴测图，如图 8-14（b）所示。

（3）绘制出三个部分的高，整理图线，如图 8-14（c）所示。

讨论：该建筑形体的水平斜等测轴测图，也可以按图 8-14（d）、（e）的步骤绘制而成，这时 *OZ* 轴应与竖向成特殊角度，可以为 30°、45° 或 60°。

水平斜等测轴测图主要用于反映建筑外貌的形体，如建筑单体或建筑组团，以反映建筑物各部分之间的关系。

8.5　斜二测的画法

8.5.1　正面斜二测的画法

【例 8-10】　作如图 8-15（a）所示花格构件的正面斜二测轴测图。

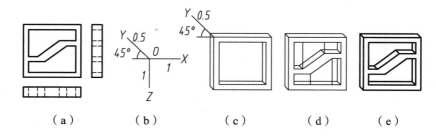

图 8-15　作花格的正面斜二测图

分析：花格构件由空心四棱柱与中间的折板组成，整个构件及其组成部分的主要形状特征都反映在 *V* 面上，适合以 *V* 面为轴测投影面，绘制正面斜二测轴测图。

作图步骤如下：

（1）绘出轴测轴，如图 8-15（b）所示，*OX*、*OZ* 轴的轴向变形系数为 1，*OY* 轴的轴向变形系数为 0.5。

（2）按确定的轴向变形系数在正投影图 8-15（a）上量取绘图长度。绘出花格构件的空心四棱柱轴测图，注意画花格构件的厚度时，量取实际厚度的一半，如图 8-15（c）所示。

（3）叠加中间的折板，如图 8-15（d）所示。

（4）整理图线，结果如图 8-15（e）所示。

【例 8-11】　作如图 8-16 所示榫头的正面斜二测图。

分析：榫头是在圆柱的基础上截切而成的，放置的位置使断面平行于 *V* 面，如图 8-16（a）所示。采用以 *V* 面为轴测投影面，绘制其正面斜二测轴测图，可以避免画椭圆。

（1）绘出没有截切前完整圆柱的轴测图，如图 8-16（b）所示。

（2）在圆柱上截切，绘出榫头的正面斜二测轴测图，如图 8-16（c）所示。

正面斜二测轴测图主要用于绘制形体的主要形状特征反映在 *V* 面上的立体图。

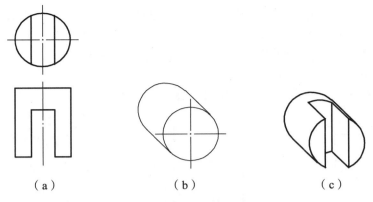

（a）　　　　　　　（b）　　　　　　　（c）

图 8-16　作榫头的正面斜二测图

8.5.2　水平斜二测的画法

【例 8-12】　作如图 8-17（a）所示空心砖的水平面斜二测轴测图。

分析：空心砖放置的位置是上下表面平行于 H 面，采用以 H 面为轴测投影面，绘制其水平面斜二测轴测图，可以避免画椭圆。

作图步骤如下：

（1）绘出轴测轴，如图 8-17（b）所示，OX 与 OY 轴的轴向变形系数为 1，OZ 轴的轴向变形系数为 0.5。

（2）绘出空心砖上表面的轴测图，上表面的轴测图相当于将水平投影逆时针旋转了 30°。

（3）绘制下底面，将上表面的轴测图向下平移空心砖高度值的一半，擦去不可见线条，完成空心砖的水平面斜二测轴测图，如图 8-17（c）所示。

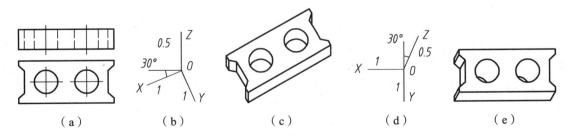

（a）　　　　　（b）　　　　　（c）　　　　　（d）　　　　　（e）

图 8-17　作空心砖的水平面斜二测图

讨论：该空心砖的水平面斜二测轴测图，也可以将轴测轴绘制成如图 8-17（d）所示，这时 OZ 轴与竖向成特殊角度，可以为 30°、45° 或 60°。当采用 30° 时，画出的轴测图如图 8-17（e）所示。

水平面斜二测轴测图主要用于绘制，形状特征反映在 H 面上的各种立体图。

当立体表面有曲线时，采用坐标法绘出曲线上的一些点在轴测图上的坐标位置，再将轴测图上的坐标点光滑连接，即得到曲线的轴测图。

【例 8-13】　绘出如图 8-18（a）所示花格的正二测轴测图。

分析：花格由四棱柱与中间的非规则曲线、曲面构件组合而成，采用叠加法绘图。中间的非规则曲线构件用坐标法绘制，其坐标可以由辅助的网格线控制。由于曲线既上下对称，又左右对称，因此在正投影图上可只确定 1/4 曲线上的一些点的坐标位置，每量取一个曲线上的点，在轴测图上可以确定 4 个点的轴测图位置。

绘图步骤如下：

（1）绘出四棱柱的正二测轴测图，如图 8-18（b）所示。

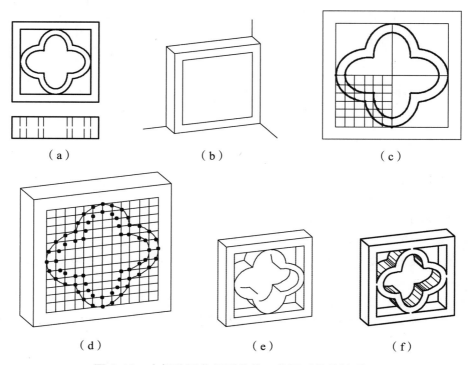

图 8-18　坐标法画非规则曲线、曲面形体的轴测图

（2）按正投影图确定 1/4 曲线上的一些点的坐标位置。如图 8-18（c）所示，作网格线与曲线的交点即为需要作出的控制点。

（3）在正二测轴测图上作出前表面与正投影图上相应的网格线轴测图，并在网格线轴测图上确定与正投影图上对应的一些网格线与曲线的交点位置，如图 8-18（d）所示。

（4）在轴测图上确定后面曲线上的点，将前面曲线上的点沿 Y 方向向后平移，即得到后面曲线上的点，如图 8-18（e）所示，注意可见性判别。

（5）整理图线，完成花格的正二测轴测图，如图 8-18（f）所示。

图 8-18 中（c）、（d）图为放大了一倍，（f）图为加画了润饰效果的轴测图。

8.6　轴测图的剖切画法

为了更清楚地表达形体的内部构造，可假想用剖切平面将形体剖开，然后作其轴测图，称为带剖切的轴测图，简称剖切轴测图。在剖切时，通常采用平行于坐标面的剖切平面。

在剖切轴测图中，平行于坐标面的断面，其断面线是原坐标面上 45° 斜线的轴测投影，其方向在与该坐标面相关的两轴测轴上。画图时，任取一单位长度并乘以该轴向变形系数后定点，然后连线，即为该坐标面轴测图的断面线方向，如图 8-19 所示。

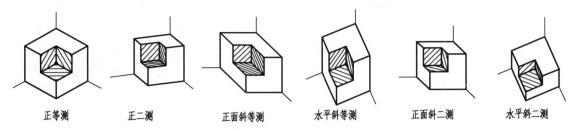

| 正等测 | 正二测 | 正面斜等测 | 水平斜等测 | 正面斜二测 | 水平斜二测 |

图 8-19　剖切轴测图的断面符号

画剖切面轴测图时，根据具体情况，可选择"先整体后剖切"或"先剖切后整体"的方法绘制。所谓"先整体后剖切"，就是先画完整形体的轴测图，后进行剖切，得到剖切后余下部分的轴测图。而"先剖切后整体"，是先画出断面的形状，然后再画出剖切后所余部分，这种方法比前者作图线少，适宜于绘图熟练者。初学者应熟悉第一种方法后再用第二种方法。

如图 8-20 所示，是采用"先整体后剖切"的方法绘制的。

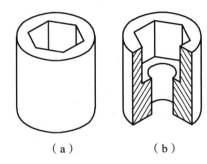

（a）　　　　　（b）

图 8-20　剖切轴测图的画法

8.7　选择轴测图的原则

轴测图的种类较多，究竟选择哪种轴测图来表达一个形体最合适，应从两个方面考虑：一要直观性好，立体感强，尽可能多地表达清楚形体的形状结构；二要作图简便。

在作轴测图表达一个形体时，为使直观性好，表达清楚，应注意以下几点：

（1）在轴测图上，应尽可能多地将孔、槽等隐蔽部分表达清楚，避免被遮挡，要看通或看到其底面，如图 8-21 所示，采用正等测绘图，不知道中间的孔是否通孔，采用正二测就能表达清楚是通孔。

（2）避免平面在轴测图上投影成一直线。如图 8-22（a）所示，P_{H1}、P_{H2}、P_{H3} 三个面上都有几条交线，在图 8-22（b）所示的正等测图上都分别积聚在一条直线上。

（a）正等测　　（b）正二测

图 8-21　有通孔的形体表达

如图 8-22（d）所示，Q_{H1} 与 Q_{H2} 平面上的四边形平面，在图 8-22（e）的正等测图上均积聚为一条直线。这是由于在正投影图中的 P_{H1}、P_{H2}、P_{H3}、Q_{H1} 与 Q_{H2} 面都与水平线成 45°，而正等测轴测图的轴间角是 120°，因此，采用正等测绘制轴测图就会出现：在同一垂直面上的表面交线投影成一条直线，如图 8-22（b）、（e）所示，表面的投影积聚为直线。

将图 8-22（a）、（d）采用其他方法绘制轴测图，如采用水平斜等测绘轴测图，结果如图 8-22（c）、（f）所示，就不会出现上述情况。

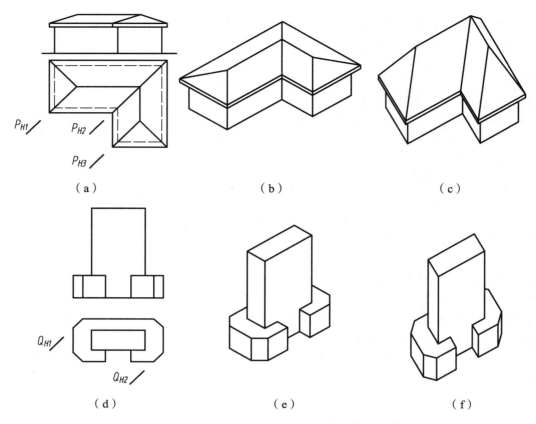

（a）　　　　　　　　（b）　　　　　　　　（c）

（d）　　　　　　　　（e）　　　　　　　　（f）

图 8-22　避免共面的交线在轴测图上积聚

在轴测图上为了避免共面的立体表面交线投影成一直线，凡是形体在正投影图上，有在同一垂直面上的表面交线投影成一条 45° 的直线，则不适宜采用正等测绘制轴测图。

（3）要避免平面体投影成左右对称的图形，这样呆板，直观性差。如图 8-23（a）所示，形体按正等测绘制轴测图结果，如图 8-23（b）所示，呈现出左右严格对称的图形，如果采用正二测绘制，结果如图 8-23（c）所示，直观性就好得多。

这一要求不是针对圆柱、圆锥等回转体的，因为它们的正轴测图总是左右对称图形。

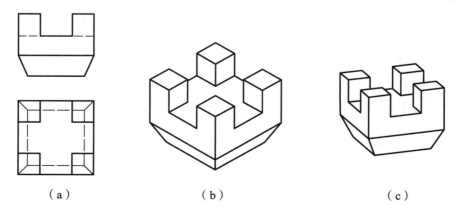

（a）　　　　　　　　（b）　　　　　　　　（c）

图 8-23　避免轴测图出现对称图形

（4）合理选择轴测投影方向。对"上大下小"的形体，不宜作俯视的轴测图，而应作成仰视轴测图。

【例 8-14】　绘制如图 8-24（a）所示操作台的轴测图。

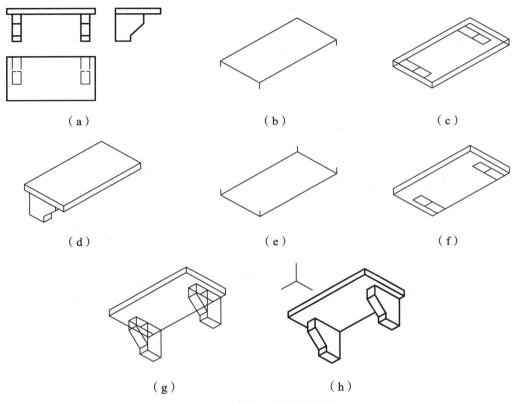

（a）　　　　　　　　　　（b）　　　　　　　　　　（c）

（d）　　　　　　　　　　（e）　　　　　　　　　　（f）

（g）　　　　　　　　　（h）

图 8-24　俯视与仰视轴测图

分析：操作台属于"上大下小"的形体。由上面的面板与下面两个支撑部分组成，它们的相对位置关系主要反映在面板的底面，因此首先要把面板的底面表达清楚，才能将各个组成部分的相对位置关系表达清楚。适宜采用仰视的角度画轴测图，其结果如图 8-24（h）所示。如果没有作上述分析，而画成俯视轴测图，其结果如图 8-24（d）所示，就表达不清楚操作台的组成关系。

绘图步骤如下：

① 先画面板的底面。注意，将先画好的完整的轴测图四边形作为画面板的底面，画厚度时，向上量取厚度，如图 8-24（e）所示，再画出不完整的面板顶面。如果向下量取面板的厚度，就会出现如图 8-24（b）所示的情况，把顶面表达完整了，但底面画不完整。

② 叠加下面两个支撑部分。在图 8-24（e）上叠加，先画出支撑部分与面板底面的交线，如图 8-24（f）所示，画支撑部分高度时，高度向下量取，结果如图 8-24（g）所示。如果第一步按图 8-24（b）画，叠加时需要作许多的辅助线，之后又需要将其擦去，结果如图 8-24（c）所示，作图过程还容易出错。

③ 将图 8-24（g）整理，最后结果如图 8-24（h）所示。

8.8 轴测图的尺寸标注

尺寸起止符号宜用小圆点，尺寸线与被注长度平行，如图 8-25 所示。

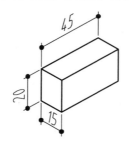

图 8-25　轴测图的尺寸标注

小　结

各种轴测图的画法与适用范围如表 8-2 所示。

表 8-2　各种轴测图的画法与适用范围

轴测图分类	正投影轴测图		斜投影轴测图			
	正等测	正二测	斜等测		斜二测	
			正面斜等测	水平斜等测	正面斜二测	水平斜二测
轴间角与轴向变形系数						
适用范围	适宜画所有形体	画图麻烦，逼真	适宜画管网系统图	适宜画建筑物	适宜画形状特征在 V 面上的形体	适宜画形状特征在 H 面上的形体
实例						

第9章

组合体的投影

9.1 组合体概述

9.1.1 组合体的分类

由两个或两个以上基本几何体组成的形体称为组合体。组合体根据构成方式的不同，可以分为三类：

叠加型组合体，由若干个基本几何体叠加而成，如图9-1（a）所示。

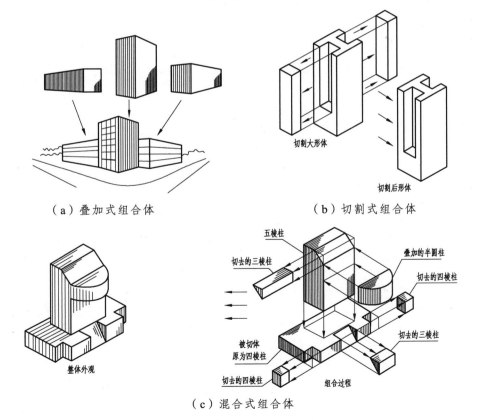

（a）叠加式组合体　　　　　　　　　　（b）切割式组合体

（c）混合式组合体

图9-1　组合体的分类

切割型组合体，由基本几何体切割去某些形体而成，如图9-1（b）所示。

综合型组合体，是既有叠加又有切割或相交的组合体，如图9-1（c）所示。

9.1.2 组合体表面的连接关系

组合体是由基本形体组合而成的，其投影图必须正确表示各基本形体表面之间的连接关系。形体之间的表面连接可归纳为以下四种情况：

表面平齐，即两形体的表面共面，两表面投影之间不应画线，如图9-2（a）所示。

表面相切，由于光滑过渡，两表面投影之间不应画线，如图9-2（b）所示。

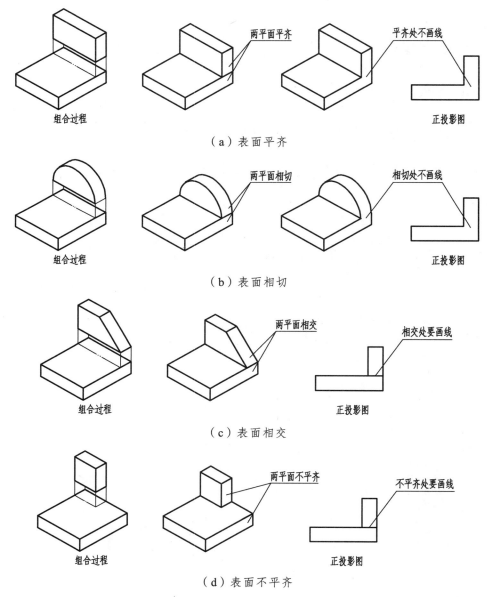

图 9-2　组合体表面的连接关系

表面相交，两表面投影之间应画出交线的投影，如图 9-2（c）所示。

表面不平齐，即两形体的表面不共面，两表面投影之间应该有线分开，如图 9-2（d）所示。

9.2 组合体的投影图

9.2.1 组合体投影图的画法

1. 形体分析

一个组合体，可以看作由若干个基本形体所组成。对于组合体中基本形体的组合方式、表面连接关系及相互位置等进行分析，弄清各部分的形状特征，这种分析过程就是形体分析。它是组合体画图、读图和标注尺寸的基本方法。如图 9-3（a）所示为一室外台阶，把它可以看成是由边墙、台阶、边墙三大部分组成〔图 9-3（b）〕。

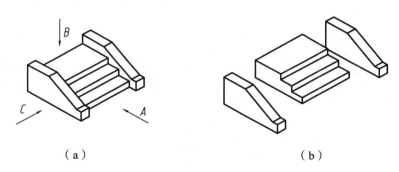

（a）　　　　　　　　　　　　　　（b）

图 9-3　组合体的形体分析

2. 投影图的选择

投影图数量选择的原则：用最少数量的投影图把形体的空间形状完整、清楚、准确地表达出来。

（1）确定形体安放位置。

确定形体安放位置时，一要使形体处于稳定状态，二要考虑形体的工作状况。为了作图方便，应尽量使形体的表面平行或垂直于投影面。

应注意：将最能反映构件外形特征的那个面作为正立面。

（2）合理确定组合体的投影图数量。

根据表达基本形体所需的投影图来确定组合体的投影图数量；抓住组合体的总体轮廓特征或其中某基本体的明显特征来选择投影图数量；选择投影图与减少虚线相结合。

3. 组合体投影图的画图步骤

（1）选取画图比例、确定图幅。

（2）布图、画基准线。

（3）绘制视图的底稿。

根据物体投影规律，逐个画出各基本形体的三视图。

画图的顺序是：一般先画实形体，后画虚形体（挖去的形体）；先画大形体，后画小形体；先画整体形状，后画细节形状。

（4）检查、描深：检查无误后，按规定的线型要求，加粗、加深图线，如图9-4所示。

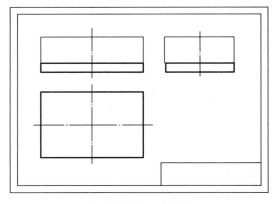

（a）布图、画底板

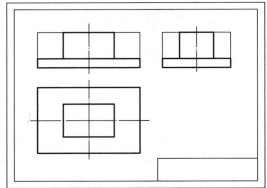

（b）画中间四棱柱

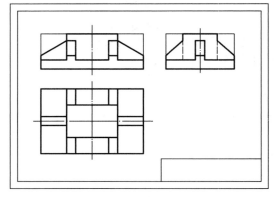

（c）画六块梯形肋板

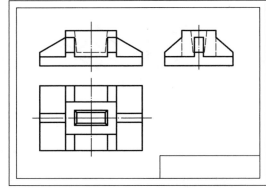

（d）画楔形杯口，擦去底稿线，完全成图

图 9-4　组合体的绘图步骤

4．组合体的尺寸标注

（1）组合体尺寸的组成。

定形尺寸：用于确定组合体中各基本体自身大小的尺寸。

定位尺寸：用于确定组合体中各基本形体之间相互位置的尺寸。

总体尺寸：确定组合体总长、总宽、总高的外包尺寸。

（2）组合体的尺寸标注。

组合体尺寸标注前需进行形体分析，弄清反映在投影图上的有哪些基本形体，然后注意这些基本形体的尺寸标注要求，做到简洁合理。各基本形体之间的定位尺寸一定要先选好定位基准，再行标注。由于组合体形状变化多，定形、定位和总体尺寸有时可以相互兼代。组合体各项尺寸一般只标注一次。如图9-5所示为对一肋式杯形基础的投影图进行尺寸标注。

（3）组合体尺寸标注时应注意：

① 尺寸一般应布置在图形外，以免影响图形清晰。

② 尺寸排列要注意大尺寸在外、小尺寸在内，并在不出现尺寸重复的前提下，使尺寸构成封闭的尺寸链。

③ 反映某一形体的尺寸，最好集中标在反映这一基本形体特征轮廓的投影图上。

④ 两投影图相关的尺寸，应尽量注在两图之间，以便对照识读。

⑤ 尽量不在虚线图形上标注尺寸。

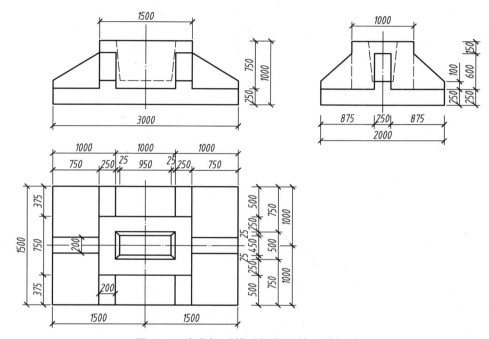

图 9-5 肋式杯形基础投影图的尺寸标注

9.2.2 组合体投影图的识读

投影图的识读就是根据物体投影图想象出物体的空间形状，也就是看图、读图、识图。画图是由物到图，读图则是由图到物。

1. 组合体投影读图的基本方法

（1）形体分析法：在组合体投影图上分析其组合方式、组合体中各基本体的投影特性、表面连接以及相互位置关系，然后综合起来想象组合体空间形状的分析方法。

（2）线面分析法：是以线、面的投影规律为基础，根据形体投影的某些图线和线框，分析它们的形状和相互位置，从而想象出被它们围成的形体的整体形状。

① 投影图中的一条直线，一般有三种意义：

可表示形体上一条棱线的投影；

可表示形体上一个面的积聚投影；

可表示曲面体上一条轮廓素线（转向线）的投影，但在其他投影中，必有一个具有曲线图形的投影。

② 投影图中的一个线框，一般也有三种意义：

可表示形体上一个平面的投影；

可表示形体上一个曲面的投影，但其他投影图上必有一曲线形的投影与之对应；

可表示形体上孔、洞、槽或叠加体的投影，对于孔、洞、槽，其他投影上必对应有虚线的投影。

形体分析法和线面分析法是有联系的，不能截然分开。对于比较复杂的图形，先从形体分析获得形体的大致整体形象之后，不清楚的地方针对每一条"线段"和每一个封闭"线框"加以分析，从而明确该部分的形状，弥补形体分析的不足。以形体分析法为主，结合线面分析法，综合想象得出组合体的全貌。

2. 组合体投影图的识图步骤

（1）认识投影抓特征。

（2）形体分析对投影。

（3）综合起来想整体。

（4）线面分析攻难点。

【例 9-1】 试根据图 9-6（a）所示挡土墙的投影图，想象出该形体的空间形状。

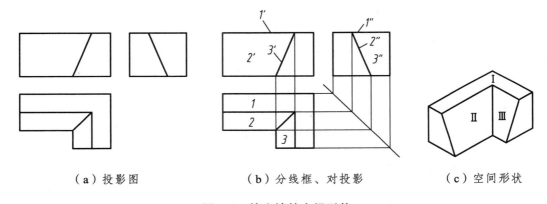

（a）投影图　　　　　　（b）分线框、对投影　　　　　（c）空间形状

图 9-6　挡土墙的空间形状

分析：根据所给形体的三面投影图，运用"长对正、高平齐、宽相等"三等投影关系，正确进行投影分析，如图 9-6（b）所示。然后通过形体分析、线面分析想象出挡土墙的空间形状，如图 9-6（c）所示。

【例 9-2】 已知组合体的 V、H 投影，补绘其 W 投影，如图 9-7（a）所示。

作图步骤：

（1）了解投影图。由形体的 V、H 投影可以看出，形体是由一个长方体经过若干次截割后组成的。

（2）用形体分析法和线面分析法确定形体各组成部分的形状与位置，从而想出整体，如图 9-7（b）所示。

（3）补画侧面投影。读完图后就可以了解形体的空间形状，由已知条件，根据三等规律投影关系，可补出侧面投影，把图形与形体互相对照进行检查，最后加深图线，完成补图，如图 9-7（c）所示。

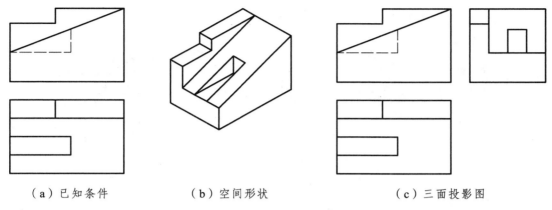

（a）已知条件　　　　　（b）空间形状　　　　　（c）三面投影图

图 9-7　补全组合体的三面投影图

9.3　剖面图和断面图

在形体的三面正投影图中，物体上可见的轮廓线用粗实线表示，不可见的轮廓线用虚线表示。但当物体的内部构造较复杂时，视图上会出现许多虚线，使图形不清晰，既给读图带来困难又不便于标注尺寸。因此，工程图中常采用剖切的方法来表达物体的内部结构、构造和材质。

9.3.1　剖面图

1.　剖面图的形成

假想用一个平面作为剖切平面，将物体切开，移走观察者与剖切平面之间的部分，将物体其余的部分向相应的投影面做投影，所得到的投影图［图 9-8（c）］就是剖面图。

2.　剖面图的画法与标注

（1）确定剖切平面位置。

画剖面图时，应根据物体的结构特点选择适当的剖切平面位置，使剖切后画出的图形能确切、全面地反映所要表达部分的真实形状。一般选择的剖切平面位置应平行于投影面，且通过物体内部结构的对称面或通过孔、洞、槽的轴线。图 9-8（b）中的剖切平面为正平面。

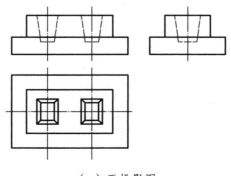

（a）正投影图

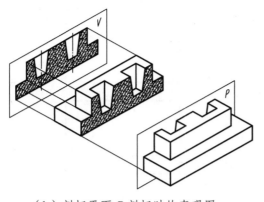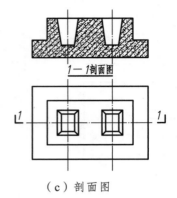

（b）剖切平面 P 剖切时的直观图　　　　　　　　（c）剖面图

图 9-8　剖面图的形成

（2）画剖面图及其数量的确定。

通常在剖面图中把剖切到的断面轮廓线用粗实线表示，剖切平面没有切到，但沿投射方向可以看到的那部分形体的轮廓线用中实线绘制，剖切后的形体不可见轮廓线一般不需要画出。

确定剖面图的数量，原则是以较少的剖面反映尽可能多的内容，通常与形体的复杂程度有关。

（3）剖面图的标注。

为了便于读图，查找剖面图与有关视图的关系，需对剖面图进行标注。剖面图的标注由剖切符号和编号组成。

剖切符号由剖切位置线及投射方向线组成，二者均用粗实线绘制。剖切位置线长 6 ~ 10 mm，投射方向线长 4 ~ 6 mm。剖切符号的编号采用阿拉伯数字注写在投射方向线的端部，一律水平书写，如图 9-9 所示。同时，在相应的剖面图下方要注写与剖切符号相同的图名，如"1—1 剖面图"，并在图名下画一等长的粗实线。

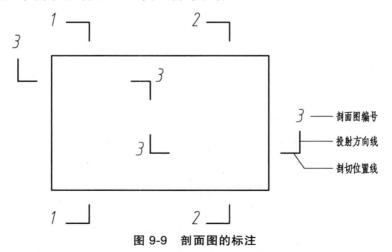

图 9-9　剖面图的标注

（4）画材料图例。

按照国家制图标准的规定，画剖面图时，应在建筑形体的剖断面内表明建筑材料图例。

116

表 9-1 为常见的建筑材料图例。

当所画的剖面图不需要注明材料时，应在相应位置用同方向、等间距并与水平线成 45° 角的细实线（即剖面线）来表示。

表 9-1　常用的建筑材料图例

名　称	图　例	名　称	图　例
自然土壤		砂、灰土	
夯实土壤		毛　石	
普通砖		金　属	
混凝土		木　材	
钢筋混凝土		玻　璃	

3. 剖面图的种类

作剖面图时，剖切平面的设置、数量和剖切的方法等，应根据物体的内部和外部形状来选择。常用的剖面图有：全剖面图、半剖面图、阶梯剖面图、旋转剖面图、局部剖面图、分层剖面图。

（1）全剖面图。

用一个剖切平面将物体全部剖开后所得到的剖面图，称为全剖面图。如图 9-10 所示是形体的全剖面图。

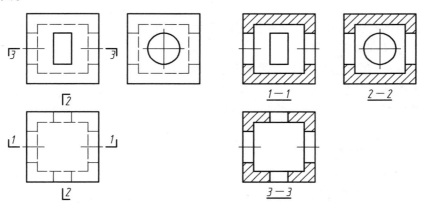

图 9-10　形体的全剖面图

全剖面图常用于不对称的物体。有些物体虽然对称，但外形比较简单，或在另一个投影中已经将它的外形表达清楚时，也可采用全剖面图表示。

（2）半剖面图。

对于对称的形体，以对称线为界，一半画成剖面图，另一半画成外形图，这样的剖面图称为半剖面图。如图 9-11 所示，杯形基础左右对称，其正面投影采用了半剖面图的画法，以表示基础的外部形状和内部构造。

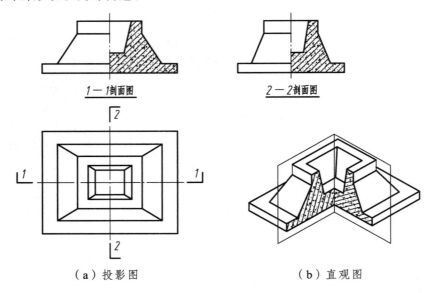

（a）投影图　　　　　　　　（b）直观图

图 9-11　半剖面图

画半剖面图要注意：

① 当形体左右对称时，其右边画剖面图，左边画外形图；当形体上下对称时，其下边画剖面图，上边画外形图。

② 半剖面图以对称线为界，对称线应画成细单点长画线。

（3）阶梯剖面图。

用两个或两个以上相互平行的剖切平面去剖切一个形体所得到的剖面图，称为阶梯剖面图。

画阶梯剖面图时，用几个平行的剖切平面剖切时须进行标注。在剖切平面的起止和转折处标注剖切符号及剖面图编号。

如图 9-12（a）所示的形体上有两个孔洞，但这两个孔洞不在同一轴线上，如果作一个全剖面图，不能同时剖切到两个孔洞，因此宜采用阶梯剖面图剖切，如图 9-12（b）所示。

需要注意的是：在阶梯剖面图中，剖切平面转折的轮廓线不应在剖面图中画出，如图 9-12（c）所示。

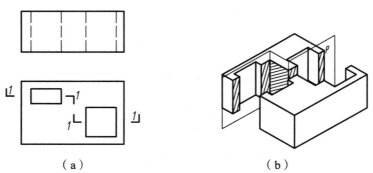

（a）　　　　　　　　　　　（b）

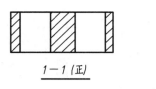 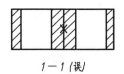

$1-1$ (正)　　　　　　　$1-1$ (误)

（c）

图 9-12　阶梯剖面图

（4）旋转剖面图。

当形体有不规则的转折时，或有孔洞而采用以上的剖切方法不能解决时，可以用两个相交剖切平面将形体剖切开，使所得到的剖面图经旋转展开，平行于某个基本投影面后再进行正面投影，这样得到的剖面图称为旋转剖面图。

图 9-13 所示为一个楼梯的旋转剖面图，由于楼梯的两个梯段间平台在水平投影上成一定的夹角，用一个或两个平行的剖切平面都无法将楼梯表示清楚。因此，可以用两个相交平面去剖切，移走剖切平面和观察者之间的部分，将剩余部分的右半部旋转至和正立面平行后，便得到旋转剖面图。

需要注意的是：应在所得到的剖面图图名后加"展开"二字，并用括号括起，如图 9-13（a）所示。

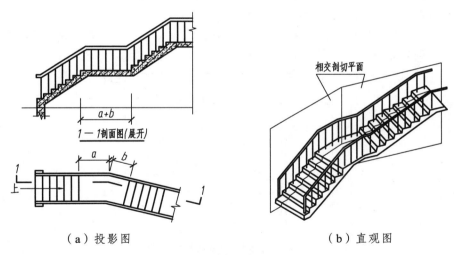

（a）投影图　　　　　　　　（b）直观图

图 9-13　楼梯的旋转剖面图

（5）局部剖面图。

根据实际需要，对形体进行局部剖切后得到的剖面图，称为局部剖面图。局部剖面图与外形之间的分界线用波浪线表示。波浪线不应与图上的其他线重合，也不应超出轮廓线。

如图 9-14 所示，为了表示杯形基础内部钢筋配置情况，仅将水平投影的一个角作剖切，正面投影为全剖面图。

局部剖面图一般适用于以下两种情况：

① 仅有一小部分需要做剖面图表示时，如图 9-14 所示。

② 某些对称的形体，由于其中心线处具有轮廓线，不宜作半剖面图时，通常应画成局部剖面图。

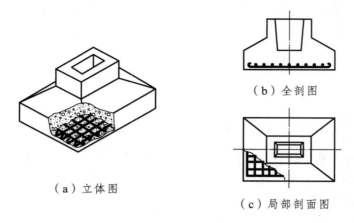

（a）立体图

（b）全剖图

（c）局部剖面图

图 9-14　杯形基础

（6）分层剖面图。

对于一些具有分层构造的工程形体，可按照实际需要用分层剖切的方法进行剖切，所得的剖面图，称为分层剖面图。

分层剖面图常用来表达墙面、楼面、地面和屋面等的构造及做法。在画分层剖面图时，应按层次以波浪线分界，波浪线不与任何图线重合。

如图 9-15 所示为墙面的分层剖面图，把剖切到的墙面一层层剥离开，在剖切范围内画出材料图例，有时还需加注文字说明。

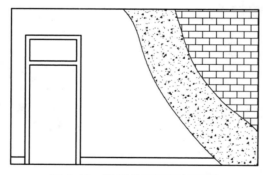

图 9-15　墙面分层局部剖面图

9.3.2　断面图

1. 断面图的形成

对于某些单一的杆件或需要表示某一部位的截面形状时，可以只画出形体与剖切平面相交的那部分图形，即假想用剖切平面将物体剖切后，仅画出断面的投影图，这种图称为断面图，简称断面。

2. 剖面图与断面图的区别

（1）断面图只画出物体被剖切后剖切平面与形体接触的那部分，即只画出截断面的投影，是"面"的投影。而剖面图除画出断面外，还画出剩余形体可见部分的投影，是"体"的投影。

（2）被剖开的形体必有一个截口，所以剖面图必包含断面图。断面图虽属于剖面图的一部分，但往往单独画出，如图9-16所示。

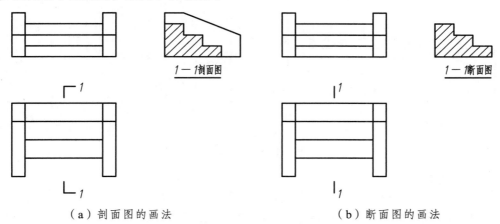

（a）剖面图的画法   （b）断面图的画法

图9-16　剖面图与断面图的区别

（3）剖切符号的标注不同。断面图的剖切符号只画出剖切位置线，不画投射方向线，投射方向用编号的注写位置来表示。编号写在剖切位置线下侧，表示向下投射；注写在右侧，表示向右投射。

3. 断面图的种类与画法

断面图有移出断面图、重合断面图、中断断面图三种。

（1）移出断面图。

一个形体有多个断面图时，可以整齐地排列在形体视图的四周，往往用较大的比例画出，这种断面称为移出断面图，如图9-17所示。

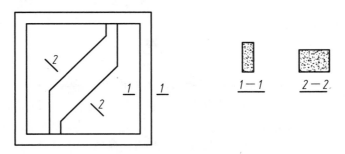

图9-17　移出断面图

（2）重合断面图。

将断面图直接画于投影图中，二者重合在一起的称为重合断面图。重合断面图的比例应与原投影图一致。断面轮廓线可能是闭合的，也可能是不闭合的，此时应于断面轮廓线的内侧加画图例符号。如在厂房的屋面平面图上加画断面图，用来表示天窗、屋面的形式与坡度，如图9-18（a）所示。这种断面图是假想用一个垂直于屋脊线的剖切平面剖开屋面，然后把断面向右方旋转，使它与平面图重合后得出来的。这样的断面图可以不加任何标注，只在断面图的轮廓线之内沿着轮廓线的边缘加画 45° 细斜线，如图 9-18（b）所示。

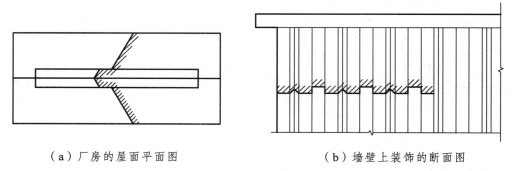

（a）厂房的屋面平面图　　　　　　　　　　（b）墙壁上装饰的断面图

图 9-18　重合断面图

（3）中断断面图。

对于单一的长向杆件，也可在杆件投影图的某一处用折断线断开，然后将断面图画于其中，这种断面称为中断断面图。中断断面图的轮廓线用粗实线绘制，投影图的中断处用波浪线折断线绘制。中断断面图不必画剖切符号，如图 9-19 所示。

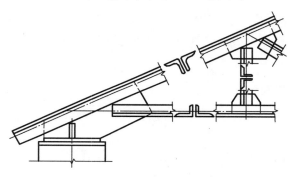

图 9-19　中断断面图

小　结

本章讲述了组合体的投影图、剖面图和断面图等内容。学习本章后，要求学生能绘制组合体的投影图和标注尺寸，能读懂组合体的投影图；分析组合体与组成形体的关系，引入整体与个体关系、国家与个人关系，融入爱国意识；应能充分理解剖面图、断面图的形成过程，掌握各种视图、剖面图、断面图的画法和分类；严格按照物体表达法的画法，形成守法意识；培育工匠精神和科学合理的思维方式。具体要求如下：

（1）掌握组合体投影图的画法、读法和尺寸注法。

（2）熟悉剖面图的概念，掌握剖面图的画法，熟知常用剖面图的分类——全剖面图、半剖面图、阶梯剖面图、旋转剖面图、局部剖面图、分层剖面图，并掌握它们各自的特点。

（3）熟悉断面图的概念，掌握断面图的画法，充分理解剖面图与断面图的不同之处。断面图分为移出断面、重合断面、中断断面三种。通过学习，学生需熟悉断面图的分类，掌握它们各自的特点及画法。

第10章

建筑施工图

10.1 建筑施工图概述

　　房屋是供人们生活、生产、工作、学习和娱乐的空间环境。将一栋房屋用投影的方法，按照国家颁布的制图标准及建筑专业的习惯画法，完整、准确地用图纸表达出建筑物的形状、大小尺寸、结构布置、材料和构造做法，这就是施工图。它是房屋施工的重要依据，也是企业管理的重要技术文件。

10.1.1 房屋的组成及名称

　　一幢房屋是由很多房间及交通空间组成的，而这些空间又是由很多构配件组成的。虽然房屋分为民用建筑和工业建筑两大类，但其基本组成内容相同。如图 10-1 所示为某住宅楼的

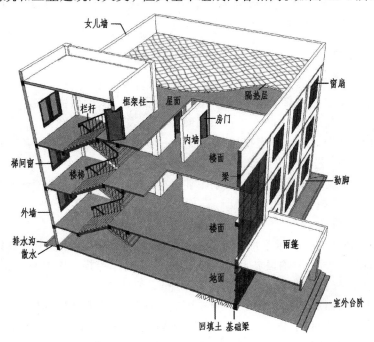

图 10-1　建筑的组成

组成示意图。该房屋最下面埋在土中的扩大部分称为基础；在基础的上面是墙或柱，墙有内外之分；外墙靠近室外地坪的部分叫勒脚；勒脚下房屋四周具有排水坡度的室外地坪叫散水；墙上还有窗台、阳台、雨篷、门窗；门窗洞的上面有过梁；墙最上部高出屋面的部分叫女儿墙；房屋两端的横向外墙叫山墙；房屋最下部的水平面叫室内地坪面；最上面临空的水平面叫屋面，屋面上设有隔热层，还设有用于屋面排水的雨水口；房屋中间的若干水平面就是楼面；内墙最下部与楼地面连接的部分叫踢脚；连接各层楼面的是楼梯、电梯、自动扶梯等，楼梯包括了平台、楼段、栏杆扶手或栏板；房屋大门入口处还有台阶、室外花台等。

10.1.2 房屋建筑的相关知识

1. 房屋建筑图的分类

修建房屋必须先要按使用要求进行设计，而一幢房屋的设计是由许多的专业人员共同协调配合完成的。房屋施工图按专业可分为以下几种：

（1）建筑施工图（简称建施图）。它主要表示房屋建筑设计的内容，如建筑群体的总体布局，房屋内部各个空间的布置、房屋的装修、构造做法及所用的材料等。一般包括施工图首页（含设计说明、目录等）、总平面图、建筑平面图、立面图、剖面图和详图。

（2）结构施工图（简称结施图）。它主要表示房屋结构设计的内容，如房屋承重结构的类型、承重构件的类型、大小、数量、布置情况及详细的构造做法等。一般包括结构设计说明、结构布置平面图、各种构件的构造详图等。

（3）设备施工图（简称设施图）。它主要表示房屋的排水、采暖通风、供电照明、燃气等设备的布置和安装要求等。一般包括平面布置图、系统图与安装详图等内容。

按建筑物的设计过程，建筑图可分为方案图、初步设计图（简称初设图）、扩大初步设计图（简称扩初图）和施工图。

2. 建筑图的内容

（1）初步设计阶段。

① 设计前的准备。接受任务，明确要求，收集资料，调查研究。

② 方案设计。主要通过平面、立面和剖面等图样表达设计意图。

③ 绘制初步设计图。设计方案确定后，需进一步解决构件的选型、各工种之间的配合等技术问题，并对方案作进一步的修改。初步设计图的内容包括总平面布置图（简称总平面图）、建筑平面图、建筑立面图、建筑剖面图等技术文件。为了表达清楚建筑效果，还应该有效果图、分析图、建筑模型等。

（2）施工图设计阶段。

施工图设计主要是将已经批准的初步设计图，按照相关技术要求予以具体化，为施工、编制施工预算、计划材料、采购设备和非标准构配件的制作等提供完整的、正确的施工依据。一套完整的施工图，根据其专业内容或作用的不同一般分为：

① 图纸目录。列出新绘制的图纸、所选用的标准图纸或重复用的图纸等编号及名称。

② 设计总说明（首页）。内容一般包括项目名称，项目所在场地，本工程项目的设计规模和建筑面积，施工图的设计依据，本项目的相对标高与总图绝对标高的对应关系，室内外

的用料和施工要求说明，墙身防潮层、地下室防水、屋面、勒脚、散水、台阶、室内外装修等做法说明（也可直接在图上引注或加注索引符号），采用新技术、新材料或有特殊要求的做法说明，门窗表，所选用图集编号等。以上各项内容，对于简单的工程，可分别在各专业图纸上写成文字说明。

③ 建筑施工图。包括总平面图、平面图、立面图、剖面图和构造详图。本章主要研究这些图的画法和读法。

3. 标准图与标准图集

一种具有通用性质的图样，就叫标准图或通用图，将标准图装订成册，即为标准图集。标准图有两种：一种是整栋房屋的标准设计；另一种是适用各种房屋的、大量性的构配件的标准图。后一种是目前大量使用的。根据专业的不同，用不同的字母和数字来表示标准图集的类型，如建筑标准图集就用字母"J"来表示；结构标准图集就用字母"G"来表示；也有直接用文字"建"或"结"来表示的。

标准图有全国通用的，有各省、市、自治区通用的。一般使用范围都有限制在图集封面所标注的地区，例如西南地区（云、贵、川、藏、渝）的标准图集，地区就表示为"西南"，如它的《常用木门》标准图集的代号就为"西南 010J812"，四川省的《钢筋混凝土板式楼梯图集》代号为"川 03G306"。使用标准图，是为了加快设计与施工的速度，提高设计与施工的质量。

10.1.3　房屋施工图的图示特点

（1）施工图中的各图样用正投影法第一角画法绘制。通常，在 H 面上作平面图，在 V 面上作正、背立面图和在 W 面上作剖面图或侧立面图。在图幅大小允许下，可将平、立、剖面三个图样，按投影关系画在同一张图纸上，以便于阅读。如果建筑物体型较大，平、立、剖面图可分别单独画在几张图纸上。平面图、立面图和剖面图（简称"平、立、剖"）是建筑施工图中最重要最基本的图样。

（2）由于房屋形体较大，它们的平、立、剖面图一般都用较小的比例（如 1：200、1：500 等）绘制。而房屋内构造复杂的部位，在平、立、剖面图中无法表达清楚，则需要画出较大比例（如 1：20、1：10 等）的详图。

（3）房屋的构配件和材料种类较多，为作图简便起见，国标规定了一系列的图形符号以代表建筑构配件、卫生设备、建筑材料等，这种图形符号称为图例。为读图方便，国际还规定了许多标注符号。施工图中往往会大量出现各种图例和符号。

10.1.4　施工图中常用的符号与图例

1. 定位轴线

在施工图中将房屋的基础、墙、柱、屋架等承重构件的轴线画出并进行编号，以便施工时定位放线和查阅图纸。这些轴线称为定位轴线。

根据国际规定，定位轴线采用细单点长画线绘制。轴线编号的圆圈用细实线，直径一般为 8～10 mm，如图 10-2 所示。轴线编号写在圆圈内。在平面图上横向采用阿拉伯数字，从左向右依次编写（如图 10-3 是由①到⑧）。竖向编号用大写拉丁字母，自下而上顺序编写（如图 10-2 是由Ⓐ到Ⓕ）。拉丁字母中的 I、O 及 Z 三个字母不得作为轴线编号，以免与数字 1、0 及 2 混淆。在较简单或对称的房屋中，平面图轴线编号，一般标注在图样的下方及左侧。较复杂或不对称的房屋，也可标注在图样上方和右侧。

对于一些与主要承重构件相联系的次要承重构件，它的定位轴线一般作为附加轴线，编号用分数表示。分母表示前一轴线的编号，分子表示附加轴线的编号，用阿拉伯数字顺序编写（图 10-4）。在画详图时，通用详图定位轴线，只画圆圈，不注写编号。如一个详图适用于几根轴线时，应同时将各有关轴线的编号注明（图 10-5）。

对较复杂的组合平面或较特殊形状的平面（如圆形、折线形平面）等的定位轴线，其注写形式可参照国标有关规定。

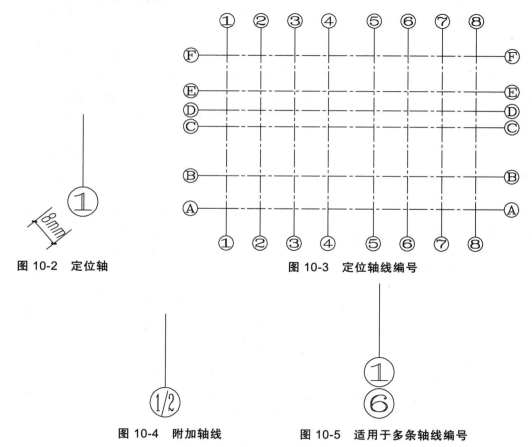

图 10-2　定位轴　　　　　　图 10-3　定位轴线编号

图 10-4　附加轴线　　　图 10-5　适用于多条轴线编号

2. 标高符号

在总平面图、平面图、立面图和剖面图上，需用标高符号表示某一部位的标高。各图上所用标高符号以细实线绘制，具体的画法如图 10-6 所示。标高数值以 m（米）为单位，一般注写至小数点后三位数（总平面图为小数点后两位数）。在"建施"图中的标高数字表示其完成面的数值。如"± 0.000"表示该处完成面为零点标高，如图 10-7 所示。标高数字前有"－"

号的，表示低于零点标高，如图 10-8 所示。数字前面没有符号的，则表示高于零点标高，如图 10-9 所示。如在同一位置表示几个不同标高时，数字可按图 10-10 的形式注写。

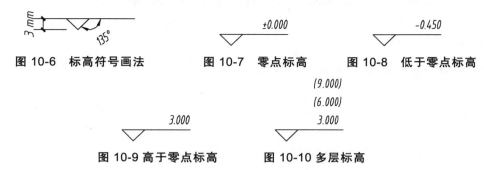

图 10-6　标高符号画法　　　　图 10-7　零点标高　　　　图 10-8　低于零点标高

图 10-9 高于零点标高　　　　图 10-10 多层标高

3. 索引符号与详图符号

图样中某一局部或构件如需另见详图时，常常用索引符号注明详图的位置、详图的编号以及详图所在的图纸编号，以方便施工时查阅图样。按国际规定，标注方法如下：

（1）索引符号。用一引出线指出要画详图的地方，在线的另一端画一细实线圆，直径为 10 mm。引出线应对准圆心，圆内画一水平直径，上半圆中用阿拉伯数字注明该样图的编号，下半圆用阿拉伯数字注明该详图所在的图纸号，如图 10-11 所示。如详图与被索引的图样在同一张图纸内，则在下半圆中间画一水平细实线。当索引符号用于索引剖面详图时，应在被剖切的部位绘制剖切位置线。引出线所在一侧应为投射方向，如图 10-12 表示向下投射。

图 10-11　索引符号　　　　图 10-12　用于索引剖面详图的索引符号

（2）详图符号。表示详图编号和索引图纸号，它用一粗实线圆绘制，直径为 14 mm。详图与被索引的图样在同一张图纸内时，应在粗实线圆内用阿拉伯数字注明详图编号［图 10-13（a）］。如不在同一张图纸内，可用细实线在粗实线圆内画一水平直径，在上半圆中注明详图编号，在下半圆中注明被索引图纸号，如图 10-13（b）所示。

（3）零件、钢筋、杆件、设备等的编号。本编号用阿拉伯数字按顺序编写，并应以直径为 6～10 mm 的细实线圆绘制，如图 10-14 所示。

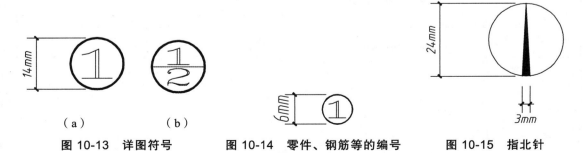

（a）　　　　　（b）

图 10-13　详图符号　　　　图 10-14　零件、钢筋等的编号　　　　图 10-15　指北针

4. 指北针

指北针的形状如图 10-15 所示,其圆的直径宜为 24 mm,用细实线绘制。指针尖为北向,并写出"北"或"N"字,指针尾部宽度宜为 3 mm。需用较大直径绘画指北针时,指针尾部宽度宜为直径的 1/8。

5. 常用建筑材料图例(表 10-1)

表 10-1 常用建筑材料图例

名　称	图　例	说　明
自然土壤		
夯实土壤		
砂、灰土	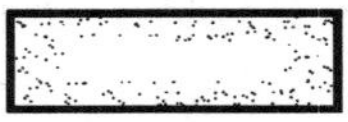	
普通砖	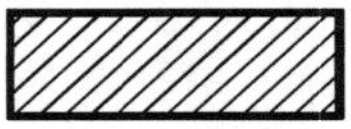	比例小的图,可涂红
饰面砖		
混凝土		比例小的图,可涂黑
钢筋混凝土		比例小的图,可涂黑
毛　石	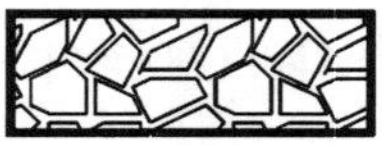	
木　材	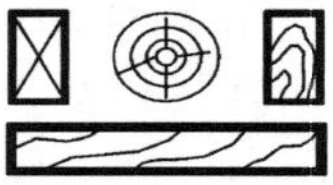	1. 上图为横断面; 2. 下图为纵断面
金　属	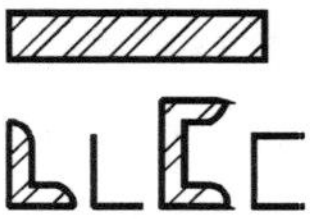	1. 包括所有金属; 2. 比例小的图,可涂黑
防水材料		比例大用上图,比例小用下图
粉　刷		
隔热材料	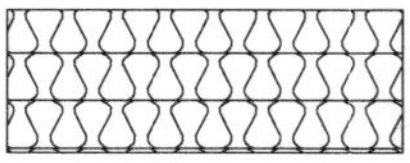	
玻　璃	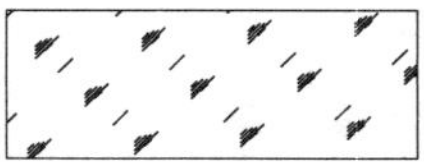	

10.2 总平面图

在画有等高线的地形图上，用以表达新建房屋的总体布局及它与外界关系的平面图，叫总平面图。从总平面图上可以了解到新建房屋的位置、平面形状、朝向、标高、新设计的道路、绿化以及与原有房屋、道路、河流等的关系。它是新建房屋的定位、施工放线、土方施工及布置施工现场的依据，同时也是其他专业管线设置的依据。

10.2.1 比 例

因总平面图包括的地区范围较大，绘制时通常都用较小的比例。总平面图的比例一般采用 1∶500、1∶1 000，总平面图的比例应与地形图的比例相同。

10.2.2 图 例

在总平面图上，由于要表示出用地范围内所包含的较多内容，如新建筑物、旧建筑物、构筑物、道路、桥梁、绿化、河流等，又由于采用的比例较小，所以就用图例来代表它们。《总图制图标准》（GB/T 50103—2019）列出了常用的一些图例，如表 10-2 所示。在较复杂的总平面图中，若国标规定的图例还不够选用，可以自行画出某种图形作为补充图例，但必须在图中适当的位置另加说明。

表 10-2　总平面图图例

名　称	图　例	说　明
新建的建筑物	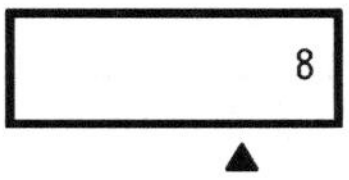	1. 需要时，可以用▲表示出入口，可以在图形内右上角用点数或数字来表示层数； 2. 建筑物外形用粗实线表示
原有的建筑物	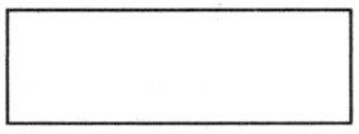	用细实线表示
计划扩建的预留地或建筑物		用中粗虚线表示
拆除的建筑物	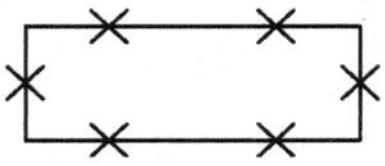	用细实线表示
铺砌场地	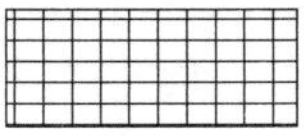	
水池、坑槽		

名　称	图　例	说　明
围墙及大门	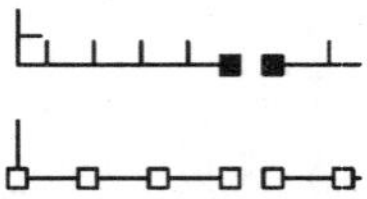	上图为实体性质的围墙，下图为通透性质的围墙，如仅表示围墙时不画大门
道　路	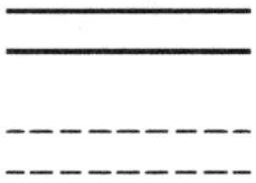	1. 上为原有道路； 2. 下为计划修建道路
新建道路	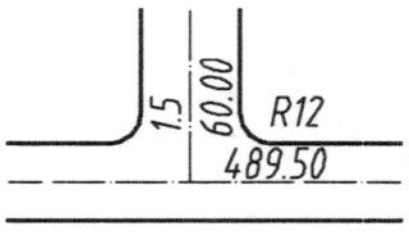 R12 1.5　60.00 489.50	R12 道路转弯半径为 12，489.50 表示为路面中心控制点标高，1.5 表示道路纵坡坡度为 1.5%，60.00 表示变坡点间距
挡土墙		被挡土在"突出"的一侧
坐　标	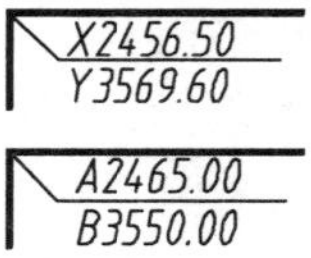 X2456.50 Y3569.60 A2465.00 B3550.00	1. 上图表示测量坐标； 2. 下图表示建筑坐标
护　坡		1. 边坡较长时，可在一端或两端局部表示； 2. 下边坡线为虚线时表示填方
草　坪	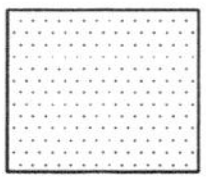	
绿化树木	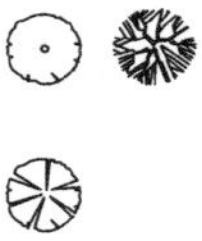	上左为常绿针叶乔木，右为落叶阔叶乔木，下为常绿阔叶灌木

10.2.3　标　高

总平面图上等高线所注数字代表的高度为绝对标高，我国将青岛附近的黄海平均海平面定为绝对标高的零点，其他各处的绝对标高就是以该零点为基点所量出的高度，它表示出了各处的地形以及房屋与地形之间的高度关系。在总平面图房屋的平面图形中要标注出底层室内的绝对标高，由此根据等高线和底层地面的标高可看出施工时是挖方还是填方。国标规定总平面图上的室外标高符号，宜用涂黑的小圆点（●）或三角形（▼）表示。室内标高符号，以细实线绘制。标高尺寸单位为 m，标注到小数点后两位。若将某点的绝对标高定位零点，则记为▼±0.000，由此量出的高度叫作相对标高，低于该点时，要标上负号，如▼−0.30；高于该点时，数字前不加任何符号。

130

10.2.4 房屋的定位

确定建筑物、构筑物在总平面图中的位置可采用坐标网，坐标网分为测量坐标网和建筑坐标网，并以细实线表示。

在地形图上，测量坐标网采用与地形图相同的比例，画成交叉十字形成坐标网，坐标代号用"X、Y"表示，X表示南北方向轴线；Y表示东西方向轴线。当建筑物、构筑物的两个方向与测量坐标网不平行时，可增画一个与房屋两个主向平行的坐标网，叫建筑坐标网。建筑坐标网画成网络通线，在图中适当位置选一坐标原点，并以"A、B"表示，A为横轴，B为纵轴。

10.2.5 房屋的尺寸坐标

在总平面图上，应标注出新建房屋的总长、总宽的尺寸，还应标出新建房屋之间、新建房屋与原有房屋之间以及与道路、绿化等之间的距离。尺寸以m为单位，标注到小数点后两位。

10.2.6 房屋层数表示

总平面图中，当新建房屋的层数不多时，可以用小黑点标在房屋的右上角来表示，一个小黑点表示一层；当新建房屋的层数较多时，可在同样位置用数字来表示。同一张图上，宜统一用一种方法表示。

图10-16为一办公楼的总平面图，该建筑位于道路的北方，整个地形南往北平地。从图中可看到，场地左侧，用细实线表示的为原有建筑，用粗线表示的新建办公楼层数为三层，

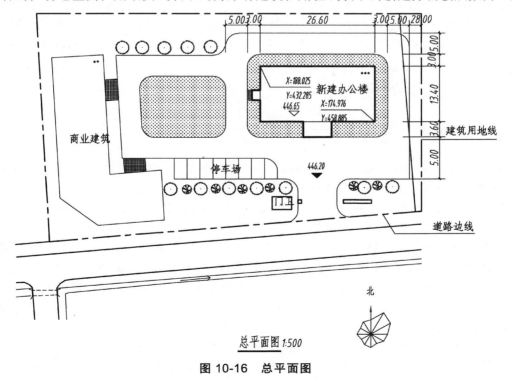

总平面图 1:500

图 10-16 总平面图

入口在南面；底层室内地坪标高为 446.65 m（这点也为相对标高的 ± 0.000 点），室外整平标高为 446.20 m；新建房屋两对角处用建筑坐标就确定了房屋的位置，其左上角坐标为 $X =$ 188.025、$Y = 432.285$，右下角坐标为 $X = 174.976$、$Y = 458.885$，另外还标出了新建房屋的总长 26.60 m 和总宽 13.40 m；在新建房屋的南方，有场地主出入口；此外，图中还画出了小区（部分）原有的房屋、绿化、道路等，还有公路及公路两边的绿化、房屋等。

10.2.7　总平面图图示的主要内容

　　总平面图一般包括以下内容：

　　（1）标出测量坐标网（坐标代号宜用"X、Y"表示）或建筑坐标网（坐标代号宜用"A、B"表示）。

　　（2）新建筑（隐蔽工程用虚线表示）的定位坐标（或相互关系尺寸）、名称（或编号）、层数及室内外标高。

　　（3）相邻有关建筑、待拆建筑的位置或范围。

　　（4）附近的地形地物，如等高线、道路、水沟、河流、池塘、土坡等。

　　（5）道路（或铁路）和明沟等的起点、变坡点、转折点、终点以及它们的标高与坡向箭头。

　　（6）指北针或风玫瑰图。

　　（7）建筑物使用编号时，应列出名称编号表。

　　（8）绿化规划、管道布置。

　　（9）补充图例。

　　以上内容，既不是完美无缺，也不是任何工程设计都缺一不可，应根据具体工程的特点和实际情况取舍。对于一些简单的工程，可不画出坐标网或绿化规划和管道的布置等。

10.3　建筑平面图

10.3.1　平面图的形成、名称及表示方法

　　用一假想的水平剖切面经过房屋的门窗洞口把房屋切开，移开剖切平面以上的部分，将其下部分向 H 面作正投影所得的水平剖面图，建筑图中习惯称为平面图。

　　房屋最底层的平面图，叫作底层平面图。中间的平面图是过中间层门窗洞口的水平剖切面与其下一层过门窗洞口的水平剖切面之间的一段水平投影。中间各层若布局完全相同时，可用一个平面图来代表，这个平面图叫标准平面图。当中间有些楼层平面布局不相同时，则只需画出该局部平面图。顶层平面图是过顶层门窗洞口的水平剖切面与下一层过门窗洞口的水平面剖切面之间一段的水平投影，标注时，应在图的下方正中标注出相应的图名，如"底层平面图""三层平面图""标准层平面图"等。图名下方应画一条粗实线，图名右方用小字标注出图形的比例。

　　在平面图的表示中，底层平面图上除画出底层的投影内容外，还应画出所看到的与房屋相关的散水、台阶、花台等内容；二层平面图除表示出二层的投影内容外，还应画出过底层

门窗洞口的水平剖切面以上的雨篷、遮阳等内容，而对于散水、台阶、花台等则无须画出；以此类推，画以上各层都是如此。

10.3.2　平面图的内容和作用

（1）轴线编号，墙、柱、墩、内外门窗位置及编号，房间的名称或编号。

（2）室内外的有关尺寸及室内楼、地面的标高（首层地面为±0.000）。

（3）电梯、楼梯、消防梯位置，楼梯上下方向及主要尺寸。

（4）踏步、坡道、通气竖道、管线竖井、烟囱、雨水管、散水、排水沟、花池等位置及尺寸。

（5）卫生器具、水池、工作台、橱柜、隔断及重要设备位置。

（6）地下室、地坑、地沟、各种平台、阁楼（板）、检查孔、墙上留洞、高窗等位置尺寸与标高。如果是隐蔽的或在剖切面以上部位的内容，应用虚线表示。

（7）剖面图的剖切符号及编号（一般画在首层平面图上）。

（8）标注有关部位详图的索引符号。

（9）在首层平面图附近画出指北针。

（10）屋面平面图一般内容有：女儿墙、檐沟、屋面坡度、分水线与落水口、变形缝、楼梯间、水箱间、天窗、上人孔、消防梯及其他构筑物、索引符号等。

平面图是建筑施工图的主要图纸之一。

10.3.3　绘制平面图的有关规定

1. 比　例

建筑平面图通常用 1∶50、1∶100、1∶200 的比例绘制，必要时，可以增加 1∶150、1∶300 的比例。

2. 图　例

在房屋平面图中，由于所用比例较小，所以平面图中的建筑配件和卫生设备，如门窗、楼梯、烟道、通风道、洗脸盆、大便器等无法以真实投影画出，对此采用国际中规定的图例来表示，如表 10-3 所示。而真实的投影情况另用较大比例详图来表示。

3. 定位轴线及编号

确定房屋中的墙、柱、梁和屋架等主要承重构件位置的基准线，叫作定位轴线，它使房屋的平面划分及构件统一趋于简单，是结构计算、施工放线、测量定位的依据。

当房屋平面形状较复杂时，为使标注和看图简单、直观，可将定位轴线采取分区编号。编号的注写形式为"分区号—该分区编号"。分区号采用阿拉伯数字或大写拉丁字母表示。

若房屋的平面形状为折线形，定位轴线也可以自左往右、自下往上依次编写。

若房屋平面形状为圆形，其径向定位轴线的编号，宜用阿拉伯数字表示，从左下角开始，按逆时针编写；其圆周定位轴线的编号，宜用大写拉丁字母表示，从外向内顺序编写。

表 10-3 常见建筑构造及配件图例

名　称	图　例	说　明
墙　体		应加注文字或填充图例表示墙体材料,在项目设计图纸说明中列材料图例表给予说明
隔　断	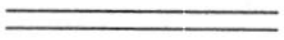	包括板条抹灰、木制、石膏板、金属材料等隔断;适用于到顶及不到顶隔断
楼　梯	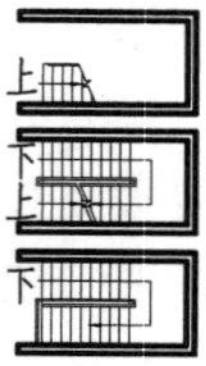	1. 上图为底层楼梯平面图,中图为中间层楼梯平面图,下图为顶层楼梯平面图; 2. 楼梯及栏杆扶手的形式和梯段踏步数应按实际情况绘制,需设置靠墙扶手或中间扶手时,应在图中表示
坡　道	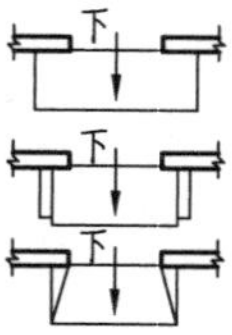	上图为两侧垂直的门口坡道,中图为有挡墙的门口坡道,下图为两侧找坡的门口坡道
自动扶梯	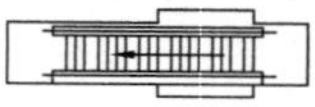	箭头方向为设计运行方向
孔　洞		阴影部分亦可填充灰度或涂色代替
空门洞	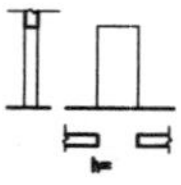	h 为门洞高度
单面开启单扇门 (包括平开或单面弹簧)	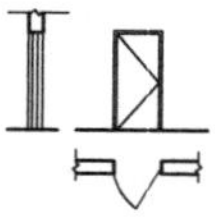	1. 门的名称代号用 M 表示。 2. 平面图中,下为外,上为内,平面图上门线应90°、60° 或 45°,开启弧线宜绘出。 3. 立面图中,开启线实线为外开,虚线为内开。开启线交角的一侧为安装合页一侧。开启线在建筑立面图中可不表示,在立面大样图中可根据需要绘出。 4. 剖面图中,左为外,右为内。 5. 附加纱扇应以文字说明,在平、立剖面图中均不表示。 6. 立面形式应按实际情况绘制
双面开启单扇门 (包括双面平开或 双面弹簧)	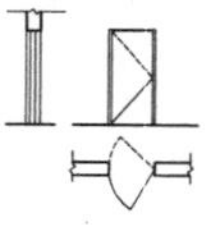	
单面开启双扇门 (包括平开或单面弹簧)	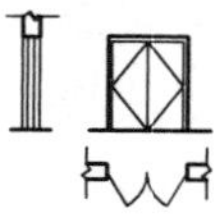	
双面开启双扇门 (包括双面平开或 双面弹簧)	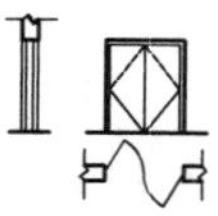	

名　称	图　例	说　明
墙洞外单扇推拉门	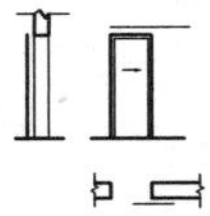	1. 门的名称代号用 M 表示。 2. 平面图中，下为外，上为内，平面图上门线应90°、60° 或 45°，开启弧线宜绘出。 3. 立面图中，开启线实线为外开，虚线为内开。开启线交角的一侧为安装合页一侧。开启线在建筑立面图中可不表示，在立面大样图中可根据需要绘出。 4. 剖面图中，左为外，右为内。 5. 立面形式应按实际情况绘制
折叠门	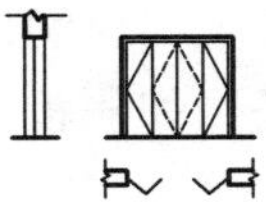	
固定窗	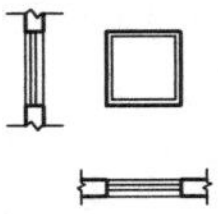	1. 窗的名称代号用 C 表示。 2. 平面图中，下为外，上为内。 3. 立面图中，开启线实线为外开，虚线为内开。开启线交角的一侧为安装合页一侧。开启线在建筑立面图中可不表示，在立面大样图中可根据需要绘出。 4. 剖面图中，左为外，右为内。虚线仅表示开启方向，项目设计不表示。 5. 附加纱扇应以文字说明，在平、立剖面图中均不表示。 6. 立面形式应按实际情况绘制
上悬窗	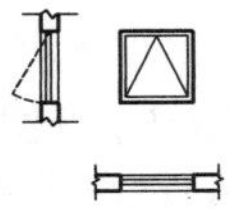	
中悬窗	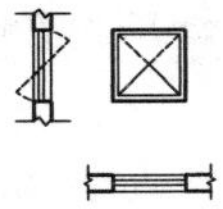	
下悬窗	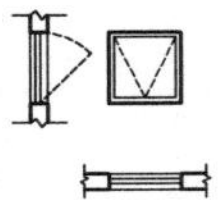	
立转窗	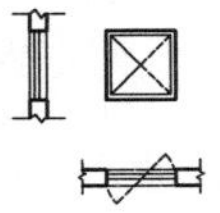	
单层外开平开窗	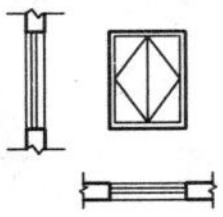	
高　窗	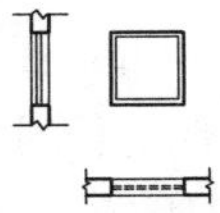	

4. 尺寸标注

平面图上主要标注房屋的长、宽两个方向的尺寸，分为外部尺寸和内部尺寸。

（1）外部尺寸。在外墙上一定要标注三道尺寸。

最外一道尺寸，标注的是房屋的总长和总宽，它是指从房屋的一端外墙的外边到另一端外墙的外边之间的距离（不含外粉刷和外墙贴面的厚度），它叫总尺寸。

中间一道尺寸，叫定位尺寸，也叫轴线尺寸，标注的是两轴线间的距离。一般情况下，指的是"开间"和"进深"的尺寸，两横向轴线间的尺寸叫开间尺寸，两纵向轴线间的尺寸叫进深尺寸。

最里边一道尺寸，标注的是外墙上门窗洞口、墙断、柱等细部的位置和大小尺寸，叫细部尺寸，还标注与轴线相关的尺寸。

当房屋外墙前、后或左、右一样时，宜在图形的左边、下边标注尺寸。不一样时，则在图形的各边都标注尺寸；局部一样时，标注不同部分。

（2）内部尺寸。主要标注房屋室内的净空、内墙上门窗洞口、墙垛的位置和大小、内墙厚度、柱子的大小及轴线的关系，还有某些固定设备，如隔板、洗地、壁橱等的位置和大小也应标注尺寸。

在平面图中，还应标注室内各层楼地面的标高（装修后完成的标高），一般都是以底层室内地坪为 ±0.000，然后相对于它标出其他各层的标高。

5. 门窗编号

在平面图中，门窗是按国标规定的图例画出的，为了区别门窗类型和便于统计，应将不同大小、形式、材质的门窗进行编号，常用字母 M 作为门的代号，C 作为窗的代号（即为汉语拼音的第一个字母）。可将编号写成"M1""M2""C1""C2"等；也可采用标准图集上的门窗代号来标注，如"X—09210""B—1515"等，但各地的编号不统一，应选择本地区的门窗标准图中的编号方法来标注。

对图中各编号所代表的门窗类型、尺寸、数量另外列表说明。

图 10-17 ~ 图 10-20 所示为某建筑的各层平面图。

10.4 建筑立面图

10.4.1 立面图的形成、名称及图示方法

将房屋的各个外墙分别向与其平行的投影面进行投影，所得到的投影图叫立面图，如图 10-21 所示。

立面图反映了房屋的外貌特征，通常将反映房屋主要出入口或较显著地反映房屋特征的那个立面图，称为正立面图，以此为准，其余外墙面的投影分别为背立面图、左侧立面图、右侧立面图。也可用房屋外朝向来命名，如东立面图、西立面图、南立面图、北立面图等。还可以用轴线来表示房屋的各外墙立面，国际规定：有定位轴线的建筑物，宜根据两端定位轴线号编注立面图名称，如①—⑩立面图，Ⓐ—Ⓓ立面图等，如图 10-21 所示。

在房屋立面图的表示中，应视房屋不同的平面形状、外墙上具体表示的不同内容，用不同的方法来表示。如平面形状曲折的建筑物，可绘制展开立面图；圆形或多边形平面的建筑物，可以分段展开绘制立面图，但均应在图名后加注"展开"二字。在房屋立面图上，相同的门、窗、阳台、外檐装修、构造做法等可在局部重点表示，绘出其完整图形，其余部分只画轮廓线；对较简单的对称式建筑物，在不影响构造处理和施工的情况下，立面图可绘制一半，并在对称轴线处画对称符号。

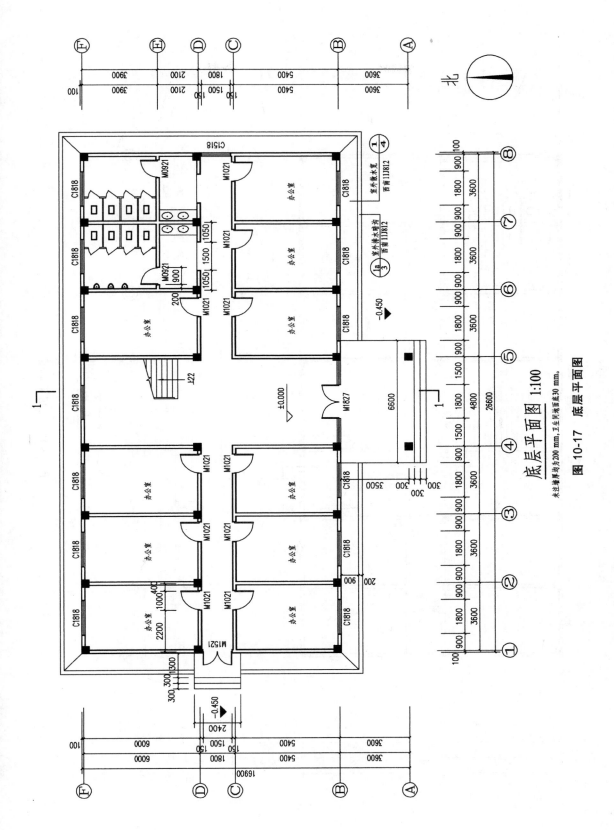

底层平面图 1:100

未注墙厚均为200 mm，卫生间地面低30 mm。

图 10-17 底层平面图

137

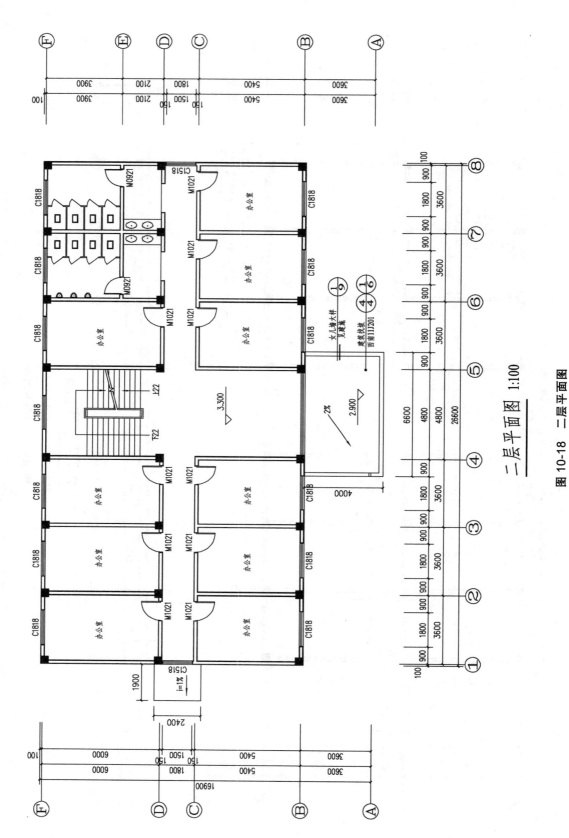

二层平面图 1:100

图 10-18 二层平面图

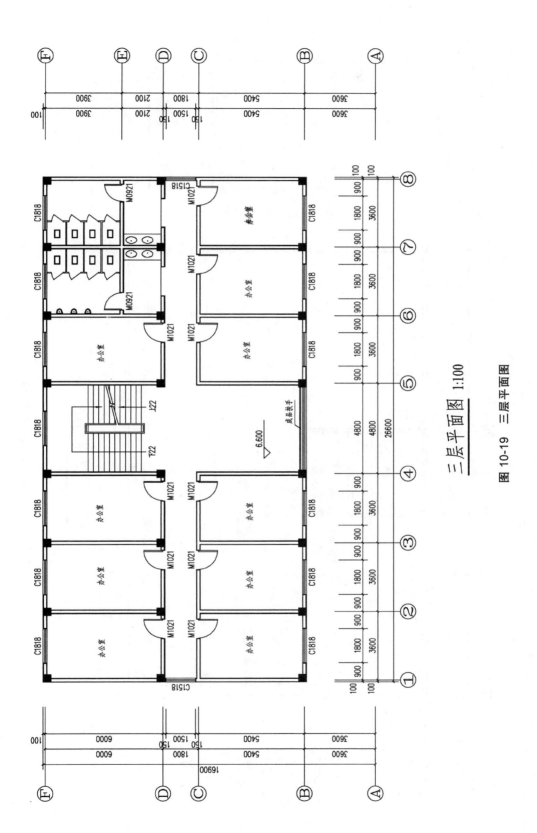

三层平面图 1:100

图 10-19 三层平面图

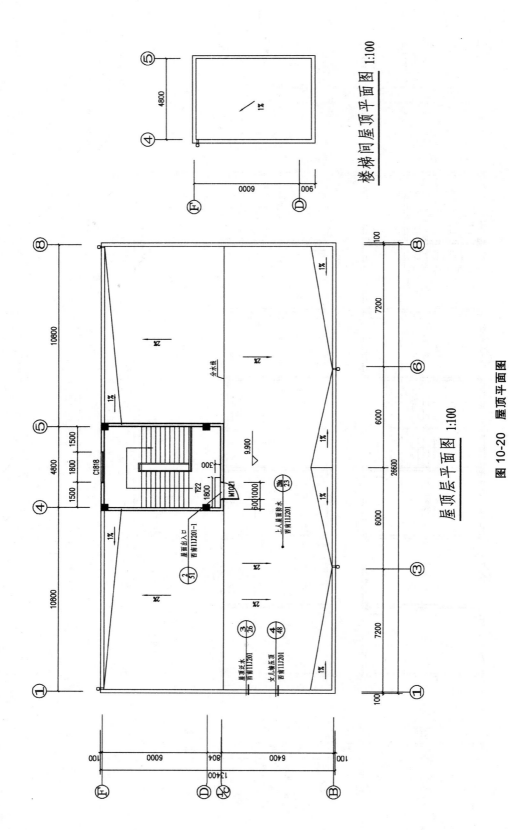

楼梯间屋顶平面图 1:100

屋顶层平面图 1:100

图 10-20 屋顶平面图

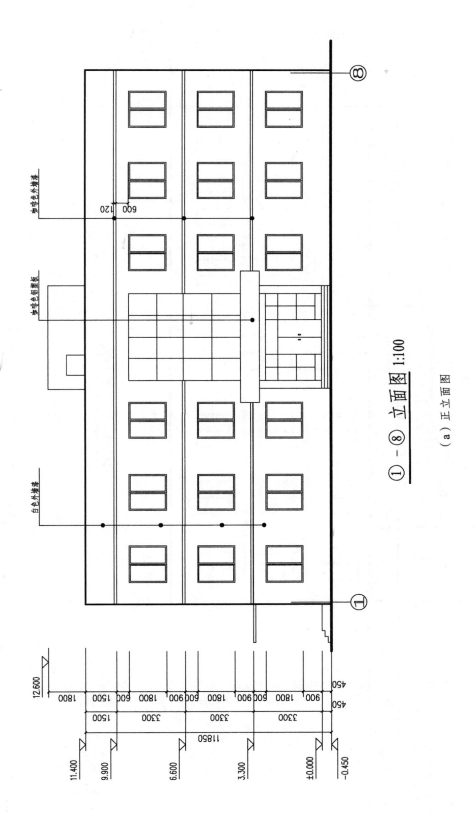

①—⑧ 立面图 1:100

（a）正立面图

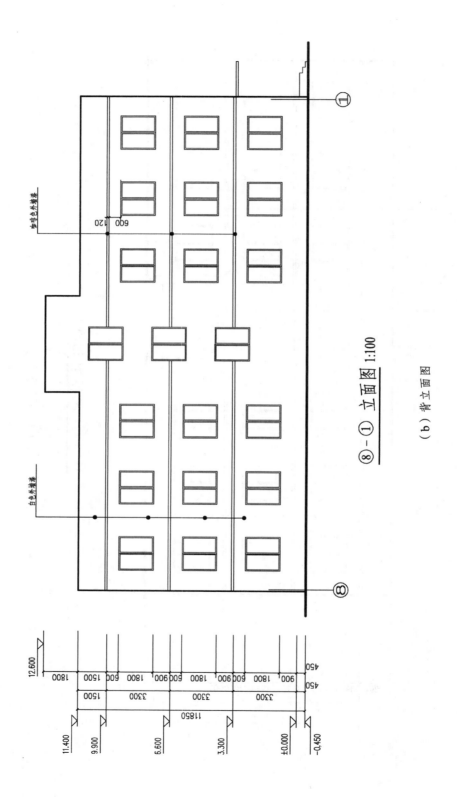

⑧-① 立面图 1:100

（b）背立面图

142

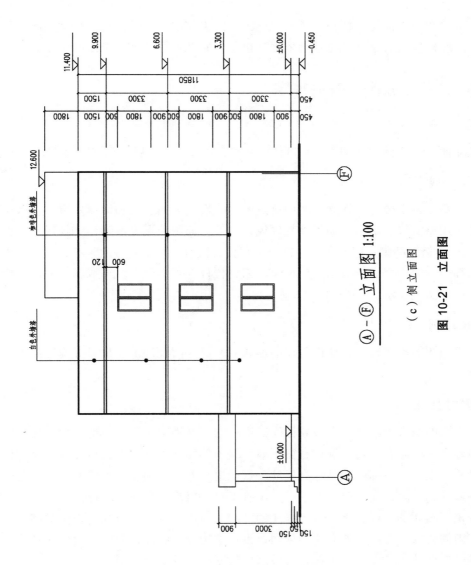

Ⓐ–Ⓕ 立面图 1:100

（c）侧立面图

图 10-21 立面图

143

10.4.2　立面图的内容和作用

立面图主要表达房屋的外部造型及外墙面上所看见的各构配件的位置和形式，有的还表达了外墙面的装修、材料和做法，例如房屋的外轮廓形状、房屋的层数及组合形体建筑各部分体量的大小，外墙面上所看见的门、窗、阳台、雨篷、窗台、遮阳、雨水管、墙垛等的位置、形状、尺寸和标高。

建筑立面图与平面图一样，也是建筑施工图的主要图样之一，它在高度方向上反映了建筑的外貌与装修做法，是评价建筑的依据，也是编制概预算及进行施工的依据。

10.4.3　绘制立面图的有关规定

1. 比　例

建筑立面图的比例通常采用 1∶50、1∶100、1∶200，一般与建筑平面图相同。

2. 图　线

为了使房屋各组成部分在立面图中重点突出、层次分明、增加图面效果，应采用不同的线型。通常用粗实线表示图形的最外轮廓线，以使立面图外形更清晰；地坪线用特粗线，即粗实线的 1.10 倍；勒脚、门窗洞口、檐口、阳台、窗台、雨篷、台阶、花台、柱子等具有明显凹凸的部分，用中粗实线表示；门窗扇、阳台栏杆、雨水管、装饰线脚、墙面分格线以及引出线等用细实线表示。

3. 图　例

由于立面图的比例较小，所以门窗的形式、开启方向及外墙面材料等均应按国际规定的图例画出。

4. 尺寸标注

在立面图的竖直方向上，一般要标注三道尺寸，最里边一道为细部尺寸，标注的是外墙上的室内外高差、阳台、门窗洞口、窗下墙、墙顶等细部尺寸；第二道标注的是定位尺寸亦即层高尺寸；最外一道标注的是总高尺寸。这三道尺寸在立面图中是绝对尺寸。此外，还应在室内外地坪、台阶顶面、窗洞上下口、雨篷下口、层高、屋顶等处标出相对尺寸即标高。标高有建筑标高和结构标高之分，当标注构件的上顶面标高时，应标注建筑标高，即不包括粉刷层在内的完成面标高，如女儿墙顶面；当标注构件下底面标高时，应标注结构标高，即不包括粉刷层的结构底面，如雨篷；门窗洞口尺寸均不包括粉刷层。

在立面图的水平方向上一般不标注尺寸。

10.4.4　立面图图示的主要内容

平面图一般包括以下内容：

（1）图名、比例。

（2）房屋外形。

（3）立面上房屋两端的定位轴线及编号。

（4）外墙上门窗、阳台、雨篷、雨水管、台阶等的形状和位置。

（5）外墙面上各部位的装修材料及做法。

（6）所注尺寸及标高。

（7）标注出详图索引符号。

10.5　建筑剖面图

10.5.1　剖面图的形成、名称及图示方法

　　用一个假想的平行于房屋某一处墙轴线的铅垂剖切面，从上到下将房屋剖切开，将需要留下的部分向与剖切平面平行的投影面作正投影，由此得到的图叫建筑剖面图，如图 10-22 所示。

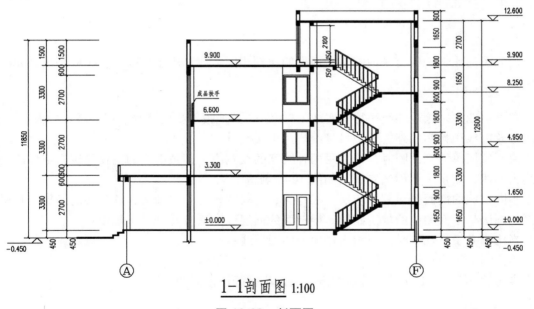

$1\!-\!1$剖面图 1:100

图 10-22　剖面图

　　剖切面若平行于房屋的横墙进行剖切，得到的剖面图称为横剖面图；若平行于房屋的纵墙进行剖切，得到的剖面图称为纵剖面图。一般在标注剖切符号时，要同时注上编号，剖面的名称都用其编号来命名，如 1—1 剖面图、2—2 剖面图等。

　　房屋剖面图中房屋被剖切到的部分应完整、清楚地表达出来，自剖切位置向剖视方向看，将所看到的都画出来，不论其距离远近都不能漏画。

　　在房屋自上而下被剖切开后，地面以下的基础理应也被剖到，但基础属于结构施工图的内容，在建筑剖面图中不画出，被剖到的墙在地面以上适当的位置用折断线折断，室内其余的地方用一条地坪线表示即可。

10.5.2　剖切平面的位置及剖视方向

剖面图的剖切位置用剖切符号标注在房屋 ± 0.000 标高的平面图上。一般剖切部位应根据图纸的用途或设计深度，在平面图上选择能反映房屋全貌、构造特征以及有代表性的部位剖切，例如让剖切平面通过门窗洞口、楼梯间以及结构和构造较为复杂或变化的部位。当一个剖切面不能满足要求时，可采用多个剖切平面或阶梯剖面，以尽量多地表示出房屋各个部位如内外墙、散水、楼地面、阳台、雨篷、屋面等的构造和相互关系。

剖面图的剖视方向由平面图中的剖切符号来表示时，其剖视方向宜向左、向上。

10.5.3　剖面图的内容和作用

剖面图主要表示内部在高度方向上的结构和构造，如表示房屋内部沿高度方向的分层情况、层高、门窗洞口的高度、各部位的构造形式等，它是与房屋平面图、立面图相互配合的不可缺少的基本图样之一。

10.5.4　绘制剖面图的有关规定

1. 比　例

剖面图的比例一般与平面图、立面图的比例相同，即采用 1：50、1：100 和 1：200。

2. 图　线

在剖面图中。除地坪线用特粗实线（1.10b），其他被剖到的墙身、屋面板、楼板、过梁、台阶等轮廓线用粗实线外，其他可见线均用中实线。

绘制较简单的剖面图时，可采用两种线宽的线宽组，即被剖到的主要建筑构配件的轮廓线用粗实线，其余一律用细实线，如图 10-22 所示。

不同比例的剖面图，其抹灰层、楼地面、材料图例的省略画法，抹灰层的面层线和材料图例的画法与平面图中的规定相同。楼地面的面层线画法应符合以下规定：

当比例大于 1：50 时，应画出楼地面的面层线；

当比例等于或小于 1：50 时，宜画出楼地面的面层线；

当比例小于 1：200 时，可根据需要确定是否画楼地面的面层线。

3. 尺寸标注

剖面图上应竖直方向和水平方向都标注出尺寸。尺寸分为细部尺寸、定位尺寸和总尺寸，应根据设计深度和图纸的用途确定所需要注写的尺寸。

（1）竖直方向。在外墙上一般应注出三道尺寸，最里边一道尺寸为细部尺寸，主要标注勒脚、窗下墙、门窗洞口等外墙上的细部构造的高度尺寸；中间一道为层高尺寸，标注室外地坪至屋顶的距离。

此外，还须标注出室内外标高。建筑剖面图上，标高所注的高度位置应与立面图一样，而且也分建筑标高和结构标高。在室外，应标出室外地坪、地下层地面、阳台、平台、檐口、门窗洞上下口、台阶等处的标高。

如房屋两侧外墙不一样，应分别标注尺寸和标高；如外墙外面还有花台之类的构造，则还需标出其局部尺寸。

在室内，应标出室内地坪、各层楼面、楼梯休息平台、平台梁和大梁的底部、顶棚等处的标高及相应的尺寸，还要标注出室内门窗、楼梯扶手等处的高度尺寸。

（2）水平方向。应标注出剖到的墙或柱之间的轴线、尺寸及两端墙或柱的总尺寸。

10.5.5　剖面图的其他标注

剖面图上应该标出剖到的墙或柱的轴线及编号；应在图的下方写出图名和比例；还应根据需要对房屋某些细部如外墙身、楼梯、门窗、楼层面、卫生间等的构造做法需放大画详图的地方标注上详图索引符号。

对某些比较简单的房屋，可在剖面图中对用多层材料做成的楼地面、屋面等处用文字加以说明，其方法是用一引出线指着所要说明的部位，并按其构造层次顺序逐层以文字进行说明，这样可省去对需说明处另画详图或另列"构造做法一览表"。

10.5.6　剖面图图示的主要内容

剖面图一般包括以下内容。

（1）图名、比例。

（2）剖到的墙（或柱）的定位轴线及尺寸。

（3）剖到的水平方向室外部分，如地面、散水、明沟、台阶等；室内部分如楼地面层、顶棚、屋顶层等。竖直方向如外墙及门窗和过梁、地梁圈梁、剖到的承重梁和连系梁、楼梯梯段及楼梯平台、雨篷、阳台等（地面以下的基础一般不画出）。

（4）未剖到的可见部分，如看到的墙面、阳台、雨篷、门窗、踢脚、勒脚、雨水管及未剖到的梯段、栏杆扶手等的位置和形状。

（5）室内外地坪尺寸和标高。

（6）详图索引符号。有的还标注有装修做法。

10.6　建筑详图

在建筑平、立、剖面图中，由于采用的比例较小，对房屋许多细部（如窗台、明沟、泛水、楼地面层等）和构配件（如门窗、栏杆扶手、阳台、各种装饰等）的构造、尺寸、材料、做法等都无法表示清楚，为了施工需要，常将房屋有固定设备的地方或有特殊装修的地方或建筑平、立、剖面图上表达不出来的地方等用较大的比例绘制出图样，这些图样称为建筑详图。

详图的特点：一是比例大，二是尺寸标注齐全，三是图示及文字说明详尽。

绘制详图的常用比例为 1：1、1：2、1：5、1：10、1：20、1：50。

建筑详图的数量主要根据建筑的复杂程度来确定，以满足完整表达其内容为原则。其内容一般包括外墙身详图、楼梯间详图、卫生间详图、厨房详图和门窗阳台、雨篷等详图。有的详图可直接引用各地区所编的标注图集。

10.6.1 外墙身详图

外墙身详图是用大的比例画出其剖面图，是房屋剖面图的局部放大图，详细地表达了外墙上的防潮层、勒脚、窗台、窗洞、窗过梁、女儿墙及墙内相邻的地面、楼面、屋面和墙外相邻的散水、勒脚、雨水管等细部的尺寸、材料和构造做法。有时，也可不画墙身详图，而把各节点分开单独绘制详图。

外墙身详图可由底层平面图中的剖切符号确定其在外墙上的位置和投影方向。由于绘制外墙身采用的比例较大，且外墙上窗洞口中间一般无变化，为了节约图纸，常将窗洞缩短，即在窗洞口中间折断，将外墙折断成几个节点。此时，一般要画出底层节点（室外地坪底层窗洞）、顶层节点（顶层窗洞到屋顶）；而中间若干个节点视其构造而定，如为多层房屋且中间各层节点构造完全相同时，只画一个中间节点（相邻两层的窗洞至窗洞）即可代表整个中间部分的外墙身。但在标注标高时，要在中间节点详图的楼面、窗洞等处标注出中间各层的建筑标高，除本层标高外，其他各层高应画上括弧。这与建筑平面图中的"标准层"同理，如详图 10-23 所示。

（1）顶层节点。屋面板与楼板相同，但在屋面板上有找坡层、找平层、防水层及保护层等构造做法；女儿墙高1 500 mm；在女儿墙与屋面的相交处做有泛水；在屋顶节点处都标有尺寸和标高。

（2）二、三层节点。室内楼板为现浇钢筋混凝土板；在窗洞上面有钢筋混凝土过梁；窗台高为 900 mm；窗洞高 1 800 mm。由于二层与三层在该部位的做法相同，故将两层节点合为一个画出，并在窗洞的上下口及楼面的标高中，标出了三层在相同位置处的标高。

（3）底层节点。室外勒脚及散水；室内地坪及踢脚；室内外地坪设有 450 mm 的高差；底层窗台标高为900 mm。

在室内各层楼面中，还可看到墙体与楼面相交处的踢脚线。用构造引出线标出了楼地面层、屋面层、室内外墙面、室外散水的材料、比例、厚度等构造做法。除所标明的材料外，其余均由材料图例标明。

现在建筑的很多构配件都出有标准图，如散水、防潮层、勒脚、窗台、楼地面、屋面、檐口等构造详图。直接选用标注图时，只需要在图中相应的详图索引符号上注明标准图集的代号、页号和详图号，就可省去绘制上述墙身详图了。

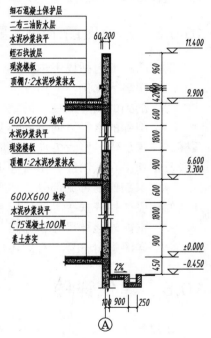

图 10-23　墙身详图

10.6.2　楼梯详图

楼梯是房屋连接上下空间的主要设施，除了要满足行走方便和人流疏散畅通外，还要保证有足够的坚固耐久和安全性。通常采用现浇或预制钢筋混凝土楼梯。楼梯由梯段、平台、栏杆（或栏板）扶手组成。

楼梯段上有踏步，踏步的水平面叫踏面，铅垂面叫踢面。在一层中间，楼梯之间相连的平台叫中间平台，也叫休息平台；同楼层等高的平台，叫楼层平台。

楼梯详图包括楼梯平面图、楼梯剖面图、踏步和栏杆扶手的详图，这些详图应尽可能放在同一张图纸上。楼梯详图主要表示楼梯的形式、尺寸、结构类型、踏步、栏杆扶手及装修做法等。

楼梯详图一般分为建筑详图和结构详图，分别编入"建施"和"结施"中，但当一些楼梯构造和装修较简单时，两者可合并绘制，编入"建施"或"结施"均可。

楼梯的建筑详图线型与建筑的平、剖面图相同。

1. 楼梯平面图

一般每层都要画个平面图，但三层以上的房屋中间层楼梯的位置及梯段数、梯段踏步数和大小以及平台位置及大小都一样，可以合并绘制。楼梯平面图主要表示楼梯位置、墙身厚度、楼梯各层的梯段和梯井宽度、平台和栏杆扶手的布置以及梯段的长度、宽度和各级踏步的宽度等。

楼梯平面图是建筑平面图中的楼梯间部分的局部放大图，它实际上也是水平剖面图。楼梯平面图是在除顶层外的各层上行第一跑的中间、顶层是在栏板或扶手之上剖切后向下投影而得。在平面图中，上行第一跑的楼段中间被折断后，按实际投影应为一条水平线，但为了避免与踏步混淆，特画一条30°的折断线。

在楼梯平面图中，为了表示楼梯的上下方向，规定以某层的楼（地）面为准，用文字指示线和箭头表示上和下，这里"上"是指上一层，"下"是指下一层。顶层楼梯平面图中没有向上的楼梯，故只有"下"。文字应写在指示线的端部，并同时还注明上或下多少步数。

楼梯平面详图中，要用定位轴线及编号表明其在建筑平面图中的位置，还要标出楼梯间的开间和进深尺寸、梯段的长度和宽度、楼梯平台和其他细部尺寸等。楼梯的长度标注其水平投影的长度，且要表示为计算式——踏面数×踏面宽＝梯段长度。另外还要标注出各层楼（地）面、中间平台的标高。楼梯剖面图的剖切位置和投影方向只在底层平面图上标出。

底层楼梯由于只有上行梯段一般只画出梯段的一部分，用折断线断开。中间层楼梯由于有下行梯段，所以要画出上下行梯段。顶层楼梯由于没有上行梯段，只画出下行梯段。

楼梯模型及各层楼梯平面图如图 10-24 ~ 图 10-27 所示。

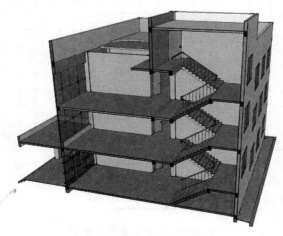

图 10-24　楼梯模型

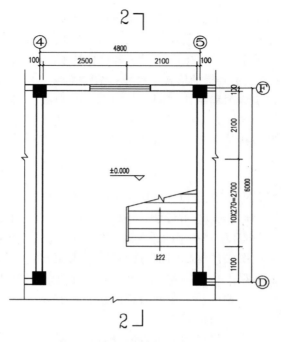

底层楼梯间大样图 1:50

图 10-25　底层楼梯详图

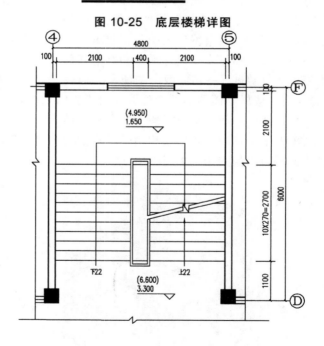

标准层楼梯间大样图 1:50

图 10-26　中间层楼梯详图

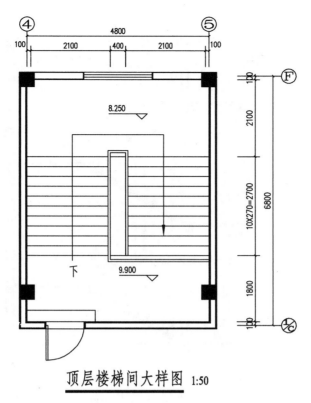

顶层楼梯间大样图 1:50

图 10-27　顶层楼梯详图

2. 楼梯剖面图

楼梯剖面图主要表达楼梯的形式、结构类型、梯段和形状、踏步和栏杆扶手（或栏板）的形式和高度，以及各个配件之间的连接等构造做法。

楼梯剖面图也是建筑剖面图中楼梯间部分的局部放大图。它通常是剖切平面通过上行的第一个梯段和门窗洞将楼梯剖开，并向另一未剖到的梯段方向投影所得到的剖面图。在多层及高层建筑中，如中间各层楼梯构造完全相同，则可只画出底层、一个中间层（即标准层）和顶层的剖面，其间用折断线断开。一般若楼梯间的屋顶没有特殊之处可不画出，如图 10-28 所示。

楼梯剖面图的标注应包括以下内容：

（1）在竖直方向应标注出楼梯间外墙的墙段、门窗洞口的尺寸和标高；应标注出各层梯段的高度尺寸，其标注方法同其平面详图，应写出计算式——步级数×踢面高＝梯段高度；应标注出各层楼地面、平台面、平台梁下口的标高；还应标注出扶手的高度，其高度一般为自踏面前缘垂直向上 900 mm，水平栏杆高度不低于 1 100 mm。

（2）水平方向应标注出梯间墙身的轴线编号、梯段的水平长度、踏步数量及踏步宽度，应写出计算式——步级数×踏面宽＝梯段长度；还应标注出入口处的雨篷、梯段的错步长度、底层的局部台阶等细部尺寸和标高。

（3）对楼梯剖面详图中表达不清楚的某些细部的构造做法，仍可标出索引符号，将其细部再进行放大画出，并可重复使用该法，直至方便施工为止。

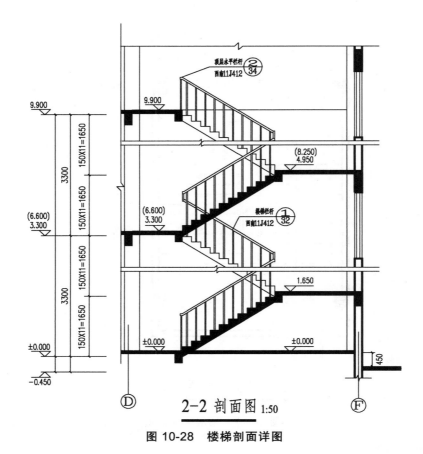

2-2 剖面图 1:50

图 10-28 楼梯剖面详图

3. 楼梯细部详图

　　一般有楼梯踏步、栏杆、扶手详图及它们相互连接的节点详图和楼段端部节点详图等。其比例较大，如 1 ∶ 10、1 ∶ 20 等，视需要而定。下面以一梯段断面详图和节点详图来表示楼梯的材料、形状和大小，如图 10-29 所示。

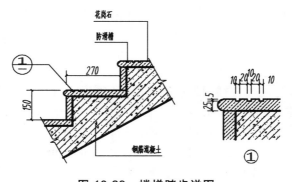

图 10-29 楼梯踏步详图

10.6.3　其他详图

　　除前面所讲详图外，一般建筑设计中还有墙体节点详图、门窗详图、檐口详图等。

1. 节点详图

建筑设计中，会有很多节点需要说明，就要画出节点详图来明确尺寸、材料、做法等，比如墙体节点详图、门厅节点详图、顶棚节点详图、装饰墙节点详图，如图 10-30 所示。

2. 檐口详图

在建筑设计中，檐口是建筑表现的重要部位。檐口有不同的形式，一般情况都要画出檐口详图来表明檐口的造型、色彩、材料等，如图 10-31 所示。

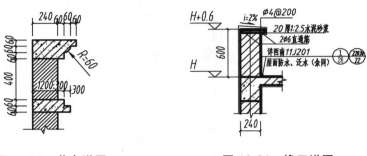

图 10-30 节点详图   图 10-31 檐口详图

3. 门窗详图

门窗现有一系列标准图集，可以在图集中选用。如果门窗的规格、做法特殊，没有标准图集时，就需要画出详图来表明门窗的尺寸、材料、开启方式、安装等，如图 10-32 所示。

4. 房间布置详图

对于功能性的房间，需要布置出详图，以便设备安装、预留孔洞等需要，如图 10-33 所示为宾馆标准间布置详图。

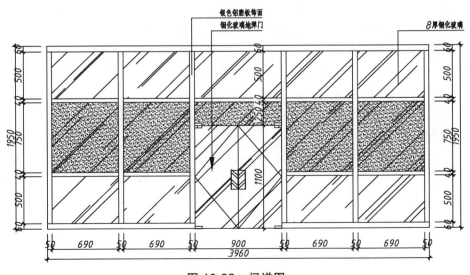

图 10-32 门详图

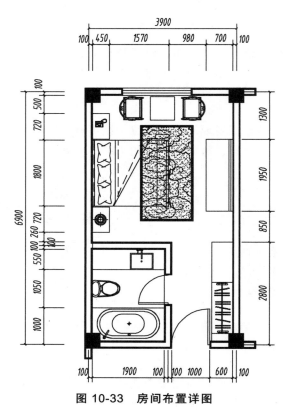

图 10-33　房间布置详图

小　结

本章重点：

（1）了解建筑物的组成及其作用，识记房屋施工图的分类、房屋建筑的设计程序。

（2）掌握房屋建筑施工图制图有关标准规定的图示特点和表达方法。

（3）掌握阅读总平面图的步骤和方法，能阅读一般的总平面图。

（4）掌握绘制和阅读平面图的方法及有关规定；掌握绘制和阅读立面图的步骤和方法；掌握绘制和阅读剖面图的步骤和方法，能阅读一般的剖面图。

第11章

结构施工图

11.1 结构施工图概述

前面一章我们学习了建筑施工图的内容，主要讲述的是如何表示房屋的功能分区、平面布置、外部造型、建筑构造和装修等知识，本章将讲述房屋的一些主要承重构件，如基础、墙、柱、梁、板等。它们由若干构件连接而成，能承受自重、风、雨、雪等直接作用和温度变化、地基不均匀沉降等其他间接作用，这样的结构体系被称作建筑结构，简称结构。建筑结构由地下结构和上部结构两部分组成。地下结构有基础和地下室，上部结构通常由墙、柱、板、梁、屋架等构件组成。在这个系统中的承重构件，称为结构构件，简称构件，如图11-1所示。结构根据主要承重构件材料不同可分为钢筋混凝土结构、钢结构、砌体结构、木结构等，在这里本书仅讲钢筋混凝土结构。

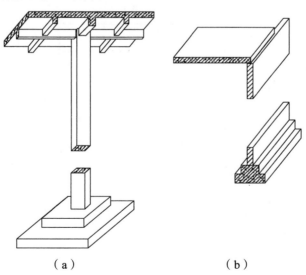

（a）　　　　　　　　　（b）

图11-1　建筑结构的承重部分

在房屋设计中，除了进行建筑设计、画出建筑施工图（简称建施）外，还要进行结构设计。根据建筑物的使用功能要求和作用在房屋上的各种荷载或作用力，合理选择结构形式，进行结构布置，通过力学分析和计算，确定各承重构件的形状、大小、材料及其施工要求等，并将结构设计的结果绘成图样，即为结构施工图，简称"结施"。

11.1.1 结构施工图的内容

房屋结构施工图是房屋结构施工的技术依据。一般结构施工图包括下列内容：

1. 结构设计说明

内容包括：工程的结构类型，结构设计依据，抗震设防与防火要求，地基处理，钢筋混凝土单个构件材料类型、规格、强度等级及构造要求，施工注意事项等。

2. 结构平面图

内容包括：

（1）基础平面布置图，工业建筑还有设备基础布置图。

（2）各楼层结构平面布置图，工业建筑包括柱网、吊车梁、柱间支撑、连系梁布置图等。

（3）屋面结构平面图，包括屋面板、天沟板、屋架、天窗架及支撑系统布置图等。

3. 构件详图

构件详图是表示各个承重构件及其连接节点的形状、大小、材料和详细构造的图样，如基础、梁、板、柱详图等。在结构布置图中，由于结构构件的种类繁多，必须注明各种构件的代号。为了使结构布置图简明清晰，构件必须按规定代号表示。构件代号采用大写汉语拼音字母来表示构件的名称，见表 11-1。

表 11-1　常用构件代号

序号	名　称	代号	序号	名　称	代号	序号	名　称	代号
1	板	B	13	梁	L	25	框支梁	KZL
2	屋面板	WB	14	屋面梁	WL	26	屋面框架梁	WKL
3	空心板	KB	15	吊车梁	DL	27	檩条	LT
4	槽型板	CB	16	单轨吊车梁	DDL	28	屋架	WJ
5	折板	ZB	17	轨道连接	DGL	29	托架	TJ
6	密肋板	MB	18	车挡	CD	30	天窗架	CJ
7	楼梯板	TB	19	圈梁	QL	31	框架	KJ
8	盖板或沟盖板	GB	20	过梁	GL	32	刚架	GJ
9	挡雨板或檐口板	YB	21	连系梁	LL	33	支架	ZJ
10	吊车安全走道板	DB	22	基础梁	JL	34	柱	Z
11	墙板	QB	23	楼梯梁	TL	35	框架柱	KZ
12	天沟板	TGB	24	框架梁	KL	36	构造柱	GZ

156

序号	名 称	代号	序号	名 称	代号	序号	名 称	代号
37	承 台	CT	43	垂直支撑	CC	49	预埋件	M
38	设备基础	SJ	44	水平支撑	SC	50	天窗端壁	TD
39	桩	ZH	45	梯	T	51	钢筋网	W
40	挡土墙	DQ	46	雨 篷	YP	52	钢筋骨架	G
41	地 沟	DG	47	阳 台	YT	53	基 础	J
42	柱间支撑	ZC	48	梁 垫	LD	54	暗 柱	AZ

注：① 预制钢筋混凝土构件、现浇钢筋混凝土构件、钢构件和木构件，一般可以直接采用本表中的构件代号。在绘图中，当需要区别上述构件材料种类时，可在构件代号前加注材料代号，并在图纸中加以说明。
② 预应力钢筋混凝土构件的代号，应在构件代号前加注"Y-"，如 Y-DL 表示预应力钢筋混凝土吊车梁。

11.1.2　结构施工图的图线

一般画在图纸上的线条统称为图线。图线有粗、中粗、中、细之分。结构施工图中各类线型的名称、线宽、用途如表 11-2 所示。

表 11-2　图线（GB/T 50105—2010）

名称		线型	线宽	一般用途
实线	粗		b	螺栓、主钢筋线、结构平面图中的单线结构构件线、钢木支撑及系杆线、图名下横线、剖切线
	中		$0.5b$	结构平面图及详图中剖到或可见的墙身轮廓线、基础轮廓线、钢及木结构轮廓线、箍筋线、板钢筋线
	细		$0.25b$	可见的钢筋混凝土构件的轮廓线、尺寸线、标注引出线、标高符号、索引符号
虚线	粗		b	不可见的钢筋、螺栓线、结构平面图中不可见的单线结构构件及钢、木支撑线
	中		$0.5b$	结构平面图中不可见构件、墙身轮廓线及钢筋和木构件轮廓线
	细		$0.25b$	基础平面图中的管沟轮廓线、不可见的钢筋混凝土构件轮廓线
单点长画线	粗		b	柱间支撑、垂直支撑、设备基础轴线图中的中心线
	细		$0.25b$	定位轴线、对称线、中心线
双点长画线	粗		b	预应力钢筋线
	细		$0.25b$	原有结构轮廓线
折断线			$0.25b$	断开界线
波浪线			$0.25b$	断开界线

11.2　钢筋混凝土构件图

11.2.1　钢筋混凝土

混凝土构件是将水泥、砂、石子和水按一定比例配合搅拌，经灌注模板中振捣密实和养护，凝固后形成坚硬如石的混凝土构件，其抗压强度较高，但抗拉强度却较低，容易在受拉或受弯时断裂，如图11-2（a）所示。为了提高混凝土构件的抗拉能力，在实际工程中常在混凝土构件的受拉区内配置一定数量的钢筋，如图11-2（b）所示，这些用钢筋混凝土制成的梁、板、柱、基础等构件，称为钢筋混凝土构件。

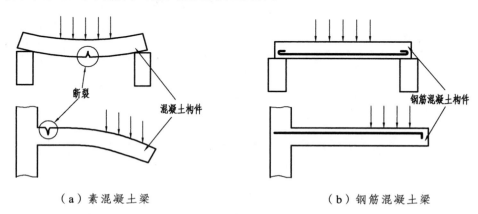

（a）素混凝土梁　　　　　　　　　　　　　　（b）钢筋混凝土梁

图 11-2　钢筋混凝土梁受力示意图

钢筋混凝土构件根据施工方式不同分为现浇式和装配式构件，目前工程中以现浇钢筋混凝土构件居多。预制构件可以通过预先张拉钢筋对混凝土产生压力，从而提高构件的抗拉和抗裂性能，这种构件称为预应力混凝土构件。

11.2.2　钢　筋

1. 钢筋的作用和分类

在钢筋混凝土构件中，钢筋主要是根据构件各处的受力状态来配置，如有的钢筋要承受拉力，有的要承受剪力，有的钢筋则是为构造要求而设置。这些钢筋形式各不相同，按其所起的主要作用可作如下分类：

（1）受力钢筋——承受拉、压应力的钢筋，用于梁、板、柱等各种钢筋混凝土构件。根据构件所承受的荷载，通过力学计算配置的钢筋。它在构件中起主要的受力作用，一般直径较大、强度较高，其形式有通长的，也有弯起的，如图11-3所示。

（2）箍筋——在构件中承受剪力和扭力，并固定纵向受力钢筋的位置，在柱中还能防止纵向受力钢筋被压屈以及约束钢筋混凝土的横向变形，如图11-3（a）所示。箍筋直径较小，有封闭式箍筋和开口箍筋，有单肢、双肢和四肢的箍筋，如图11-4所示。

（3）架立筋——在梁中用于固定箍筋位置，构成梁内的钢筋骨架，如图11-3（a）所示。

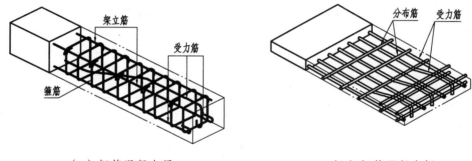

（a）钢筋混凝土梁　　　　　　　　（b）钢筋混凝土板

图 11-3　钢筋混凝土构件中钢筋的分类

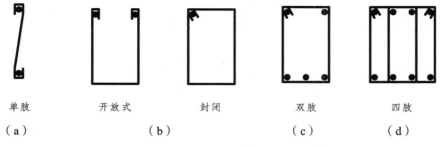

单肢　　　开放式　　　封闭　　　双肢　　　四肢

（a）　　　　（b）　　　　　　　　（c）　　　　（d）

图 11-4　箍筋的形式

（4）分布筋——用于屋面板、楼板内，与板的受力筋垂直布置，将承受的荷载均匀地传给受力筋，并固定受力筋的位置，以及抵抗热胀冷缩所引起的变形，通过构造确定，如图 11-3（b）所示。

（5）其他钢筋。由构件的构造或施工要求而配置的构造钢筋，如拉结筋、吊筋等。

2. 钢筋的种类和代号

在钢筋混凝土和预应力混凝土结构中，根据构件的受力特征和使用要求，可采用不同的钢筋或钢丝，常用的有热轧钢筋、热处理钢筋和钢丝几类。在混凝土结构设计规范中，对不同种类的钢筋，用不同的代号表示，见表 11-3 和表 11-4。

表 11-3　普通钢筋钢筋代号和设计值

钢筋种类		符号	f_y	f_y'
热轧钢筋	HPB300	Φ	270	270
	HRB335（20MnSi）	Φ	300	300
	HRB400（20MnSiV、20MnSiNb、20MnTi）	Φ	360	360
	RRB400（K20MnSi）	Φ^R	360	360

表 11-4　预应力钢筋钢筋代号和设计值

钢筋种类		符号	f_{py}	f'_{py}
钢绞线		ϕ^S	1 110	390
消除应力钢筋	光　面	ϕ^P	1 110	410
	螺旋肋	ϕ^H	1 180	
	刻　痕		1 110	
热处理钢筋（40Si2Mn，48Si2Mn，45Si2Cr）			1 040	400

3. 钢筋常用图例

（1）钢筋的表示方法。

在构件中，钢筋不仅种类和级别不同，而且形状也不相同。表 11-5 列出了一般钢筋常用图例，表 11-6 为钢筋画法的图例。

表 11-5　一般钢筋常用图例

名　称	图　例	名　称	图　例
钢筋横断面	●	无弯钩的钢筋搭接	
无弯钩的钢筋端部	重叠短钢筋端部用 45° 短线表示	带半圆弯钩的钢筋搭接	
带半圆形弯钩的钢筋搭接		带直钩的钢筋搭接	
带直钩的钢筋搭接		套管接头	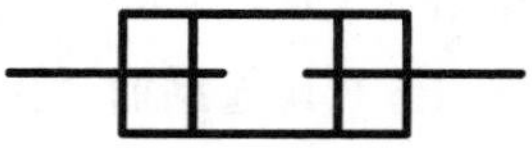
带丝扣的钢筋端部		接触对焊的钢筋接头	

表 11-6　钢筋的画法

序号	名　称	图　例
1	在结构平面图中配置双层钢筋时，底层钢筋的弯钩应向上或向左，顶层钢筋的弯钩则向下或向右	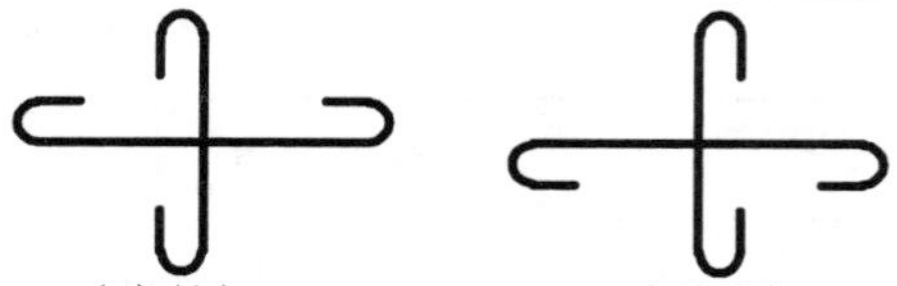 （底层）　　（顶层）
2	钢筋混凝土墙体配双层钢筋时，在配筋立面图中，远面钢筋的弯钩应向上或向左，而近面钢筋的弯钩则向下或向右（JM 近面，YM 远面）	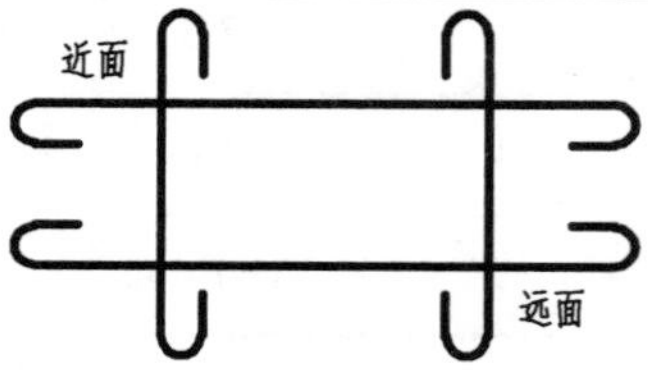 近面　　远面

序号	名　　称	图　例
3	若在断面图中不能表达清楚的钢筋布置，应在断面图外增加钢筋大样图（如：钢筋混凝土墙、楼梯等）	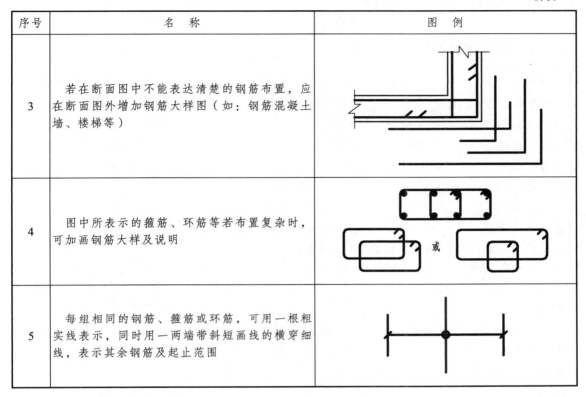
4	图中所表示的箍筋、环筋等若布置复杂时，可加画钢筋大样及说明	
5	每组相同的钢筋、箍筋或环筋，可用一根粗实线表示，同时用一两端带斜短画线的横穿细线，表示其余钢筋及起止范围	

（2）钢筋的标注方法。

钢筋的标注方法应说明钢筋的数量、代号、直径、间距、编号及所在位置，通常沿钢筋的长度方向标注或标注在相关钢筋的引出线上。梁、柱的箍筋和板的分布筋，一般应注出间距，不注数量。一般简单的构件，钢筋可不编号，具体标注方式如图 11-5 所示。

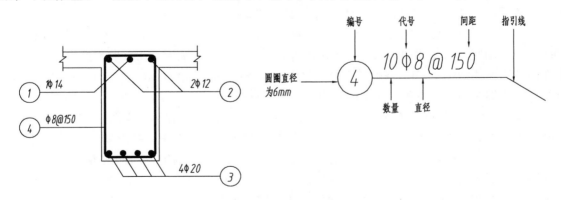

图 11-5　钢筋表示方法

本章仍以第 10 章图 10-16～图 10-18 介绍的三层住宅为例，通过对其结构（框架结构）的介绍，阐明民用房屋结构施工图主要内容和构件构造。

11.3 结构施工平面图

11.3.1 地基基础概述

建筑工程中，一般将房屋埋在地面以下的承重构件称为基础。它是房屋的主要承重构件之一，起着承上启下的作用，它将上部所有荷载传给地层。为了降低地层单位面积上所受的压力，通常把基础的下端部分扩大以增大与地层相接触的面积，满足地基土的允许承载力，这个土层就叫地基，这种形式的基础称为扩展基础。虽然地基不属于建筑物的构件，但它的坚固性和稳定性直接影响着整个建筑物的安危，并且基础的类型与地基的类型有关，如图 11-6 所示。

基础一般由钢筋混凝土组成，但对于一些低层民用建筑和轻型厂房，基础可由砖、毛石、素混凝土或毛石混凝土、灰土和三合土等材料组成，该基础受力时由于受到刚性角限制，叫作无筋扩展基础，也叫刚性基础。而钢筋混凝土建造的基础，不受材料的刚性角限制，不仅能承受压应力，还能承受较大的拉应力，因此叫作柔性基础。

通常情况下，房屋基础的形式一般取决于上部承重结构的形式和地基的承载能力。低层与多层建筑常用的基础形式有墙下条形基础与柱下独立基础。

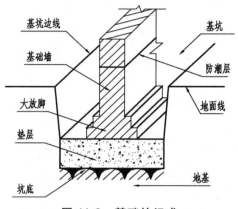

图 11-6　基础的组成

11.3.2 基础平面图

基础平面图是假想用一个水平面，沿房屋底层地面与基础之间将整幢房屋剖切开，移去剖切平面以上的房屋和基坑回填土后，所作的水平剖面图。它反映地下各墙体和柱的基础的平面布置情况，称为基础平面布置图，简称基础平面图。

基础平面图要画出与建筑平面图完全一致的轴线网，并标注轴线编号和轴线间距。用中粗实线画出基础底面的轮廓线，用粗实线画出墙、柱的断面（钢筋混凝土柱断面要涂黑）。基础平面图常用比例为 1：100。基础详图是假想用一个竖直平面，沿基础高度方向将基础剖切开，所绘制的基础断面图，主要反映基础断面的形状、材料和构造，常用 1：20、1：30 的比例。

图 11-7 是独立基础平面图与详图。基础有两种做法，对应有两个详图。J-1 图是其中一个基础的详图，由于 J-1 不止一个，各位置的基础与轴线的位置关系按基础平面图上定位。J-1 是平面详图，只能反映基础在长、宽方向上的详细内容，在高度方向的内容需要用竖向剖切详图 A—A 来表达。由 J-1 图可知，基础底面尺寸为 1.6 m×1.6 m，基础埋深为 1.5 m，基底下是 C15 的混凝土垫层。基础大放脚每一层高 0.3 m，宽 0.30 m，共两层。在板底下层的配筋是 Φ12@150，上层配筋是 Φ12@150。基础内锚固用于与柱子搭接的钢筋，其配筋大小同上部柱的配筋。伸出基础顶面 0.80 m 的是钢筋的搭接长度。基础内箍筋同柱筋。J-2 基础的构造及配筋图与 J-1 基础类似，参见详图。

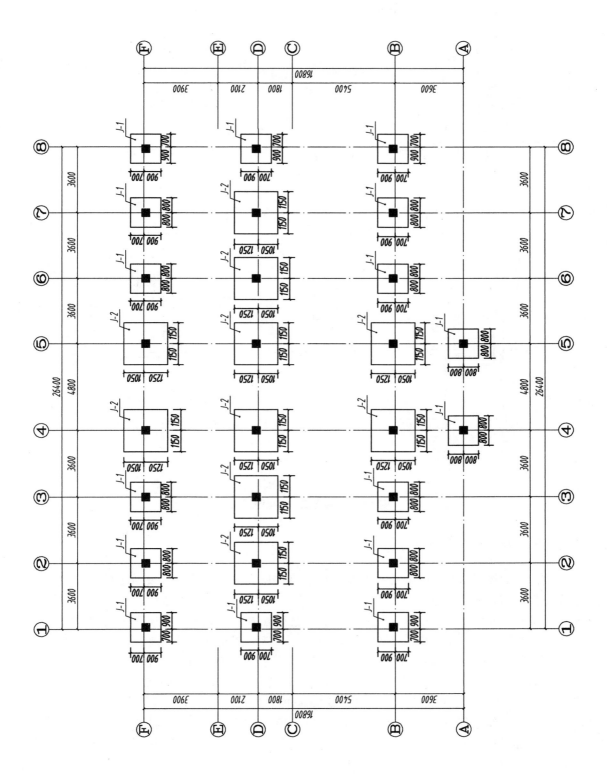

163

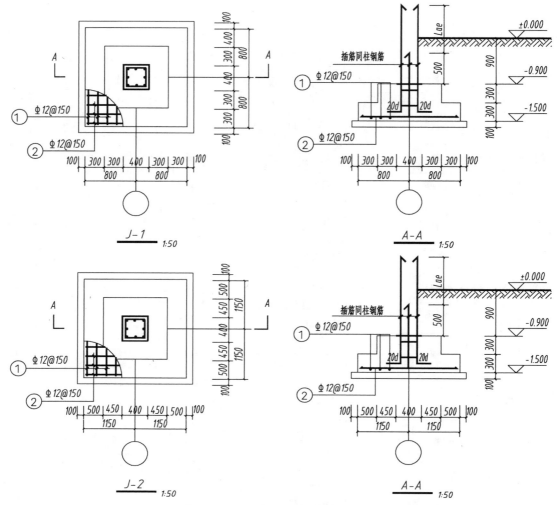

图 11-7 独立基础平面图与详图

11.3.3 楼层结构平面图

结构平面图是假想沿未做面层的楼板面，将房屋水平剖开后，移去剖切平面以上部分向下作正投影所得的楼层水平剖面图，它是表示房屋各层承重结构布置的图样。在结构平法表示中，将梁、板与柱分别布置在同类构件的平面布置图上，如图 11-8 所示为基础顶面至标高 9.850 m 框架柱的平面布置及配筋图，图 11-9 所示为 3.250 m 标高梁平面布置图和详图，图 11-10 所示为 3.250 m 标高板平面布置及配筋图。由于底层的墙体是砌在基础梁或基础墙上，而基础梁或基础墙的位置在基础平面图上已经表示清楚，故没有底层结构平面图。结构平面图比例为 1:100，与建筑平面图轴线编号及轴间尺寸完全一致。

按《建筑结构制图标准》（GB/T 50105—2022）规定，在结构平面图上，板下面不可见的构件轮廓线用中粗虚线表示，可见构件轮廓线用中粗实线表示。楼梯间需要详图才能表达清楚，在平面图上只用一条细实对角线表示。

164

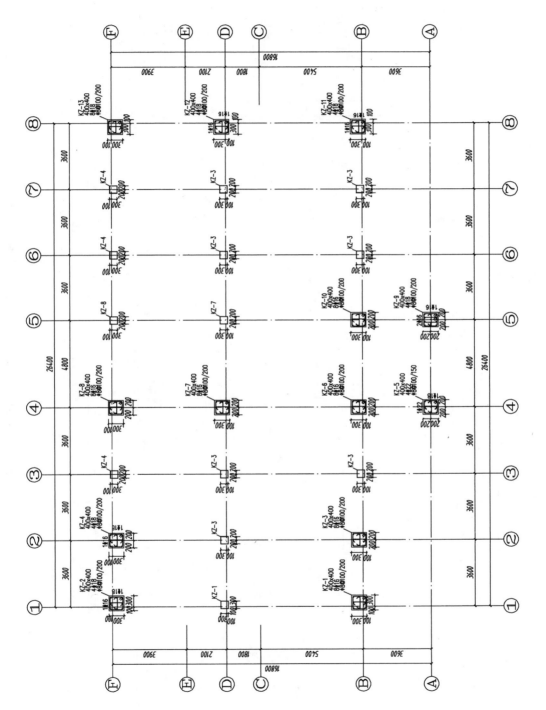

图 11-8 基础顶面至标高 9.850 m 框架柱的平面布置及配筋图

165

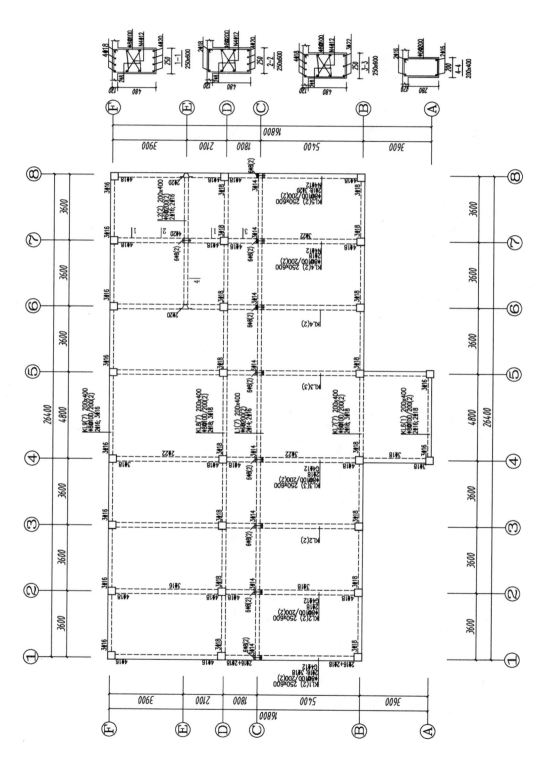

图 11-9 3.250 m 标高梁平面布置图和详图

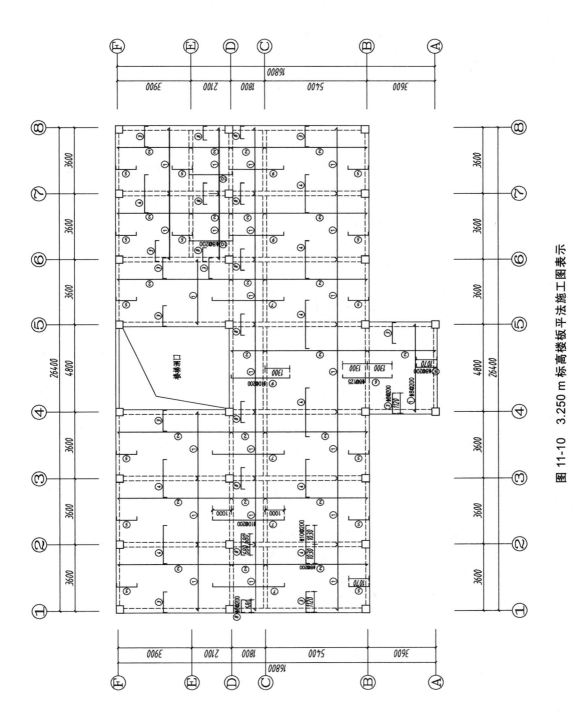

图 11-10　3.250 m 标高楼板平法施工图表示

钢筋混凝土楼层按施工方法一般可分为装配式（预制）和整体式（现浇）两类，由于装配式（预制）整体性能不好，不利于抗震，本书只讲现浇整体式楼板结构布置平面图。现浇整体式楼板由板、次梁和主梁构成，三者经现场浇灌连成一个整体。该楼板整体性好，刚度大，利于抗震，梁板布置灵活，能适应各种不规则形状和特殊要求。其缺点是模板材料的耗用量大，现场浇灌工作量大，施工速度慢。

本教材结构施工图均采用中国建筑标准设计研究院编制的《混凝土结构施工图平面整体表示方法制图规则和构造详图》（11G101-1、11G101-2、11G101-3）绘制。平面整体表示方法简称"平法"，即把结构构件的尺寸和配筋等，按照平面整体表示方法制图规则，整体直接表达在各类构件的结构平面布置图上，再与标准构造详图相配合。这种方法简化了设计，改变了传统的那种将构件从结构平面布置图中索引出来，再逐个绘制配筋详图的烦琐方法，但对施工技术人员的要求更高。

1. 钢筋混凝土柱平法施工图的表示

图 11-8 是采用截面注写方式表达的，表示从基础顶面至标高 9.850 m 框架柱的平面布置及配筋图。相同柱具有相同的编号，由图可知，框架柱有 13 种，分别在同一编号的柱中选择一个截面，以直接注写截面尺寸和配筋具体数值的方法来表达，例如 KZ3 的截面尺寸为 400 mm×400 mm，柱的纵向受力钢筋配筋为 8Φ16（4Φ16 角筋 + 4Φ16 边筋），箍筋在加密区为 Φ8@100，非加密区为 Φ8@200。至于纵筋的连接位置及箍筋的加密位置等构造要求，施工人员可以严格按《混凝土结构施工图平面整体表示方法制图规则和构造详图》（11G101-1）图集上的要求确定，也可以参见后面 KZ3 构件大样。从图上可以看出 KZ2 和 KZ3 的表示方法不同，该柱截面尺寸为 400 mm×400 mm，配筋为 6Φ18 + 2Φ16（4Φ18 角筋 + 2Φ18 + 2Φ16 边筋），箍筋在加密区为 Φ8@100，非加密区为 Φ8@200。

2. 钢筋混凝土梁平法施工图的表示

梁的编号：由梁类型代号、序号、跨数及有无悬挑代号几项组成，如：KL1（3A），表示第 1 号框架梁有 3 跨，A 表示一端有悬挑。注意，跨数及悬挑符号要写在括号里。KL2（5B），表示第 2 号框架梁有 5 跨，B 表示两端有悬挑。

平面注写包括集中标注与原位标注，集中标注表达梁的通用数值，原位标注表达梁的特殊数值。当集中标注中的某项数值不适用于梁的某部位时，则将该项数值原位标注，施工时，原位标注取值优先。

如图 11-9 所示为 3.250 m 标高的楼层梁平面布置图，用整体式楼层的结构布置平面图表示出主梁、次梁和板的平面布置及它们与柱的关系，以及用若干剖、断面图来表示它们之间的连接构造。

8 轴线 KL5 上集中标注的四排符号意义如下：

第一排符号"KL5（2）250×600"，表示代号是 KL5 的框架梁为两跨，断面为 250 mm×600 mm。第二排符号"Φ8@100/200（2）"，表示直径为 8 mm 的 HPB330 级双肢箍筋，沿着梁的长度在加密区间距按 100 mm 布置，非加密区间距按 200 mm 布置。注意，箍筋的肢数要写在括号里。第三排符号"2Φ18；3Φ20"，表示梁的上部配置 2 根 Φ18 的通长筋，梁的下部配置 3 根 Φ20 的纵向受力钢筋。第四排符号"N4Φ12",表示梁的两个侧面共配置 4Φ12 的受扭纵向钢筋,每侧各配置 2Φ12,8 轴线与 E 轴线交接处为 2Φ20 吊筋。

7 轴线 KL4 上原位标注的符号意义如下:

在两边支座处标注的 4Φ18,表示梁的上部纵筋的配置情况,由集中标注可知,上部已有 2 根 Φ18 的通长筋,在支座处还需要增加 2 根 Φ18 的钢筋,其构造长度按图集上取值。与 KL5 不同的是,其下部受力钢筋采用了原位标注,B~E 轴配置 3 根 Φ22,D~F 轴配置了 4Φ20,在与连系梁 L2 传来的集中荷载处标注的 6Φ8(2),表示在次梁两侧共配 6 根直径为 8 mm 的 HPB300 级双肢箍筋(每边各配 3 根)。

3. 钢筋混凝土楼板平法施工图的表示

民用房屋包括楼层结构布置平面图、屋顶结构布置平面图和钢筋混凝土构件详图。楼层结构平面图是假想用一个紧贴楼面的水平面剖切后的水平投影图,主要用于表示每层楼(屋)面中的梁、板、柱、墙等承重构件的平面布置情况。从图 11-10 中可以看出钢筋弯钩向上或向左表示底层的钢筋,端部则以 45° 短画线符号向上或向左表示,顶层钢筋则弯钩向下或向右;相同直径和间距的钢筋,用粗实线画出其中的一根表示,其余部分可不再表示;钢筋的直径、根数与间距采用的标注直径和相邻钢筋中心的方法标注,详细说明参见后面钢筋混凝土构件详图。

11.4　钢筋混凝土构件详图

11.4.1　钢筋混凝土构件详图概述

钢筋混凝土构件详图主要由模板图、配筋图、钢筋明细表和预埋件详图等组成,它是加工钢筋、制作构件、统计用料的重要依据。

(1)模板图。从图示表达看,模板图实际上就是构件外形视图,它主要表示构件的形状、大小、预埋件和预留孔洞的尺寸和位置。对较简单的构件,可不必画模板图,只需在构件的配筋图中,把各尺寸标注清楚就行了;而对于较复杂的构件,需单独画出模板图,以便模板的制作与安装。模板图用中粗实线绘制。

(2)配筋图。配筋图通常应画出立面图、断面图和钢筋详图。在构件详图中,主要表明构件的长度、断面形状与尺寸及钢筋的形式与配筋情况,也可表示模板尺寸、预留孔洞与预埋件的大小和位置,以及轴线和标高等。所以它是制作构件时模板安装、钢筋加工和绑扎等工序的依据。

配筋图中的立面图,是假想构件的混凝土为透明体而画出的一个视图,主要表示钢筋的立面形状及其上下排列的情况。钢筋需用粗实线画出,而构件的轮廓则用细实线表示。在图中,箍筋(用中实线画出)只反映出其侧面,投影成一根线,当它的类型、直径、间距均相同时,可只画出其中的一部分。

配筋图中的断面图能表示钢筋的上下和前后的排列、箍筋的形状等。一般在断面形状或钢筋数量和位置有变化之处，都需画一断面图（但不宜在斜筋段取断面）。断面图中，构件轮廓线为细实线，钢筋的横断面为黑圆点。

在构件中，钢筋骨架的外边做有一定厚度的混凝土，叫混凝土保护层。保护层主要起防止钢筋外露被锈蚀以及防火的作用，同时还使钢筋与混凝土之间有足够的黏结锚固，保证其整体共同工作。保护层的厚度视不同的构件和不同类型的钢筋而不同，如梁、板、柱就各不相同，如一类室内正常环境，混凝土等级为 C25～C45 时，梁混凝土最小保护层厚度为 25 mm，而同等情况下板和柱的混凝土最小保护层为 15 mm 和 30 mm，因此在断面图都应留出规定的保护层厚度。

（3）钢筋明细表。在钢筋混凝土构件施工图中，一般构件要列出钢筋明细表，以便于钢筋设备的购置、钢筋的加工和编制预算。表中要列出的内容有构件代号、钢筋编号、简图、规格、长度、数量、总长、总质量等。

（4）预埋件详图。在钢筋混凝土构件制作中，有时为了安装、运输的需要，在构件内还设置有各种预埋件，如吊环、钢板等。

11.4.2　钢筋混凝土柱配筋图

图 11-11 是 KZ3 从基础顶面至标高 9.850 m 的配筋图。由断面图可知，柱的断面在 9.850 m 以下均为 400 mm × 400 mm。

柱的箍筋加密区：在加密区③号筋为 Φ8@100，非加密区③号筋为 Φ8@200。底层柱根加密长度为 2.0 m，底层柱顶加密长度为 0.90 m，其他层加密长度均在梁上下的 0.50 m 范围内。④号筋是构造钢筋，用于固定②号筋。

柱的纵向钢筋连接有绑扎搭接、机械连接和焊接连接三种方式，KZ3 采用的是机械连接的方式，基础内伸出的钢筋（柱的纵向钢筋与基础内伸出的钢筋根数及直径相同），在距基础顶面 2.0 m 处连接第一批柱子四角的①号钢筋，第二批柱边②号钢筋的连接位置距①号钢筋连接点需不小于搭接长度 l_1（35d）。其他楼层的连接点均为①号钢筋，间距 560 mm，梁面为 0.5 m，②号钢筋的连接位置距①号钢筋连接点为 560 mm。

11.4.3　钢筋混凝土梁配筋图

图 11-12 是 KL1 的配筋图，该梁是双跨等截面框架梁，梁左跨度为 7.2 m，断面尺寸 250 mm × 600 mm；梁右跨度为 6.0 m，断面尺寸 250 mm × 600 mm。在左跨靠 D 轴线 1.8 m 处有一次梁，分别将集中荷载传递到框架梁上。

梁的纵向钢筋：梁顶①号为 2Φ16 通长钢筋，同时起到架立筋的作用，两端锚固长度为 900 mm；两跨梁底配筋为 3Φ18，由于梁底在同一高度上，因此该梁底部钢筋可以连通。

梁的箍筋：各段箍筋均为双肢箍，在加密区为 Φ8@100，非加密区为 Φ8@200，加密长度在各段不同：在左跨，为距柱边 0.90 m 的范围内；在右跨，为距柱边 0.90 m 的范围内；第一根箍筋距柱边 50 mm，在左跨上的次梁两侧各有 3Φ8 的 HPB300 箍筋。

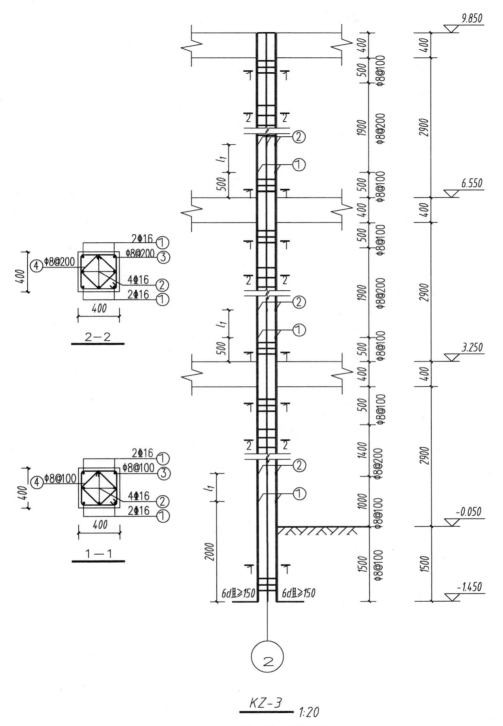

KZ-3 1:20

图 11-11 钢筋混凝土柱详图

171

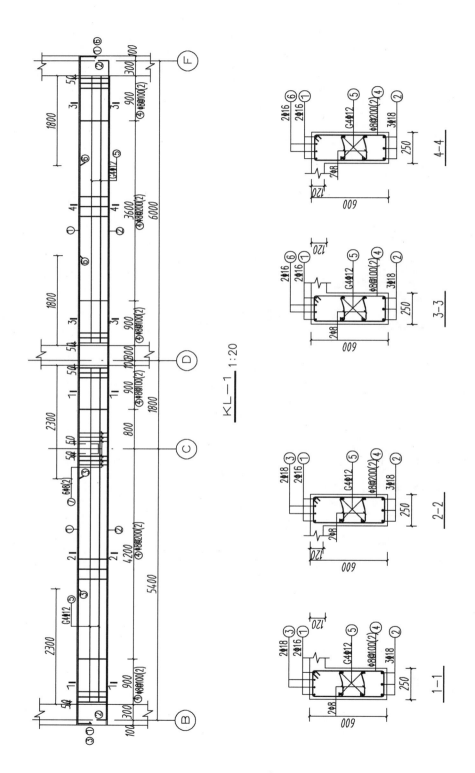

图 11-12 钢筋混凝土梁详图

11.4.4　钢筋混凝土楼板配筋图

图 11-13 所示为钢筋混凝土楼板详图。B1 板中表示②号钢筋从①～②轴布置直径为 8 mm、间距为 150 mm 底部钢筋；①号钢筋从Ⓓ～Ⓕ轴线布置直径为 8 mm、间距为 180 mm 底部钢筋；而Ⓕ支座上的⑤号钢筋表示从①～②轴布置直径为 8 mm、间距为 150 mm 上部钢筋，从支座边缘端伸出 900 mm + 锚固长度 220 = 1 120 mm，其余支座钢筋布置类似。

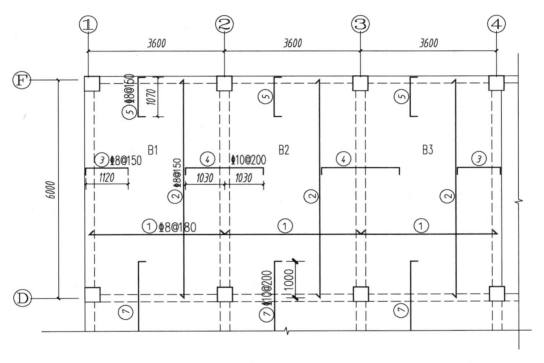

图 11-13　钢筋混凝土楼板详图

11.4.5　钢筋混凝土楼梯详图

楼梯是多层与高层房屋的竖向通道，是房屋的重要组成部分。为了满足承重和防火要求，钢筋混凝土楼梯被广泛应用。楼梯从形式上可分为单跑楼梯、双跑楼梯和多跑楼梯；从施工方法分为现浇楼梯、装配式楼梯；从结构形式及受力特点分为梁式楼梯和板式楼梯。本节介绍现浇双跑板式楼梯，如图 11-14 所示。

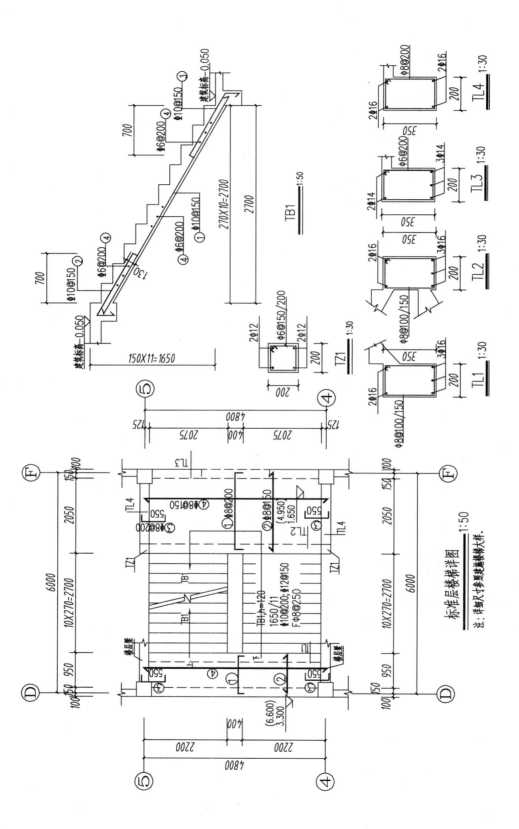

图 11-14 钢筋混凝土楼梯详图

小　结

本章重点：

（1）了解钢筋混凝土结构的概念与特点，了解钢筋混凝土结构主要受力构件中钢筋的类型、位置等。

（2）熟悉结构施工图的内容组成；能正确阅读结构施工图的主要内容，包括结构设计总说明、基础平面图和基础详图，以及钢筋混凝土梁、板、柱结构施工读图。

（3）掌握钢筋混凝土结构平面图的主要内容，基础平面图和基础详图的主要内容，钢筋混凝土梁、板、柱结构施工读图。

第 12 章

计算机绘图

计算机绘图（Computer Graphics，CG）是应用计算机软件及计算机硬件来处理图形信息，从而实现图形的生成、显示及输出的计算机应用技术，是工程技术人员必须掌握的基本技能之一。在新产品设计时，除了必要的计算外，绘图就占用了大量时间。计算机绘图缩短了产品开发周期，促进了产品设计的标准化、系列化，是计算机辅助设计（Computer Aided Design，CAD）的最重要组成部分。

AutoCAD 是美国 Autodesk 公司 1982 年推出的计算机绘图软件，它是一个通用的交互式绘图软件包，不仅具有完善的二维功能，而且其三维造型功能亦很强，并支持 Internet 功能。目前，AutoCAD 在全世界的应用已相当广泛，是当前工程设计中最流行的绘图软件。

12.1 AutoCAD 绘图基础

12.1.1 AutoCAD2011 的启动

安装 AutoCAD2011 后会在桌面上出现一个图标，双击该图标，或者从 Windows 桌面左下角选择"开始"/"所有程序"/"AutoCADdesk"/"AutoCAD2011-Simplified Chinese"/"acad.exe"，或者双击已有的任意一个图形文件（*.dwg），均可以启动 AutoCAD。

12.1.2 用户界面

AutoCAD2011 为用户提供了"二维草图与注释""AutoCAD 经典""三维基础""三维建模"四种工作空间模式，其中"二维草图与注释"是默认工作空间。这 4 种工作空间可以自由切换和设置，只需单击屏幕左上角的"工作空间"选择器 二维草图与注释，在其下拉列表中选择相应的选项，或在屏幕右下角单击状态栏中的"切换工作空间"按钮，在弹出的菜单中选择相应的选项，即可实现工作空间的切换。

默认状态下的"二维草图与注释"空间如图 12-1 所示，在该空间中用户可以很方便地绘制二维图形；"AutoCAD 经典"空间如图 12-2 所示，该界面保留以往各个版本的 AutoCAD 界面风格。

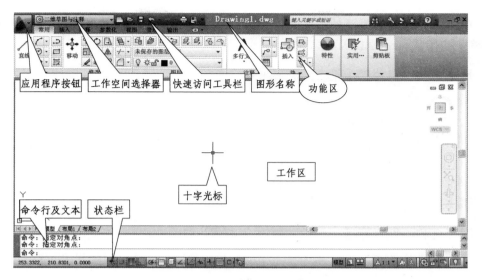

图 12-1 "二维草图与注释"空间

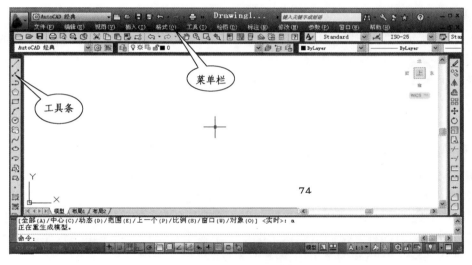

图 12-2 "AutoCAD 经典"空间

AutoCAD 的各个工作空间都包含"应用程序"按钮、"工作空间"选择器、快速访问工具栏、图形名称、命令行窗口、绘图窗口、状态栏和功能选项板（AutoCAD 经典空间为：菜单与工具条）。

1. "应用程序"按钮

"应用程序"按钮位于界面左上角，单击该按钮，将出现一下拉菜单，其中集成了 AutoCAD2011 的一些通用操作命令，包括：新建、打开、保存、另存为、输出、打印、发布、图形实用工具、关闭。

2. "工作空间"选择器

"工作空间"选择器位于界面左上角，单击"工作空间"选择器，在出现的下拉菜单中选择需要的选项，如：要从默认的"二维草图与注释"空间切换到"AutoCAD 经典"空间，只需从菜单中选择"AutoCAD 经典"即可。

3. 快速访问工具栏

快速访问工具栏位于工作空间的顶部，它提供了系统最常用的操作命令。默认的快速访问工具有"新建""打开""保存""另存为""放弃""重做"和"打印"。

用户可以根据需要在快速访问工具栏上添加、删除和重新定位命令。具体方法是：单击快速访问工具栏最右侧的"扩展"按钮▼，从出现的菜单中选择"更多命令"选项，打开"自定义用户界面"对话框，从"命令"列表中选择要添加到快速访问工具栏上的命令，然后将其拖放到快速访问工具栏上即可；也可右击快速访问工具栏进行操作。

4. 图形名称 Drawing1.dwg

图形名称位于界面的顶部，用于显示当前所编辑的图形文件名。如果未重新命名，系统默认的图形文件名依次为 Drawing1.dwg、Drawing2.dwg、Drawing3.dwg…

5. 功能区

如图 12-1 所示，"功能区"用于显示与工作空间关联的一些按钮和控件。"功能区"提供了"常用""插入""注释""参数化""视图""管理"和"输出"7 个按任务分类的选项卡，各个选项卡中又包含了许多面板。比如，在"常用"选项卡中就提供了"绘图""修改""图层""注释""块""特性""实用工具"和"剪贴板"8 个面板，可以在这些面板中找到需要的功能图标。

6. 菜单栏

如图 12-2 所示，菜单栏包括："文件（F）""编辑（E）""视图（V）""格式（O）""工具（T）""绘图（D）""标注（N）""修改（M）""参数（P）""窗口（W）""帮助（H）"12 个菜单项。菜单栏中集成了 AutoCAD 的大多数命令，单击某个菜单项，即可出现相应的下拉菜单。

在"二维草图与注释"空间的默认情况下，不显示菜单栏，可单击"快速访问工具栏"右侧的扩展按钮▼，从出现的菜单中选择"显示菜单栏"选项。

7. 工具栏

如图 12-2 所示，工具栏主要包括："标准""样式""工作空间""图层""对象特性""绘图"和"修改"工具栏。工具栏是一组命令图标的集合，把光标移动到某个图标上稍停片刻，即在该图标的一侧显示相应的命令名称。单击工具栏上的某一图标，即可执行相应的命令。

在"二维草图与注释"空间的默认情况下，也不显示工具栏，可单击功能区"视图"选项卡的"窗口"面板上按钮，从出现的菜单中选择所需工具栏。

8. 绘图窗口

绘图窗口是用户进行绘图的区域，所有的绘图结果都反映在这个窗口中。绘图窗口中鼠标位置用十字光标显示，光标主要用于绘图、选择对象等操作。窗口左下角还显示当前使用的坐标系、坐标原点和 X 轴、Y 轴、Z 轴的正方向。默认状态下，坐标系为世界坐标系（WCS）。

9. 命令行与文本窗口

命令行窗口位于绘图窗口的下方，主要用于接收用户输入的命令，并显示 AutoCAD 的相关提示信息。按下"Ctrl+9"可实现命令窗口的打开与关闭。

文本窗口用于详细记录 AutoCAD 已经执行的命令，也可以用来输入新命令。按下"F2"键即显示文本窗口。

10. 状态栏

状态栏位于 AutoCAD 界面的底部。它用于显示当前十字光标所处位置的三维坐标和一些辅助绘图工具按钮的开关状态，如捕捉、栅格、正交、极轴、对象捕捉、对象追踪、DUCS、DYN、线宽和快捷特性等，单击这些按钮，可以进行开关状态切换。

12.1.3 AutoCAD 命令的调用与终止

（1）键盘：直接从键盘输入 AutoCAD 命令（简称键入），然后按空格键或回车键。输入的命令可以大写或小写，也可输入命令的快捷键，如 line 命令的快捷键是 L。

（2）菜单：单击菜单名，在出现的下拉式菜单中，单击所选择的命令。

（3）工具栏：单击工具栏图标，即可输入相应的命令。

（4）功能区：单击功能区选项板上图标，即可输入相应的命令。

此外，在命令行出现提示符"命令:"时，按回车键或空格键，可重复执行上一个命令，还可右击鼠标输入命令。

（5）命令的终止、放弃（Undo）与重做（Redo）。

按下"Esc"键可终止或退出当前命令。

"放弃（Undo）"即撤销上一个命令的动作，单击"快速访问工具栏"上的放弃图标🔄即可撤销上一个命令的动作，如：用户可以用放弃命令将误删除的图形进行恢复。

"重做（Redo）"即恢复上一个用"放弃（Undo）"命令放弃的动作，单击"快速访问工具栏"上的重做图标➡即可恢复所放弃的动作。

12.1.4 命令行中特定符号的含义

如：绘制直径为 20 的圆时，命令行显示的操作步骤如下：

命令：c

CIRCLE 指定圆的圆心或 ［三点（3P）/两点（2P）/切点、切点、半径（T）］：

指定圆的半径或 ［直径（D）］ <15.0000>：d

指定圆的直径 <30.0000>：20

其中特定符号的含义如下：

"［ ］"：方括号中的内容表示选项，如"三点（3P）"，表示三点画圆。

" / "：分隔命令中各个不同的选项。

"（ ）"：选择圆括号前的选项时，只需输入圆括号内的字母或数字，即可选择该选项。

"<   >"：尖括号中的内容为默认选项（数值）或当前选项（数值），系统将按括号内的选项（数值）进行操作。

12.1.5　图形的显示控制

计算机显示屏幕的大小是有限的。AutoCAD 提供的显示控制命令可以平移和缩放图形。缩放命令 Zoom 的作用是放大或缩小对象的显示；平移命令 Pan 的作用则是移动图形，不改变图形显示的大小。具体的应用方法如下：

（1）单击功能区"视图"选项卡的"导航"面板上图标 。

（2）单击"标准"工具栏上的图标。

（3）在绘图区域右击鼠标，在弹出的快捷菜单中选择"平移（A）"或"缩放（Z）"。

（4）利用鼠标滚轮：滚动鼠标滚轮，直接执行实时缩放的功能；双击滚轮按钮，可以缩放到图形范围，即只显示有图形的区域；按住滚轮按钮并拖动鼠标，则直接平移视图。

（5）从键盘输入 Zoom、Pan 命令。

12.1.6　图形文件的基本操作

1. 新建图形文件

AutoCAD2011 提供了多种创建新图形文件的方法，主要有以下两种：

（1）自动新建图形文件。

启动 AutoCAD 时，系统自动按默认参数创建一个暂名为 drawing1.dwg 的空白图形文件。

（2）用"选择样板"对话框新建图形文件。

启动 AutoCAD 后，单击快速访问工具栏中的"新建"图标，或单击"应用程序"按钮/"新建"，将出现图 12-3 所示的"选择样板"对话框。选择"acadiso.dwg"样板后单击"打开"按钮，即可以进入新图形的工作界面。

图 12-3　"选择样板"对话框

2. 打开已有图形文件

对于已经保存的"*.dwg"格式的图形文件，可以在 AutoCAD 工作环境中将其打开，然后进行查看或编辑处理。

（1）用"选择文件"对话框打开图形文件。

单击快速访问工具栏中的"打开"图标，或单击/"打开"，将出现图 12-4 所示的"选择文件"对话框。选择一个或多个文件后单击"打开"按钮，即可打开指定的图形文件。

图 12-4 "选择文件"对话框

（2）双击"*.dwg"格式的图形文件，可以自动启动 AutoCAD2011 并打开图形文件。

3．保存图形文件

单击快速访问工具栏中的"保存"图标，或单击/"保存"，系统会自动将当前编辑的已命名的图形文件以原文件名存入磁盘，扩展名为".dwg"。

在 AutoCAD2011 中绘制的图形文件，通过系统设置，可以自动保存为较低版本的图形文件格式。系统设置方法： /"选项"按钮/"选项"对话框/"打开和保存"选项卡/"文件保存"/"另存为（S）"/"AutoCAD2004/LT2004 图形（*.dwg）"。

4．关闭图形文件

AutoCAD2011 可以同时打开多个图形文件，不需要对某个图形文件进行编辑处理时，可以单击绘图窗口右上角按钮关闭该文件。

12.1.7 绘图环境的基本设置

1．更改绘图窗口背景

在图 12-5 所示对话框中设置绘图窗口背景颜色。打开对话框的方法：①"应用程序"按钮/"选项"；②"工具（V）"菜单/"选项（N）…"。

窗口背景的设置方法："选项"对话框/"显示"选项卡/"颜色"按钮/"图形窗口颜色"对话框/"二维模型空间"/"统一背景"/"黑"或其他，如图 12-5 所示。

2．工具栏的打开与关闭

利用鼠标可打开或关闭某一工具栏。将鼠标置于已弹出的工具栏上，单击鼠标右键，在弹出的快捷菜单上选择所需要打开（或关闭）的工具栏。由于工具栏要占用屏幕空间，所以大部分工具栏只有在需要时才打开。

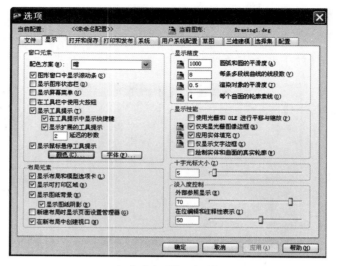

（a）"选项"对话框

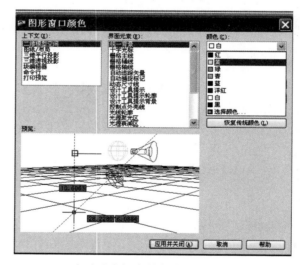

（b）"选择背景颜色"对话框

图 12-5　绘图窗口背景设置

3．设置绘图单位（Units）

绘图单位命令指定用户所需的测量单位的类型，AutoCAD 提供了适合任何专业绘图的各种绘图单位（如英寸、英尺、毫米），而且精度范围选择很大。

命令调用方法：① 键入"Units"并回车；② ![icon]/"图形实用工具"/"单位"；③ "格式（O）"菜单/"单位（U）…"。

执行命令后，在打开的"图形单位"对话框中设置所需的长度类型、角度类型及其精度。

4．设置绘图界限

绘图界限是 AutoCAD 绘图空间中的一个假想区域，相当于用户选择的图纸图幅的大小。利用图形界限命令"Limits"设置绘图范围。

命令调用方法：①键入"Limits"并回车；②"格式（O）"菜单/"图形界限（I）"。

【例12-1】 设置"A2"绘图界限。

操作步骤如下：

命令：limits（键入limits并回车）

重新设置模型空间界限：

指定左下角点或 ［开（ON）/关（OFF）］ <0.0000，0.0000>：

指定右上角点 <420.0000，297.0000>：594，420（键入图纸右上角坐标）

命令：（回车）

LIMITS

重新设置模型空间界限：

指定左下角点或 ［开（ON）/关（OFF）］ <0.0000，0.0000>：on（键入on并回车）

以上虽然设置了新的绘图区，但屏幕上显示的仍然是原来的绘图区的大小，此时还要用缩放命令（Zoom）观察全图。操作步骤如下：

命令：z（键入z并回车）

ZOOM

指定窗口的角点，输入比例因子（nX或nXP），或者

［全部（A）/中心（C）/动态（D）/范围（E）/上一个（P）/比例（S）/窗口（W）/对象（O）］ <实时>：a

正在重生成模型。

单击状态栏上栅格图标▦，打开栅格显示，至此，一张A2图幅的界限就建立了。

5. 退出AutoCAD

退出AutoCAD的方法：① 界面右上角按钮▣；② ◣/"退出AutoCAD"；③ "文件（F）"菜单/"退出（X）"；④键入"Quit"命令并回车。

12.2 基本绘图命令

12.2.1 AutoCAD坐标输入

用AutoCAD绘制工程图样大多要求精确定点，利用键盘输入点的坐标是实现精确定点的重要方法之一。坐标定点分为绝对坐标和相对坐标两种。

（1）绝对直角坐标的输入：绘制平面图形时，只需输入 X、Y 两个坐标值，每个坐标值之间用逗号相隔，如"30，20"。

（2）绝对极坐标的输入：极坐标包括距离和角度两个坐标值。其中距离值在前，角度值在后，两数值之间用小于符号"<"隔开，如"35<45"。

（3）相对直角坐标的输入：在绝对直角坐标表达式前加@符号，如"@30，20"。

（4）相对极坐标的输入：在绝对极坐标表达式前加@符号，如"@30<20"。

【例12-2】 绘制如图12-6所示的图形。

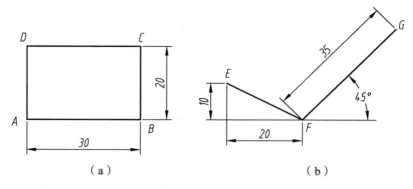

图 12-6　坐标定点

绘制图 12-6（a）的操作步骤如下：

命令：_rectang

指定第一个角点或［倒角（C）/标高（E）/圆角（F）/厚度（T）/宽度（W）］：（在屏幕上拾取点 A）

指定另一个角点或［面积（A）/尺寸（D）/旋转（R）］：@30，20（输入相对直角坐标，定位点 C）

绘制图 12-6（b）的操作步骤如下：

命令：_line 指定第一点　（在屏幕上拾取点 E）

指定下一点或［放弃（U）］：@20，－10（输入相对直角坐标，定位点 F）

指定下一点或［放弃（U）］：@35＜45（输入相对极坐标，定位点 G）

指定下一点或［闭合（C）/放弃（U）］（按空格键退出）

12.2.2　基本绘图命令

任何复杂的图形都是由基本图元，如线段、圆弧、矩形和多边形等组成的，这些图元在 AutoCAD 中称为对象。基本绘图命令的调用方法：①功能区/"常用"选项卡/"绘图"面板；②"绘图"工具栏；③"绘图（D）"菜单；④键入命令。表 12-1 中列出了常用绘图命令及其功能。

表 12-1　常用绘图命令

图标	命令/快捷键	功　能
	Line/ L	绘制直线
	Xline/ XL	绘制两端无限长的构造线，用作作图辅助线
	Pline/ PL	绘制由直线、圆弧组成的多段线
	Polygon/ POL	绘制正多边形
	Rectang/ REC	绘制矩形
	Arc/A	绘制圆弧

图标	命令/快捷键	功　能
⊘	Circle/C	绘制整圆
∼	Spline/SPL	绘制样条曲线
⬮	Ellipse/EL	绘制椭圆
⌒	Ellipse/EL	绘制椭圆弧
·	Point/PO	绘制点
▨	Bhatch/Hatch/BH/H	图案填充
▣	Region/REG	面　域

1. 直线命令（Line）

使用"Line"命令绘制直线时，既可绘制单条直线，也可绘制一系列的连续直线。在连续画两条以上的直线时，可在"指定下一点："提示符下输入"C"（闭合）形成闭合折线；输入"U"（放弃），删除直线序列中最近绘制的线段。

【例12-3】　用"Line"命令绘制如图12-6（a）所示矩形。

操作步骤如下：

命令：_line 指定第一点：（拾取点 A）

指定下一点或［放弃（U）］：@30，0（拾取点 B）

指定下一点或［放弃（U）］：@0，20（拾取点 C）

指定下一点或［闭合（C）/放弃（U）］：@－30，0（拾取点 D）

指定下一点或［闭合（C）/放弃（U）］：c（键入 C）

2. 矩形命令（Rectang）

使用"Rectang"命令可以绘制如图12-7所示的直角矩形、倒角矩形、圆角矩形等。

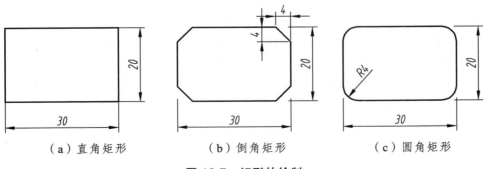

（a）直角矩形　　　（b）倒角矩形　　　（c）圆角矩形

图12-7　矩形的绘制

【例12-4】　用"Rectang"命令绘制如图12-7（c）所示矩形。

操作步骤如下：

命令：_rectang 当前矩形模式：圆角 = 2.00

指定第一个角点或［倒角（C）/标高（E）/圆角（F）/厚度（T）/宽度（W）］：f（键入 F）

指定矩形的圆角半径<2.00>：4（键入圆角半径 4）

指定第一个角点或［倒角（C）/标高（E）/圆角（F）/厚度（T）/宽度（W）］：（在屏幕上拾取矩形的左下角点）

指定另一个角点或［面积（A）/尺寸（D）/旋转（R）］：@30，20（键入矩形右上角点的相对坐标并回车）

3. 正多边形命令（Polygon）

使用"Polygon"命令，可以绘制由 3 到 1024 条边组成的正多边形。正多边形的画法有如下三种：① 根据边长画正多边形；② 指定圆的半径，画内接于圆的正多边形；③ 指定圆的半径，画外切于圆的正多边形，如图 12-8 所示。

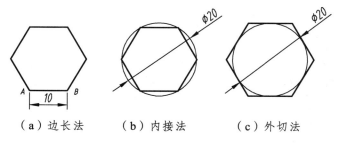

（a）边长法　　　（b）内接法　　　（c）外切法

图 12-8　正多边形画法

【例 12-5】　绘制如图 12-8（b）所示的内接于圆的正六边形。

操作步骤如下：

命令：_polygon 输入侧面数<4>：6（键入六边形的边数 6）

指定正多边形的中心点或［边（E）］：（在屏幕上拾取任一点作为六边形的中心）

输入选项［内接于圆（I）/外切于圆（C）］<C>：i（键入 I 并回车）

指定圆的半径：10（键入圆的半径 10 并回车）

4. 圆命令（Circle）

圆命令用于创建一个完整的圆，共包含 6 种绘制圆的方法：① 指定圆心和半径画圆；② 指定圆心和直径画圆；③ "两点"画圆，即通过指定圆周上直径的两个端点画圆；④ "三点"画圆，即通过指定圆周上的三点画圆；⑤ "相切、相切、半径"画圆，即通过指定与圆相切的两个对象（直线、圆弧或圆），然后给出圆的半径画圆；⑥ "相切、相切、相切"画圆，即通过指定与圆相切的三个对象画圆。

【例 12-6】　作一个与三条已知线（直线或圆）相切的圆，如图 12-9 所示。

单击"绘图"面板上圆形图标旁的小三角 ⊙·，选择 ◉ 相切, 相切, 相切，则命令行显示绘制圆的步骤如下：

命令：_circle 指定圆的圆心或［三点（3P）/两点（2P）/切点、切点、半径（T）］：_3p

指定圆上的第一个点：_tan 到（在 A 点所在线上捕捉切点 A）

指定圆上的第二个点：_tan 到（在 B 点所在线上捕捉切点 B）

指定圆上的第三个点：_tan 到（在 C 点所在线上捕捉切点 C）

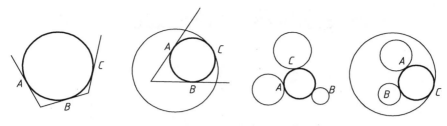

图 12-9 "相切、相切、相切"模式画圆

5. 椭圆命令（Ellipse）

"Ellipse"命令用来绘制椭圆、椭圆弧和正等轴测图中的圆。可以通过定义椭圆轴的两端点以及指定中心点两种方式绘制椭圆。

【例 12-7】 绘制图 12-10 所示的椭圆。

操作步骤如下：

命令：_ellipse

指定椭圆的轴端点或［圆弧（A）/中心点（C）］：（在屏幕上拾取 A 点）

指定轴的另一个端点：30（启动正交，键入 30 并回车）

指定另一条半轴长度或［旋转（R）］：10（键入半轴长度 10）

6. 图案填充（Bhatch 或 Hatch）

使用"Bhatch 或 Hatch"命令，可以绘制如图 12-11 所示的剖面线。具体操作时需选择图案填充类型，设置"角度和比例"，确定封闭的填充边界。

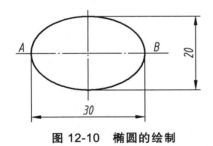

图 12-10 椭圆的绘制　　　　图 12-11 图案填充

12.3 精确绘图辅助工具

12.3.1 "状态栏"按钮

AutoCAD 为精确绘图提供了很多工具。如图 12-12 所示的"状态栏"按钮大多是精确绘图工具。AutoCAD 默认状态下显示图 12-12（a）所示的图标按钮。通过右击状态栏上的任意按钮，在弹出的快捷菜单中选择"√使用图标（U）"，则显示图 12-12（b）所示的文字按钮。

（a）图标按钮

| INFER | 捕捉 | 栅格 | 正交 | 极轴 | 对象捕捉 | 3DOSNAP | 对象追踪 | DUCS | DYN | 线宽 | TPY | QP | SC |

（b）文字按钮

图 12-12 "状态栏"按钮

12.3.2 "草图设置"对话框

在应用精确绘图工具之前，通常需要使用如图 12-13 所示的"草图设置"对话框进行设置。打开对话框的方法：① 状态栏：右击"对象捕捉"按钮/"设置（S）..."；②"工具（T）"菜单/"草图设置（F）..."；③"对象捕捉"工具栏/。

图 12-13 "草图设置"对话框

12.3.3 栅格捕捉

栅格是覆盖在绘图区域上的一系列排列规则的点阵图案。单击状态栏"栅格显示"按钮，或按下 F7 键，可实现栅格显示的打开或关闭。单击"栅格捕捉"按钮，开启栅格捕捉功能后，可精确地捕捉到特定的坐标点。

栅格捕捉的设置："草图设置"对话框/"捕捉和栅格"选项卡。

12.3.4 正交模式

在进行绘图或编辑修改操作时，经常需要在水平或垂直方向指定下一点的位置。打开"正交"模式，可以将光标限制在水平或垂直方向移动，从键盘输入两点间的距离并回车，即可实现点的精确定位。

单击状态栏"正交模式"按钮，或按下 F8 键，可打开或关闭正交模式。

【例 12-8】 用"Line"命令和"正交模式"绘制图 12-6（a）。

操作步骤如下：

命令：_line 指定第一点：（启动正交，在屏幕上拾取点 A）

指定下一点或［放弃（U）］：30（向右移动鼠标，键入 30，确定 B 点）

指定下一点或［放弃（U）］：20（向上移动鼠标，键入 20，确定 C 点）

指定下一点或［闭合（C）/放弃（U）］：30（向左移动鼠标，键入 30，确定 D 点）

指定下一点或［闭合（C）/放弃（U）］：c（键入 C 并回车）

12.3.5　极轴追踪

极轴追踪是指按预先设定的角度增量来追踪坐标点。

单击状态栏"极轴追踪"按钮 ⌖，或按下 F10 键，可打开或关闭"极轴追踪"。

极轴追踪的设置："草图设置"对话框/"极轴追踪"选项卡/增量角（I）/15°。

【例 12-9】　用 line 命令以及"极轴追踪"绘制如图 12-14 所示的直线 AB。

操作步骤如下：

命令：_line 指定第一点：（在屏幕上拾取 A 点）

指定下一点或［放弃（U）］：35（向右上角移动鼠标，当出现参考线和极坐标时，键入 35，确定 B 点）

指定下一点或［放弃（U）］：（回车退出命令）

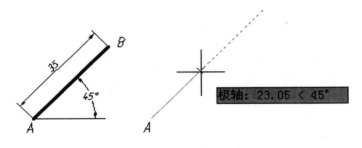

图 12-14　极轴追踪

12.3.6　对象捕捉

对象捕捉是指将需要输入的点定位在现有对象的特定位置上（即特征点），如端点、中点、圆心、切点、节点、交点等，而无须计算这些点的精确坐标。指定对象捕捉时，光标将变为对象捕捉靶框，单击鼠标即可捕捉到对象的特征点。

1．临时对象捕捉

在命令行出现"指定点"提示时，在如图 12-15 所示的对象捕捉工具栏中插入临时命令来打开捕捉模式。

图 12-15　对象捕捉工具栏

【例 12-10】　利用临时对象捕捉绘制图 12-16（a）所示的公切线 AB。

操作步骤如下：

命令：_line 指定第一点：_tan 到 [点击图标 ⟳，插入 Tan 命令后，将鼠标移到 A 点附近捕捉切点 A，如图 12-16（b）所示]

　　指定下一点或 ［放弃（U）］：_tan 到（重复上述操作，在 B 点附近捕捉切点 B）

　　指定下一点或 ［放弃（U）］：（按空格键退出命令）

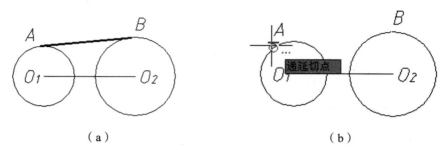

（a）　　　　　　　　　　　　（b）

图 12-16　对象捕捉

2. 自动对象捕捉

　　临时对象捕捉可以比较灵活地选择捕捉方式，但是操作比较烦琐，每次遇到选择点的提示后，必须插入临时命令。因此 AutoCAD 提供了另一种自动对象捕捉模式，开启该模式，即可使其始终处于运行状态，直到手动关闭为止。

　　单击状态栏的"对象捕捉"按钮 □，可启动或关闭自动对象捕捉功能。

　　自动对象捕捉类型的设置："草图设置"对话框/"对象捕捉"选项卡，勾选常用对象捕捉类型，如端点、圆心、交点等。

　　【例 12-11】　绘制如图 12-16 所示的连心线 O_1O_2。

　　操作步骤如下：

　　命令：<打开对象捕捉>（单击捕捉按钮 □，打开自动对象捕捉功能）

　　命令：_line

　　指定第一点：（在左圆心 O_1 附近移动鼠标，当出现圆心标记时，单击鼠标，捕捉圆心 O_1）

　　指定下一点或 ［放弃（U）］：（捕捉圆心 O_2）

　　指定下一点：（按空格键退出命令）

12.3.7　对象捕捉追踪

　　对于无法用对象捕捉直接捕捉到的某些点，利用对象捕捉追踪可以快捷地定义这些点的位置，根据现有对象的特征点定义新的坐标点。

　　单击状态栏"对象捕捉追踪"按钮 ∠，或按下 F11 键，可打开或关闭"对象捕捉追踪"。

　　对象捕捉追踪必须配合自动对象捕捉完成，即：使用对象捕捉追踪的时候，必须将状态栏上的对象捕捉同时打开，并且设置相应的捕捉类型。

　　在画立体三视图时，利用"对象捕捉追踪"，可以确保三个视图"长对正、高平齐、宽相等"。

【例 12-12】 绘制图 12-17（a）所示螺母的三视图。

绘图步骤如下：

（1）用多边形命令绘制六边形（俯视图）。

（2）同时启动"极轴""对象捕捉""对象追踪"三个按钮。

（3）绘主视图。执行 line 命令，先确定 1′ 点位置 [图 12-17（b）]，然后确定 2′ 点位置 [图 12-17（c）]，再依次确定其他各点位置，画出主视图。

（4）绘左视图。

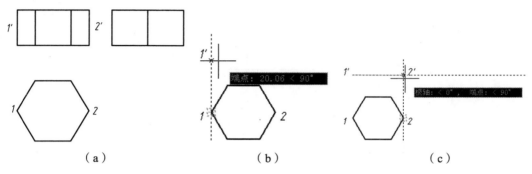

（a）　　　　　　　　　　（b）　　　　　　　　　　（c）

图 12-17　"螺母三视图"画法

12.4　基本编辑命令

12.4.1　选择对象的方法

对图形中的一个或多个对象进行编辑时，首先要选择被编辑的对象。

执行编辑命令时，命令行将会显示"选择对象"提示，此时，十字光标将会变成一个拾取框，选中对象后，AutoCAD 用虚线显示它们。常用的选择方法如下：

1. 直接拾取

用鼠标将拾取框移到要选取的对象上单击鼠标左键选取对象。此种方式为默认方式，可以连续选择一个或多个对象。

2. 选择全部对象

在"选择对象"提示时，键入 ALL 并回车，该方式可以选择全部对象。

3. 窗口方式

用于在指定的范围内选取对象，在"选择对象"提示时，在指定第一个角点之后，从左向右拖动出一窗口来选取对象，完全被矩形窗口围住的对象被选中。

4. 窗口交叉方式

从右向左拖动一矩形窗口，该方式不仅选取包含在窗口内的对象，而且会选取与窗口边界相交的所有对象。

12.4.2　基本编辑命令及其应用

图形编辑是指对已有的图形对象进行删除、复制、移动、旋转、缩放、修剪、延伸等操作。编辑修改命令的调用方法：① 功能区/"常用"选项卡/"修改"面板；② "修改"工具栏；③ "修改（M）"菜单；④ 键入命令。表 12-2 列出了常用编辑修改命令及其功能。

表 12-2　常用编辑命令及其功能

图标	命令/快捷键	功能
	Erase/E	删除画好的图形或全部图形
	Copy/CO/CP	复制选定的图形
	Mirror/MI	画出与原图形相对称的图形
	Offset/O	绘制与原图形平行的图形
	Array/AR	将图形复制成矩形或环形阵列
	Move/M	将选定图形位移
	Rotate/RO	将图形旋转一定的角度
	Scale/SC	将图形按给定比例放大或缩小
	Stretch/S	将图形选定部分进行拉伸或变形
	Trim/TR	对图形进行剪切，去掉多余的部分
	Extend/EX	将图形延伸到某一指定的边界
	Break/BR	将直线或圆、圆弧断开
	Join/J	合并断开的直线或圆弧
	Chamfer/CHA	对不平行的两直线倒斜角
	Fillet/F	按给定半径对图形倒圆角
	Explode/X	将复杂实体分解成单一实体

1. 删除命令（Erase）

执行"Erase"命令，按照命令行"选择对象"提示，选择要删除的图形并回车，则被选中的图形被删除。

若先选择对象，后执行"Erase"命令，或按"Delete"键，也可删除被选中的图形。

2. 复制命令（Copy）

使用"Copy"命令可以把选定的图形作一次或多次复制。

【例 12-13】　如图 12-18 所示，用"Copy"命令在图 12-18（a）的基础上，按顺序完成图 12-18（c）。

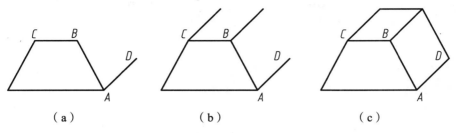

（a）　　　　　　　　（b）　　　　　　　　（c）

图 12-18　复制对象

操作步骤如下：

（1）绘制图 12-18（b）。

命令：_copy

选择对象：找到 1 个（拾取 *AD* 直线）

选择对象：（回车）

当前设置：复制模式 = 多个

指定基点或［位移（D）/模式（O）］<位移>：（捕捉 *A* 点作为基点）

指定第二个点或<使用第一个点作为位移>：（捕捉 *B* 点作为目标点）

指定第二个点或［退出（E）/放弃（U）］<退出>：（捕捉 *C* 点作为目标点）

指定第二个点或［退出（E）/放弃（U）］<退出>：（回车退出）

（2）绘制图 12-18（c）。

命令：_copy（回车，重复执行命令）

选择对象：找到 1 个（拾取 *AB* 直线）

选择对象：找到 1 个，总计 2 个（拾取 *BC* 直线）

选择对象：（回车）

当前设置：复制模式 = 多个

指定基点或［位移（D）/模式（O）］<位移>：（捕捉 *A* 点作为基点）

指定第二个点或<使用第一个点作为位移>：（捕捉 *D* 点作为目标点）

指定第二个点或［退出（E）/放弃（U）］<退出>：（回车退出）

3. 镜像命令（Mirror）

使用"Mirror"命令可以把所选对象作镜像复制，即生成与原对象对称的图形，原对象可保留也可删除。

【例 12-14】　用"Mirror"命令在图 12-19（a）的基础上，完成图 12-19（b）。

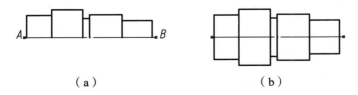

（a）　　　　　　　　　　　　（b）

图 12-19　镜像复制对象

操作步骤如下：

命令：_mirror

选择对象：指定对角点：找到 11 个（窗口交叉选择 11 个对象）

选择对象：

指定镜像线的第一点：<打开对象捕捉>（捕捉对称线的端点 A）

指定镜像线的第二点：（捕捉对称线的端点 B）

要删除源对象吗？［是（Y）/否（N）］<N>：（回车退出）

4. 偏移命令（Offset）

使用"Offset"命令可以绘制与原对象平行的对象，若偏移的对象为封闭图形，则偏移后图形被放大或缩小。

【例 12-15】 将图 12-20（a）中的直线 A 向左上偏移 5，将图 12-20（b）中的六边形 B 向外偏移 5。

操作步骤如下：

命令：_offset

当前设置：删除源 = 否 图层 = 源 OFFSETG-APTYPE = 0

指定偏移距离或［通过（T）/删除（E）/图层

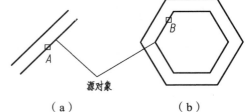

（a） （b）

图 12-20 偏移复制对象

（L）］<5.00>：5（键入偏移距离 5）

选择要偏移的对象，或［退出（E）/放弃（U）］<退出>：（拾取直线 A）

指定要偏移的那一侧上的点，或［退出（E）/多个（M）/放弃（U）］<退出>：（在直线 A 的左上方拾取一点）

选择要偏移的对象，或［退出（E）/放弃（U）］<退出>：（拾取六边形 B）

指定要偏移的那一侧上的点，或［退出（E）/多个（M）/放弃（U）］<退出>：（在六边形外拾取一点）

选择要偏移的对象，或［退出（E）/放弃（U）］<退出>：（回车退出）

5. 阵列命令（Array）

使用"Array"命令可以将所选对象按矩形阵列或环形阵列作多重复制，阵列操作对话框如图 12-22 所示。

【例 12-16】 将图 12-21（a）复制成图 12-21（b）。

操作步骤如下：

命令：_array（选择环形阵列，输入参数，见图 12-22）

指定阵列中心点：_cen（捕捉大圆圆心 O_1 作为中心点）

选择对象：找到 1 个（拾取小圆）

选择对象：找到 1 个，总计 2 个（拾取六边形）

选择对象：（回车确定）

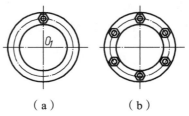

（a） （b）

图 12-21 阵列复制对象

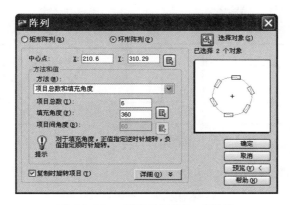

图 12-22 "阵列操作"对话框

6. 移动命令（Move）

使用"Move"命令可以将所选对象从当前位置移到一个新的指定位置。

【例 12-17】 将图 12-23（a）中的两个同心小方框自 A 点移动到 B 点，如图 12-23（b）所示。

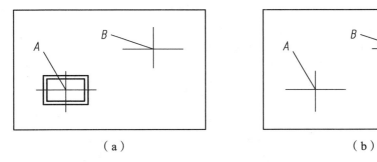

（a）　　　　　　　　　　　　　　　（b）

图 12-23 移动对象

操作步骤如下：

命令：_move

选择对象：指定对角点：找到 2 个（窗口交叉方式选择两个小方框）

选择对象：（回车）

指定基点或［位移（D）]<位移>：_int 于（捕捉 A 点作为基点）

指定第二个点或<使用第一个点作为位移>：（捕捉 B 点作为目标点）

7. 旋转命令（Rotate）

使用"Rotate"命令可以使图形对象绕某一基准点旋转，改变其方向。

【例 12-18】 将图 12-24（a）中的图形逆时针旋转 30°，如图 12-24（c）所示。

操作步骤如下：

命令：_rotate

UCS 当前的正角方向：ANGDIR = 逆时针　　ANGBASE = 0

选择对象：指定对角点：找到 9 个（窗口交叉方式选择对象）

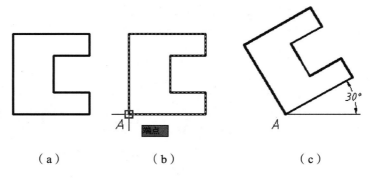

（a）　　　　　　　　（b）　　　　　　　　（c）

图 12-24　旋转对象

选择对象：（回车）

指定基点：［捕捉 *A* 点作为基点，图 12-24（b）］

指定旋转角度，或［复制（C）/参照（R）］<300>：30（键入 30）

8. 缩放命令（Scale）

使用"Scale"命令可以在各个方向等比例放大或缩小原图形对象。可以采用"指定比例因子"和选择"参照（R）"两种方式进行缩放。

【例 12-19】　　在图 12-25（a）的基础上缩放粗糙度符号，缩放效果分别如图 12-25（b）和图 12-25（c）所示。

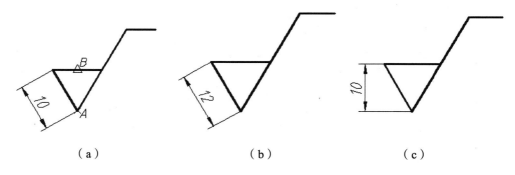

（a）　　　　　　　　　（b）　　　　　　　　　（c）

图 12-25　缩放对象

缩放至图 12-25（b）的操作步骤如下：

命令：_scale/选择对象：

指定对角点：找到 5 个（窗口交叉方式选择全部对象）

选择对象：（回车）

指定基点：（捕捉基点 *A*）

指定比例因子或［复制（C）/参照（R）］：1.2（键入比例因子 1.2）

缩放至图 12-25（c），操作步骤如下：

命令：_scale

选择对象：指定对角点：找到 5 个（窗口交叉方式选择全部对象）

选择对象：（回车）

指定基点：（捕捉基点 A）

指定比例因子或 [复制（C）/参照（R）]：r（选择"参照"方式）

指定参照长度<1.00>：指定第二点：（捕捉交点 A 和中点 B，A、B 两点的距离即参照长度）

指定新的长度或 [点（P）]<1.00>：10（键入 A 点和 B 点距离新长度 10）

9. 拉伸命令（Stretch）

使用"Stretch"命令可以将选定的对象进行拉伸或压缩。使用"Stretch"命令时，必须用"窗口交叉"方式来选择对象，与窗口相交的对象被拉伸，包含在窗口内的对象则被移动。

【例 12-20】 在图 12-26（a）的基础上进行拉伸操作，使轴的总长由 30 拉伸至 40，如图 12-26（c）所示。

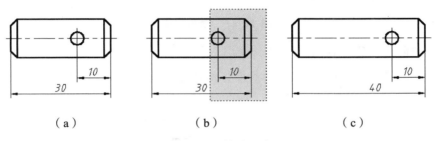

（a）   （b）   （c）

图 12-26 拉伸对象

操作步骤如下：

命令：_stretch 以交叉窗口或交叉多边形选择要拉伸的对象...

选择对象：指定对角点：找到 12 个 [以窗口交叉方式选择对象，将尺寸 10 包含在窗口内，如图 12-26（b）所示]

选择对象：（回车）

指定基点或 [位移（D）]<位移>：（任取一点作为基点）

指定第二个点或<使用第一个点作为位移>：<正交 开>10（打开正交模式，沿 x 轴正向移动鼠标，输入伸长量 10，回车）

10. 修剪命令（Trim）

使用"Trim"命令，以指定的剪切边为界修剪选定的图形对象。

【例 12-21】 在图 12-27（a）的基础上进行修剪操作，完成键槽的图形，如图 12-27（b）所示。

操作步骤如下：

命令：_trim

当前设置：投影 = UCS，边 = 无

选择剪切边...

选择对象或<全部选择>：找到 1 个（拾取 A）

选择对象：找到 1 个，总计 2 个（拾取 B）

选择对象：（回车）

选择要修剪的对象，或按住 Shift 键选择要延伸的对象，或［栏选（F）/窗交（C）/投影（P）/边（E）/删除（R）/放弃（U）］:（拾取 C）

选择要修剪的对象，或按住 Shift 键选择要延伸的对象，或［栏选（F）/窗交（C）/投影（P）/边（E）/删除（R）/放弃（U）］:（拾取 D）

选择要修剪的对象，或按住 Shift 键选择要延伸的对象，或［栏选（F）/窗交（C）/投影（P）/边（E）/删除（R）/放弃（U）］:（回车）

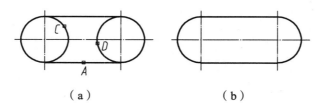

（a）   （b）

图 12-27　修剪对象

11.　延伸命令（Extend）

使用"Extend"命令可以将选定的对象延伸到指定的边界。在图 12-28（a）中，A 为边界，B 和 C 为要延伸的对象。

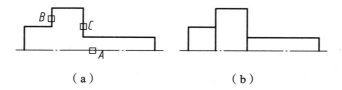

（a）   （b）

图 12-28　延伸对象

12.　打断命令（Break）

使用"Break"命令可以删除对象的一部分或将所选对象分解成两部分。

【例 12-22】　如图 12-29 所示，将直线打断成两部分。

操作步骤如下：

命令：_break

选择对象：（拾取 A 点）

指定第二个打断点 或 ［第一点（F）］:（拾取 B 点）

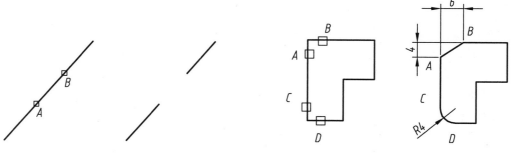

图 12-29　打断对象　　　　　　图 12-30　倒角与倒圆角

13. 倒角命令（Chamfer）

使用"Chamfer"命令可以对两直线或多义线作出有斜度的倒角。

【**例 12-23**】 作出如图 12-30 所示的 *AB* 倒角。

操作步骤如下：

命令：_chamfer

（"修剪"模式）当前倒角距离 1 = 2.00，距离 2 = 2.00

选择第一条直线或 ［放弃（U）/多段线（P）/距离（D）/角度（A）/修剪（T）/方式（E）/多个（M）］：d（键入 d 并回车）

指定第一个倒角距离<2.00>：（回车）

指定第二个倒角距离<2.00>：3（键入 3）

选择第一条直线或 ［放弃（U）/多段线（P）/距离（D）/角度（A）/修剪（T）/方式（E）/多个（M）］：（拾取 *A*）

选择第二条直线，或按住 Shift 键选择要应用角点的直线：（拾取 *B*）

14. 圆角命令（Fillet）

使用"Fillet"命令可以在直线、圆弧或圆间按指定半径作圆角，也可以对多段线倒圆角。绘制图 12-30 所示的 *CD* 圆角，需先定义圆角半径 2，然后拾取 *C*、*D* 两直线作出圆角。

15. 夹点编辑

使用夹点功能可以方便地进行拉伸、移动、旋转、缩放等编辑操作。

如图 12-31 所示，在不输入任何命令时选择对象（直线），此时在直线上将出现三个蓝色小方框（称为夹点）；单击夹点 *B* 使其变成红色；再沿着 *x* 方向移动鼠标，即可将直线拉伸到指定的长度。

图 12-31 夹点编辑

12.5 图层及其应用

图层是用户用来组织和管理图形最为有效的工具。一个图层就像一张透明的图纸，不同的图元对象设置在不同的图层。将这些透明纸叠加起来，就可以得到最终的图形。

12.5.1 图 层

1. 图层的创建

图层的创建在图 12-32 所示的"图层特性管理器"对话框中进行。打开对话框的方法：① 键入"Layer"并回车；② 功能区/"常用"选项卡/"图层"面板/⿴；③"格式（O）"菜

单 / "图层（L）…"；④ "图层" 工具栏/。

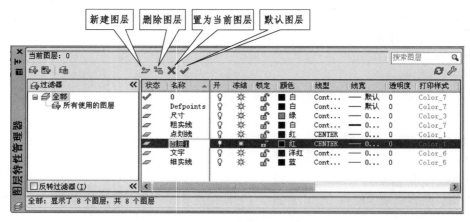

图 12-32　图层特性管理器

在图 12-32 中，点击新建图层按钮 ，即可创建新图层，并命名图层、设置图层状态和属性。

2. 图层状态设置

每个图层可以有以下六种状态：

（1）打开♀/关闭♀：当图层被关闭时，该层上的对象不可见也不可选取，计算机自动刷新图形。

（2）解冻☼/冻结❅：当图层被冻结时，该层上的对象不可见也不可选取。

（3）解锁🔓/锁定🔒：当图层被锁定时，图层上的对象可见，但不能被选取，不能进行修改操作。

在如图 12-33 所示的图层下拉列表中，点击相应图标可以设置图层状态。打开列表方法：①功能区/"常用"选项卡/"图层"面板/ ；②"图层"工具栏/ 。此外还可以在"图层特性管理器"对话框中进行设置。

图 12-33　"图层"下拉列表

3. 图层特性设置

每个图层都有颜色、线型和线宽三项特性。AutoCAD 支持 255 种颜色和 45 种预定义线型以及 24 种预定义线宽。

（1）线型的设置：单击"图层特性管理器"中线型名称（如 Continuous），在弹出的对话框中选择线型，如图 12-34（a）所示。如果显示的线型不够用，可单击"加载"按钮，在弹出的对话框中加载线型，如图 12-34（b）所示。

绘制机械图样时常用的线型有：实线（Continuous）、虚线（Hidden）、点画线（Center）、双点画线（Phantom）。

线型比例设置（LTscale）：键入"Lts"并回车，在命令行提示下，输入新线型比例因子即可设置图层的线型比例。

200

（a）"选择线型"对话框

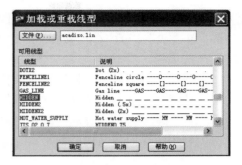

（b）"加载或重载线型"对话框

图 12-34　线型设置

（2）颜色的设置：单击"图层特性管理器"中颜色处（如：■白），在弹出的对话框中选取所需颜色，如图 12-35 所示。

（3）线宽的设置：单击"图层特性管理器"中线宽处（如：── 0.40 毫米），在弹出的对话框中，选取所需线宽，如图 12-36 所示。

图 12-35　"选择颜色"对话框

图 12-36　"线宽"对话框

线宽的显示：单击状态栏"线宽"按钮，可以显示或隐藏线宽。

4. 图层的使用与管理

（1）设置当前图层：① 通过打开图 12-33 所示的图层下拉列表，单击图层名称；② 单击"图层"工具条或功能区图层面板上图标 ，可将当前图层设置为选定对象所在的图层。

（2）图层的清理（Purge）：键入"Purge"命令并回车，在弹出的"清理"对话框中，可以清除无用的图层。

（3）图层的转换（Laytrans）：键入"Laytrans"命令并回车，在弹出的"图层转换器"对话框，可以实现图层的整合。

5. 对象特性设置

常用对象特性的设置有以下几种方法：

（1）利用"快捷特性"选项板设置对象特性。

在绘图区选择图形对象时，将弹出如图 12-37 所示的"快捷特性"选项板。利用该选项

板可重设图形对象所在的常用特性，如图层、颜色和
线型等。单击状态栏的"QP"按钮，可启动或关闭"快
捷特性"选项板。

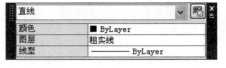

图 12-37　"快捷特性"选项板

（2）利用"特性"选项板设置对象特性。

单击功能区"视图"选项卡的"选项板"面板上
按钮▦，或者键入"Properties"命令，都可以打开"特性"选项板。

（3）利用图层面板上的匹配工具▧，可将选定对象的图层更改为与目标图层相匹配。

6. 创建图层的步骤

创建图 12-32 所示图层的步骤如下：

（1）执行"Layer"命令，打开"图层特性管理器"对话框。

（2）在"图层特性管理器"对话框中单击"新建"按钮，新的图层以临时名称"图层 1"
显示在列表中，并采用默认设置的特性。

（3）输入新的图层名，如"点画线"。

（4）修改图层颜色、线型、线宽等特性。

（5）重复（2）、（3）、（4），创建"粗实线"、"细实线"、"尺寸"、（文字）等图层。

（6）设置当前图层。

（7）单击左上角图标▨，退出"图层样式管理器"对话框。

12.5.2　范例解析——绘制建筑平面图

用 AutoCAD 绘制平面图的总体思路是先整体、后局部。主要绘制过程如下。

（1）创建图层，如墙体层、轴线层、柱网层等。

（2）绘制一个表示作图区域大小的矩形，单击"标准"工具栏上的▧按钮，将该矩形全
部显示在绘图窗口中，再用 EXPLODE 命令分解矩形，形成作图基准线。此外，也可利用
LIMITS 命令设定绘图区域的大小，然后用 LINE 命令绘制水平及竖直的作图基准线。

（3）用 OFFSET 和 TRIM 命令绘制水平及竖直的定位轴线。

（4）用 MLINE 命令绘制外墙体，形成平面图的大致形状。

（5）绘制内墙体。

（6）用 OFFSET 和 TRIM 命令在墙体上形成门窗洞口。

（7）绘制门窗、楼梯及其他局部细节。

（8）插入标准图框，并以绘图比例的倒数缩放图框。

（9）标注尺寸，尺寸标注总体比例为绘图比例的倒数。

（10）书写文字，文字字高为图纸上的实际字高与绘图比例倒数的乘积。

12.5.3　平面图绘制实例

绘制建筑平面图，如图 12-38 所示，绘图比例为 1∶100，采用 A2 幅面的图框。为使图
形简洁，图中仅标出了总体尺寸、轴线间距尺寸及部分细节尺寸。

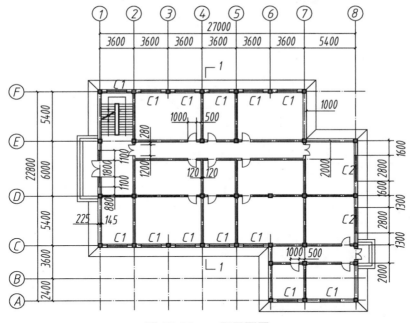

图 12-38　一层平面图

（1）创建以下图层，如表 12-3 所示。

表 12-3　图层

名　　称	颜　色	线　型	线　宽
建筑—轴线	灰色	Center	默认
建筑—柱网	白色	Contimus	默认
建筑—堵体	白色	Contimus	0.7
建筑—门窗	白色	Contimus	默认
建筑—台阶及散水	红色	Continuous	默认
建筑—楼梯	白色	Contimus	默认
建筑—标注	白色	Contimus	默认

当创建不同种类的对象时，应切换到相应图层。

（2）设定绘图区域的大小为 40 000×40 000，设置总体线型比例因子为 100（绘图比例的倒数）。

（3）激活极轴追踪、对象捕捉及自动追踪功能。设置极轴追踪角度增量为"90"，设定对象捕捉方式为"端点""交点"，设置仅沿正交方向进行自动追踪。

（4）用 LINE 命令绘制水平及竖直的作图基准线，然后利用 OFFSET、BREAK 及 TRIM 等命令绘制轴线，如图 12-39 所示。

（5）在屏幕的适当位置绘制柱的横截面，尺寸如图 12-40 左图所示，先画一个正方形，再连接两条对角线，然后用"SOLID"图案填充图形，如图 12-40 右图所示。正方形两条对角线的交点可作为柱截面的定位基准点。

（6）用 COPY 命令形成柱网，如图 12-41 所示。

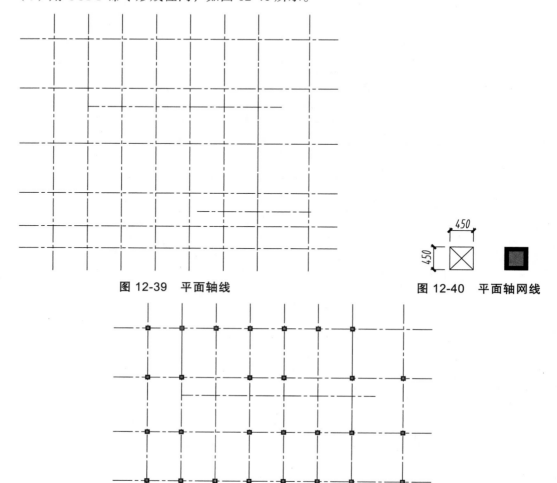

图 12-39　平面轴线

图 12-40　平面轴网线

图 12-41　平面轴网线

（7）创建两个多线样式，如表 12-4 所示。

表 12-4　创建多线样式

栏式名	元　素	偏移量
墙体—370	两条直线	145、－225
墙体—240	两条直线	120、－120

（8）关闭"建筑—柱网"层，指定"墙体—370"为当前样式，用 MLINE 命令绘制建筑物外墙体，再设定"墙体—240"为当前样式，绘制建筑物内墙体，如图 12-42 所示。

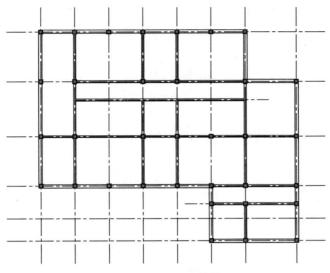

图 12-42　绘制墙体

（9）用 MLEDIT 命令编辑多线相交的形式，再分解多线，修剪多余线条。

（10）用 OFFSET、TRIM 和 COPY 命令形成所有的门窗洞口，如图 12-43 所示。

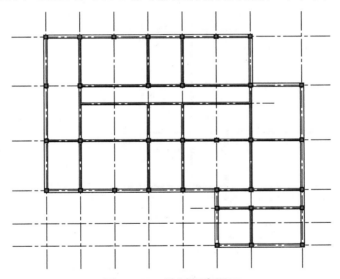

图 12-43　绘制门窗洞口

（11）利用设计中心插入"图例.dwg"中的门窗图块，这些图块分别是 M1000、M1200、M1800 及 C370×100，再复制这些图块，如图 12-44 所示。

（12）绘制室外台阶及散水，细节尺寸和结果如图 12-45 所示。

（13）绘制楼梯，楼梯尺寸如图 12-48 所示。

（14）打开素材文件"8-A2.dwg"，该文件中包含一个 A2 幅面的图框，利用 Windows 的复制/粘贴功能将 A2 幅面的图纸复制到平面图中，用 SCALE 命令缩放图框，缩放比例为 100，然后把平面图布置在图框中。

（15）标注尺寸，尺寸文字的字高为 2.5，全局比例因子为 100。

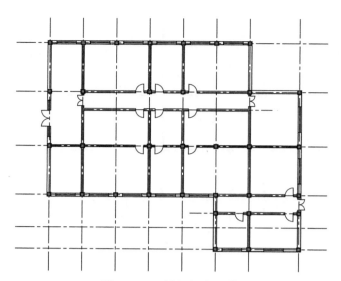

图 12-44　插入门窗图块

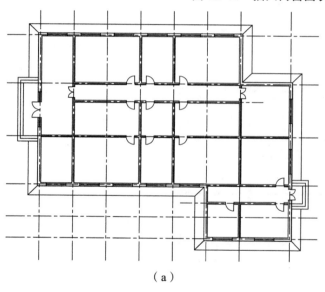

（a）

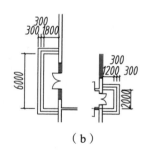

（b）

图 12-45　绘制室外台阶及散水

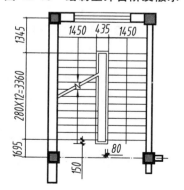

图 12-46　绘制楼梯

（16）利用设计中心插入"图例.dwg"中的标高块及轴线编号块，并填写属性文字，块的缩放比例因子为100。

（17）将文件以名称"平面图.dwg"保存，该文件将用于绘制立面图和剖面图。

12.6 文字注写与尺寸标注

12.6.1 文字注写及创建表格对象

1. 创建国标文字样式

文字样式主要是控制与文本连接的字体、字符宽度、文字倾斜角度及高度等。用户可以针对每一种不同风格的文字创建对应的文字样式，这样在输入文本时就可以使用相应的文字样式来控制文本的外观。例如，用户可建立专门用于控制尺寸标注文字及设计说明文字外观的文本样式。

2. 修改文字样式

修改文字样式的操作也是在"文字样式"对话框中进行的，其过程与创建文字样式相似，这里不再重复。

3. 单行文字

使用 DTEXT 命令可以非常灵活地创建文字项目。执行此命令后，用户不仅可以设置文本的对齐方式及文字的倾斜角度，而且还能用十字光标在不同的地方选取点以定位文本的位置（系统变量 DTEXTED 等于 1），该特性使用户只执行一次命令，就能在图形的任何区域放置文本。另外，DTEXT 命令还提供了屏幕预演的功能，即在输入文字的同时将该文字在屏幕上显示出来，这样用户就能很容易地发现文本输入的错误，以便及时修改。

1）创建单行文字

执行 DTEXT 命令可以创建单行文字，默认情况下，该文字所关联的文字样式是"Standard"，采用的字体是"txt.shx"。如果用户要输入中文，应修改当前文字样式，使其与中文字体相联，此外，也可创建一个采用中文字体的新文字样式。

命令启动方法：

菜单命令："绘图"/"文字"/"单行文字"。

命令：DTEXT 或简写 DT。

2）单行文字的对齐方式

执行 DTEXT 命令后，系统提示用户输入文本的插入点，此点和实际字符的位置关系由对齐方式"对正（J）"所决定。对于单行文字，系统提供了 10 多种对正选项，默认情况下，文本是左对齐的，即指定的插入点是文字的左基线点，如图 12-47 所示。

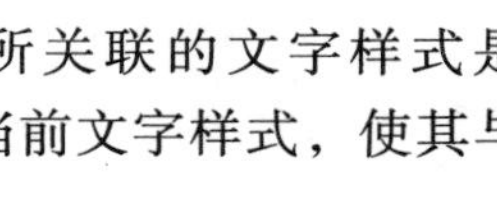

如果要改变单行文字的对齐方式，可使用"对正（J）"选项。

文字的对齐方式
左基线点

**图 12-47 单行文字的
对齐方式**

在"指定文字的起点或[对正（J）/样式（S）]:"提示下输入"j"，则系统提示如下：

[对齐（A）/调整（F）/中心（C）/中间（M）/右（R）/左上（TL）/中上（TC）/右上（TR）/左中（ML）/正中（MC）/右中（MR）/左下（BL）/中下（BC）/右下（BR）]:

下面对以上选项进行详细说明。

对齐（A）：使用此选项时，系统提示指定文本分布的起始点和结束点。当用户选定两点并输入文本后，系统会将文字压缩或扩展，使其充满指定的宽度范围，而文字的高度则按适当比例变化，以使文本不至于被扭曲。

调整（F）：使用此选项时，系统增加了"指定高度:"的提示。使用此选项也将压缩或扩展文字，使其充满指定的宽度范围，但文字的高度值等于指定的数值。

分别利用"对齐（A）"和"调整（F）"选项在矩形框中填写文字，结果如图 12-48 所示。

（a）"对齐（A）"选项　　　　　　　　　　（b）"调整（F）"选项

图 12-48　文字对齐和调整

中心（C）/中间（M）/右（R）/左上（TL）/中上（TC）/右上（TR）/左中（ML）/正中（MC）/右中（MR）/左下（BL）/中下（BC）/右下（BR）：通过这些选项设置文字的插入点，各插入点位置如图 12-49 所示。

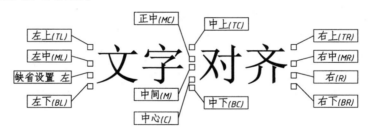

图 12-49　设置文字的插入点

3）在单行文字中加入特殊字符

工程图中用到的许多符号都不能通过标准键盘直接输入，如文字的下划线、直径代号等。当利用 DTEXT 命令创建文字注释时，必须输入特殊的代码来产生特定的字符，这些代码及其对应的特殊符号如表 12-5 所示。

表 12-5　单行文字中加入特殊字符

代　码	字　符	代　码	字　符
%%o	文字的上划线	%%p	表示"±"
%%u	文字的下划线	%%c	直径代号
%%d	角度的度符号		

使用表中代码生成特殊字符的样例如图 12-50 所示。

添加%%u特殊%%u符号　　　添加特殊字符

%%c100　　　　　　　ϕ100

%%p0.010　　　　　　$\pm$0.010

图 12-50　代码生成特殊字符的样例

4. 多行文字

使用 MTEXT 命令可以创建复杂的文字说明。用 MTEXT 命令生成的文字段落称为多行文字，它可由任意数目的文字行组成，所有的文字构成一个单独的实体。使用 MTEXT 命令时，可以指定文本分布的宽度，文字沿竖直方向可无限延伸。另外，用户还能设置多行文字中单个字符或某一部分文字的属性（包括文本的字体、倾斜角度和高度等）。

1）创建多行文字

创建多行文字时，首先要建立一个文本边框，此边框表明了段落文字的左右边界，然后在文本边框的范围内输入文字。文字字高及字体可事先设定或随时修改。

2）添加特殊字符

下面通过实例演示如何在多行文字中加入特殊字符，文字内容如下：

管道穿墙及穿楼板时，应装ϕ40 的钢质套管。
供暖管道管径 DN≤32 采用螺纹连接。

（1）设定绘图区域大小为 10 000×10 000。

（2）选取菜单命令"格式"/"文字样式"，打开"文字样式"对话框，设定文字高度为"500"，其余采用默认选项。

（3）单击"绘图"工具栏上的按钮，再指定文字分布的宽度，打开多行文字编辑器，在"字体"下拉列表中选取"宋体"，然后键入文字，如图 12-51 所示。

（4）在要插入直径符号的位置单击鼠标左键，再指定当前字体为"txt"，然后单击鼠标右键，弹出快捷菜单，选取"符号"/"直径"选项，结果如图 12-52 所示。

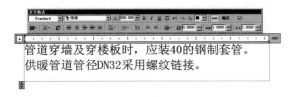

图 12-51　多行文字编辑器

图 12-52　插入直径符号

（5）在文本输入窗口中单击鼠标右键，弹出快捷菜单，选取"符号"/"其他"选项，打开"字符映射表"对话框。

（6）在对话框的"字体"下拉列表中选取"宋体"，然后选取需要的字符"≤"，如图 12-53 所示。

（7）单击 选择(S) 按钮，再单击 复制(C) 按钮。

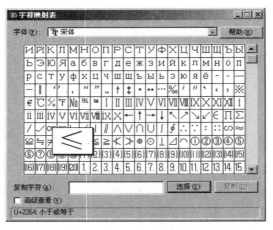

图 12-53　多行文字编辑器

（8）返回多行文字编辑器，在需要插入"≤"符号的地方单击鼠标左键，然后单击鼠标右键，弹出快捷菜单，选取"粘贴"选项，结果如图 12-54 所示。

（9）单击 确定 按钮，完成操作。

管道穿墙及穿楼板时，应装∅40的钢制套管。
供暖管道管径DN≤32采用螺纹链接。

图 12-54　插入"≤"符号

5. 编辑文字

编辑文字的常用方法有以下两种。

使用 DDEDIT 命令编辑单行或多行文字。选择不同对象，系统将打开不同的对话框。针对单行或多行文字，系统将分别打开"编辑文字"对话框和多行文字编辑器。使用 DDEDIT 命令编辑文本的优点是，此命令连续地提示用户选择要编辑的对象，因而只要执行 DDEDIT 命令，就能一次修改许多文字对象。

使用 PROPERTIES 命令修改文本。选择要修改的文字后执行 PROPERTIES 命令，打开"特性"对话框，在该对话框中用户不仅能修改文本的内容，还能编辑文本的其他许多属性，如倾斜角度、对齐方式、高度和文字样式等。

6. 创建及编辑表格对象

在 AutoCAD 中可以生成表格对象。创建该对象时，系统首先生成一个空白表格，随后用户可在该表中填入文字信息。用户可以很方便地修改表格的宽度、高度及表中文字，还可按行、列方式删除表格单元或合并表中的相邻单元。

1）表格样式

表格对象的外观由表格样式控制。默认情况下的表格样式是"Standard"，用户也可以根据需要创建新的表格样式。"Standard"表格的外观如图 12-55 所示，其中第一行是标题行，第二行是列标题行，其他行是数据行。

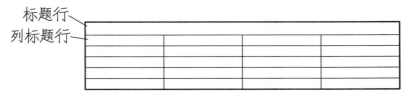

标题行
列标题行

图 12-55　表格样式

在表格样式中，用户可以设定标题文字和数据文字的文字样式、字高、对齐方式及表格单元的填充颜色，还可设定单元边框的线宽和颜色，以及控制是否将边框显示出来等。

命令启动方法：
- 菜单命令："格式"/"表格样式"。
- 工具栏："样式"工具栏上的 按钮。
- 命令：TABLESTYLE。

2）创建及修改空白表格

使用 TABLE 命令创建空白表格，空白表格的外观由当前表格样式决定。使用该命令时，用户要输入的主要参数有"行数""列数""行高"及"列宽"等。

命令启动方法：
- 菜单命令："绘图"/"表格"。
- 工具栏："绘图"工具栏上的 按钮。
- 命令：TABLE。

执行 TABLE 命令，系统将打开"插入表格"对话框，如图 12-56 所示。在该对话框中，用户可选择表格样式，并指定表的行、列数目及相关尺寸。

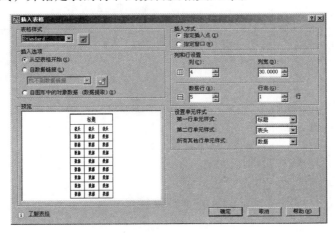

图 12-56　创建及修改空白表格

3）在表格中填写文字

在表格单元中可以很方便地填写文字信息。使用 TABLE 命令创建表格后，系统会亮显表格的第一个单元，同时打开"文字格式"工具栏，此时即可输入文字了。此外，用户双击某一单元也能将其激活，从而可在其中填写或修改文字。当要移动到相邻的下一个单元时，可按 Tab 键，或使用箭头键向左、右、上或下移动。

12.6.2　范例解析——填写标题栏

填写标题栏，结果如图 12-57 所示。

（1）打开素材文件"6-9.dwg"。

（2）用 DTEXT 命令在表格的第一个单元中书写文字"门窗编号"，如图 12-58 所示。

门窗编号	洞口尺寸	数量	位置
M1	4260×2700	2	阳台
M2	1500×2700	1	主入口
C1	1800×1800	2	楼梯间
C2	1020×1500	2	卧室

图 12-57　标题栏示例

门窗编号			

图 12-58　书写文字"门窗编号"

（3）用 COPY 命令将"门窗编号"由 A 点复制到 B、C、D 点，如图 12-59 所示。

（4）用 DDEDIT 命令修改文字内容，再用 MOVE 命令调整"洞口尺寸""位置"的位置，结果如图 12-60 所示。

门窗编号	门窗编号	门窗编号	门窗编号
A	B	C	D

图 12-59　复制文字

门窗编号	洞口尺寸	数量	位置

图 12-60　调整文字位置

（5）把已经填写的文字向下复制，如图 12-61 所示。

（6）用 DDEDIT 命令修改文字内容，结果如图 12-62 所示。

门窗编号	洞口尺寸	数量	位置
门窗编号	洞口尺寸	数量	位置
门窗编号	洞口尺寸	数量	位置
门窗编号	洞口尺寸	数量	位置
门窗编号	洞口尺寸	数量	位置

图 12-61　向下复制文字

门窗编号	洞口尺寸	数量	位置
M1	4260×2700	2	阳台
M2	1500×2700	1	主入口
C1	1800×1800	2	楼梯间
C2	1020×1500	2	卧室

图 12-62　修改文字内容

12.6.2　尺寸标注

本节内容主要包括尺寸样式、标注尺寸和编辑尺寸。

1. 尺寸样式的创建

尺寸标注是一个复合体，它以块的形式存储在图形中，其组成部分包括尺寸线、尺寸界线、标注文字及尺寸起止符号等，如图 12-63 所示，这些组成部分的格式都由尺寸样式来控制。尺寸样式是尺寸变量的集合，这些变量决定了尺寸标注中各元素的外观，只要调整样式中的某些尺寸变量，就能灵活地改变标注的外观。

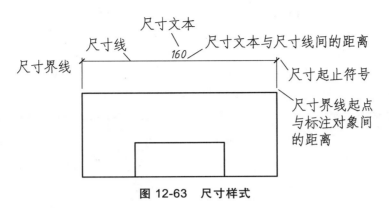

图 12-63 尺寸样式

在标注尺寸前，一般都要创建尺寸样式，否则，系统将使用默认样式生成尺寸标注。用户可以定义多种不同的标注样式并为之命名，标注时只需指定某个样式为当前样式，就能创建相应的标注形式。

1）创建国标尺寸样式

创建尺寸标注时，标注的外观是由当前尺寸样式控制的，系统提供了一个默认的尺寸样式 ISO-25，用户可以改变这个样式或者生成自己的尺寸样式。

2）设置尺寸线、尺寸界线

在"标注样式管理器"对话框中单击 修改(M)... 按钮，打开"修改标注样式"对话框，如图 12-64 所示。在该对话框的"线"选项卡中可对尺寸线、尺寸界线进行设置。

3）设置尺寸起止符号及圆心标记

在"修改标注样式"对话框中单击"符号和箭头"选项卡，如图 12-65 所示。在此选项卡中可设置尺寸起止符号及圆心标记的形式和大小。

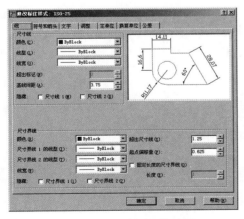

图 12-64 标注样式管理器

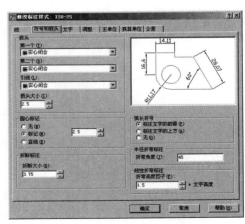

图 12-65 "符号和箭头"选项

4）设置尺寸文本的外观和位置

在"修改标注样式"对话框中单击"文字"选项卡，如图 12-66 所示。在此选项卡中可以调整尺寸文本的外观，并能控制文本的位置。

5）设置尺寸标注的总体比例

尺寸标注的全局比例因子将影响尺寸标注所有组成元素的大小，如标注文字、尺寸箭头等，如图 12-67 所示。当用户欲以 1：100 的比例将图样打印在标准幅面的图纸上时，为保证尺寸外观合适，应设定标注的全局比例为打印比例的倒数，即 100。

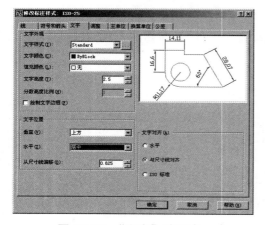

图 12-66 "文字"选项卡

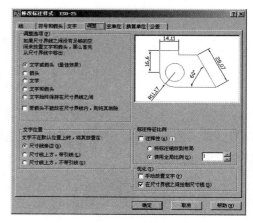

图 12-67 "调整"选项

6）设置尺寸精度及尺寸数值比例因子

在"修改标注样式"对话框中单击"主单位"选项卡，如图 12-68 所示。在该选项卡中可以设置尺寸数值的精度及尺寸数值比例因子，并能给标注文本加入前缀或后缀。

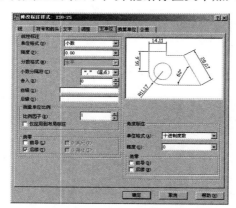

图 12-68 设置尺寸精度及尺寸数值比例因子

7）修改尺寸标注样式

修改尺寸标注样式的操作是在"修改标注样式"对话框中进行的，当修改操作完成后，图样中所有使用此样式的标注都将发生变化。

8）临时修改标注样式——标注样式的覆盖方式

修改标注样式后，系统将改变所有与此样式相关联的尺寸标注。但如果想创建个别特殊形式的尺寸标注，如将标注文字水平放置、改变尺寸起止符号等，用户不能直接修改尺寸样式，也不必再创建新样式，只需采用当前样式的覆盖方式进行标注就可以了。

9）删除和重命名标注样式

删除和重命名标注样式的操作是在"标注样式管理器"对话框中进行的。

2. 标注水平、竖直及倾斜方向的尺寸

使用 DIMLINEAR 命令可以标注水平、竖直及倾斜方向的尺寸。标注时，若要使尺寸线倾斜，可输入"R"选项，然后再输入尺寸线的倾角即可。

命令启动方法：

- 菜单命令："标注" / "线性"。
- 工具栏："标注"工具栏上的 ⊟ 按钮。
- 命令：DIMLINEAR 或简写 DIMLIN。

3. 创建对齐尺寸

要标注倾斜对象的真实长度可使用对齐尺寸,对齐尺寸的尺寸线平行于倾斜的标注对象。如果用户通过选择两个点来创建对齐尺寸，则尺寸线与两点的连线平行。

命令启动方法：

- 菜单命令："标注" / "对齐"。
- 工具栏："标注"工具栏上的 ⬉ 按钮。
- 命令：DIMALIGNED 或简写 DIMALI。

4. 创建连续型及基线型尺寸

连续型尺寸标注是一系列首尾相连的标注，而基线型尺寸标注是指所有的尺寸都从同一点开始标注，即它们公用一条尺寸界线。连续型和基线型尺寸的标注方法类似，在创建这两种形式的尺寸时，首先应建立一个尺寸标注，然后执行标注命令，当系统提示"指定第二条尺寸界线原点或[放弃（U）/选择（S）] <选择>:"时，可采取下面的某种操作方式。

- 直接拾取对象上的点。由于已事先建立了一个尺寸，因此系统将以该尺寸的第一条尺寸界线为基准线生成基线型尺寸,或者以该尺寸的第二条尺寸界线为基准线建立连续型尺寸。
- 若不想在前一个尺寸的基础上生成连续型或基线型尺寸,则按 Enter 键,系统将提示"选择连续标注:"或"选择基准标注:",此时可选择某条尺寸界线作为建立新尺寸的基准线。

1）基线标注

命令启动方法：

- 菜单命令："标注" / "基线"。
- 工具栏："标注"工具栏上的 ⊟ 按钮。
- 命令：DIMBASELINE 或简写 DIMBASE。

2）连续标注

命令启动方法：

- 菜单命令："标注" / "连续"。
- 工具栏："标注"工具栏上的 ⊞ 按钮。
- 命令：DIMCONTINUE 或简写 DIMCONT。

5. 设定全局比例因子及标注长度型尺寸

打开素材文件 "6-18.dwg"，标注此图样，结果如图 12-69 所示。

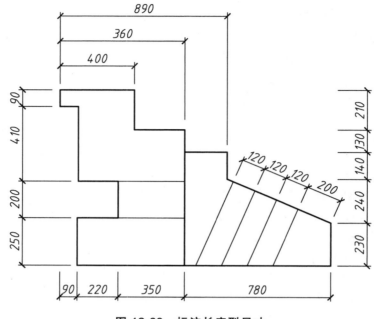

图 12-69　标注长度型尺寸

（1）建立一个名为 "建筑—标注" 的图层，设置图层颜色为红色，线型为 "Continuous"，并使其成为当前层。

（2）创建新文字样式，样式名为 "标注文字"，与该样式相连的字体文件是 "gbenor.shx" 和 "gbcbig.shx"。

（3）创建一个尺寸样式，名称为 "工程标注"，对该样式进行以下设置：
- 标注文本连接 "标注文字"，文字高度等于 "2"，精度为 "0.0"，小数点格式是 "句点"。
- 标注文本与尺寸线间的距离是 "0.8"。
- 尺寸起止符号为 "建筑标记"，其大小为 "1.3"。
- 尺寸界线超出尺寸线的长度等于 "1.5"。
- 尺寸线起始点与标注对象端点间的距离为 "2"。
- 标注基线尺寸时，平行尺寸线间的距离为 "7"。
- 标注全局比例因子为 "20"。
- 使 "工程标注" 成为当前样式。

（4）打开对象捕捉，设置捕捉类型为 "端点""交点"。

（5）创建连续标注及基线标注，如图 12-70 所示。

（6）使用 XLINE 命令绘制竖直辅助线 A 及水平辅助线 B、C 等，水平辅助线与竖直辅助线的交点分别是标注尺寸的起始点和终止点。标注尺寸 "230""240" 等，如图 12-71 所示。

（7）删除辅助线，创建对齐尺寸。

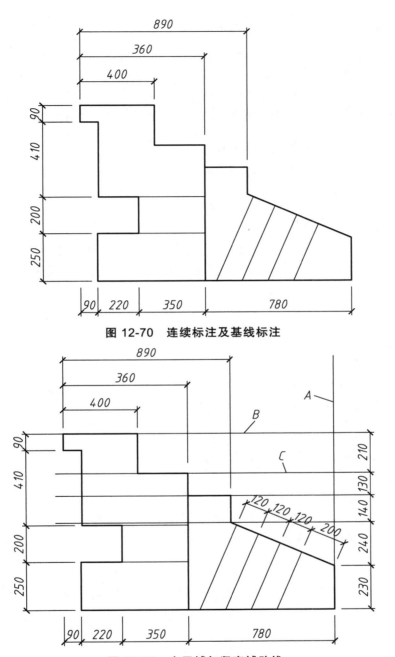

图 12-70　连续标注及基线标注

图 12-71　水平辅与竖直辅助线

6. 创建角度尺寸

标注角度尺寸时，可通过拾取两条边线、3 个点或一段圆弧来创建角度尺寸。

命令启动方法：

- 菜单命令："标注" / "角度"。
- 工具栏："标注"工具栏上的 ⚊ 按钮。
- 命令：DIMANGULAR 或简写 DIMANG。

7. 使用角度尺寸样式簇标注角度

AutoCAD 可以生成已有尺寸样式（父样式）的子样式，该子样式也称为"样式簇"，用于控制某一特定类型的尺寸。例如，用户可以通过样式簇控制角度尺寸或直径尺寸的外观。当修改子样式中的尺寸变量时，其父样式将保持不变，反过来，当对父样式进行修改时，子样式中从父样式继承下来的特性将改变，而在创建子样式时新设定的参数将不变。

8. 利用尺寸样式覆盖方式标注角度

在建筑图中，角度尺寸的起止符号为箭头，角度数字一律水平放置。此时，可采用当前样式的覆盖方式标注角度，以使标注的外观符合国家标准。

9. 创建直径型和半径型尺寸

在标注直径和半径尺寸时，AutoCAD 自动在标注文字前面加入"ϕ"或"R"符号。在实际标注中，直径和半径型尺寸的标注形式多种多样，若通过当前样式的覆盖方式进行标注就非常方便。

1）标注直径尺寸

命令启动方法：

- 菜单命令："标注"/"直径"。
- 工具栏："标注"工具栏上的 ⬙ 按钮。
- 命令：DIMDIAMETER 或简写 DIMDIA。

2）标注半径尺寸

标注半径尺寸的过程与标注直径尺寸的过程类似。

命令启动方法：

- 菜单命令："标注"/"半径"。
- 工具栏："标注"工具栏上的 ⬙ 按钮。
- 命令：DIMRADIUS 或简写 DIMRAD。

3）工程图中直径及半径尺寸的几种典型标注形式

工程图中直径和半径尺寸的典型标注样例如图 12-72 所示，用户可通过尺寸样式覆盖方式创建这些标注形式。

图 12-72　直径及半径尺寸的标注形式

10. 编辑尺寸标注

尺寸标注的各个组成部分，如文字的大小、尺寸起止符号的形式等，都可以通过调整尺寸样式进行修改。

1）修改尺寸标注文字

如果仅仅是修改尺寸标注文字，那么最佳的方法是使用 DDEDIT 命令，执行该命令后，可以连续修改想要编辑的尺寸标注。

2）利用关键点调整标注的位置

关键点编辑方式非常适合于移动尺寸线和标注文字，这种编辑模式一般通过尺寸线两端的或标注文字所在处的关键点来调整尺寸的位置。

3）更新标注

使用"DIMSTYLE"命令的"应用（A）"选项（或单击"标注"工具栏上的 ![button] 按钮）可以方便地修改单个尺寸标注的属性。如果发现某个尺寸标注的格式不正确，可修改尺寸样式中的相关尺寸变量，注意要使用尺寸样式的覆盖方式进行修改，然后通过"DIMSTYLE"命令使要修改的尺寸按新的尺寸样式进行更新。在使用此命令时，用户可以连续对多个尺寸进行编辑。

12.6.3 范例解析——标注 1 ∶ 100 的建筑平面图

打开素材文件"6-27.dwg"，该文件中包含一张 A3 幅面的建筑平面图，绘图比例为 1 ∶ 100。标注此图样，结果如图 12-73 所示。

（1）建立一个名为"建筑—标注"的图层，设置图层颜色为红色，线型为"Continuous"，并使其成为当前层。

（2）创建新文字样式，样式名为"标注文字"，与该样式相关联的字体文件是 gbenor.shx 和 gbcbig.shx。

（3）创建一个尺寸样式，名称为"工程标注"，对该样式进行以下设置：

- 标注文本连接"标注文字"，文字高度等于"2.5"，精度为"0.0"，小数点格式是"句点"。
- 标注文本与尺寸线间的距离是"0.8"。
- 尺寸起止符号为"建筑标记"，其大小为"1.3"。
- 尺寸界线超出尺寸线的长度等于"1.5"。
- 尺寸线起始点与标注对象端点间的距离为"0.6"。
- 标注基线尺寸时，平行尺寸线间的距离为"8"。
- 标注全局比例因子为"100"。
- 使"工程标注"成为当前样式。

（4）激活对象捕捉，设置捕捉类型为"端点""交点"。

（5）使用 XLINE 命令绘制水平辅助线 *A* 及竖直辅助线 *B*、*C* 等，竖直辅助线是墙体、窗户等结构的引出线，水平辅助线与竖直线的交点是标注尺寸的起始点和终止点，标注尺寸

"1150"和"1800"等，结果如图 12-74 所示。

（6）使用同样的方法标注图样左边、右边及下边的轴线间距尺寸及结构细节尺寸。

（7）标注建筑物内部的结构细节尺寸，如图 12-75 所示。

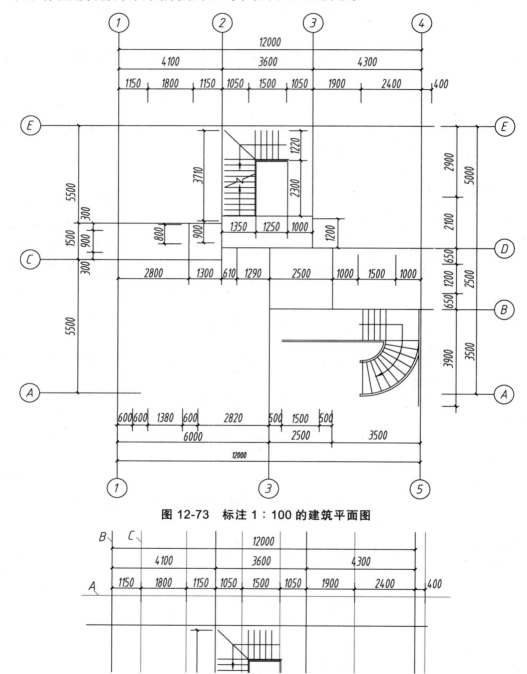

图 12-73　标注 1∶100 的建筑平面图

图 12-74　绘制水平、竖直辅助线标注

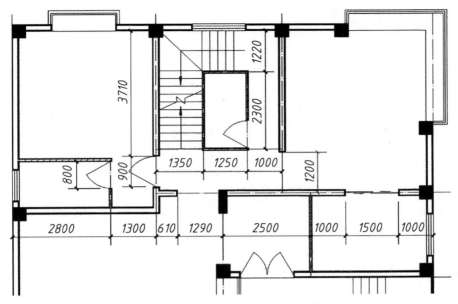

图 12-75　标注建筑物内部的结构细节尺寸

（8）绘制轴线引出线，再绘制半径为 350 的圆，在圆内书写轴线编号，字高为 350。

（9）复制圆及轴线编号，然后使用 DDEDIT 命令修改编号数字

12.7　块及其应用

块是绘制在几个图层上若干对象的组合。块是一个单独的对象，通过拾取块中的任一线段，就可以对块进行编辑。

12.7.1　常用块命令

常用块命令的调用方法：① 功能区/"常用"选项卡/"块"面板；② 功能区/"插入"选项卡/"块"和"属性"面板；③ "绘图（D）"菜单/块（K）；④ "绘图"工具栏/🚚。常用块命令及其功能如表 12-6 所示。

表 12-6　常用块命令

图标	命令	功　能
🚚	Block	将所选图形定义成块
🚚	Wblock	将已定义过的块存贮为图形文件
🚚	Insert	将块或图形插入当前图形中
🏷	Attdef	定义块属性。便于在插入块的同时加入粗糙度数值，实现图形与文本的结合

12.7.2 块（图块）的概念

理论上，在 AutoCAD 中创建的任意图元或图元组合经定义后均可称作为"块"（BLOCK）。

采用块操作可以大大提高 CAD 的作图效率，并便于实现作图的标准化。例如，可将工程图纸中大量重复出现的建筑构配件，如门、窗、卫生洁具等创建为图块，在需要绘制时执行图块插入命令即可快速生成。

图块又可分为"内部块"和"外部块"两种类型。

1. 定义内部块

命令：BLOCK（B），如图 12-76 所示。

功能：对事先绘制好的图形进行块定义，对其命名并存储在当前图形文件中，以便在后续图形的绘制过程中执行插入操作。

特点：由 BLOCK 命令创建的块只存储在定义它的图形文件中，只能在该图形文件中被调用，因此被称为内部块。

定义内部块的具体说明：

（1）名称：对将要定义的块命名。

（2）基点：定义块的基点，该基点在插入时作为基准点使用。

（3）对象：定义块中所包括的图元，及块定义后保存原始图形的三种模式。

（4）保留：定义块之后，原始图元仍保留为独立图元（图元组合），与定义块之前的状态相同。

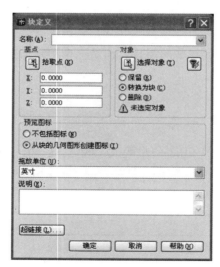

图 12-76 定义内部块

2. 定义外部块

命令：WBLOCK（W），如图 12-77 所示。

特点：外部块是以独立的图形文件（ *.dwg ）格式存储的。因此，由 WBLOCK 命令创建的外部块可供其他图形文件调用，即外部块是一种"公用图块"。

定义外部块的具体说明：

（1）源：将要定义外部块的原始图形的来源。

（2）块：以已经定义好的内部块为来源。

（3）整个图形：以当前文件上的所有图元为来源。

（4）对象：在绘图区进行选择。

图 12-77　定义外部块

12.7.3　插入块

命令：INSERT（I），如图 12-78 所示。

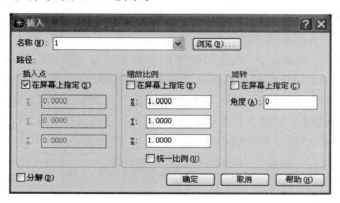

图 12-78　插入块

功能：在当前图形文件中插入一个预先定义好的内部图块或外部图块，例如，创建带属性的"图签"的块，如图 12-79 所示。也可插入一个已存在的图形文件。

特点：调用一次 INSERT 命令只能插入一个图块或图形，插入时可指定在绘图区上的插入点、缩放比例、旋转角度等参数。

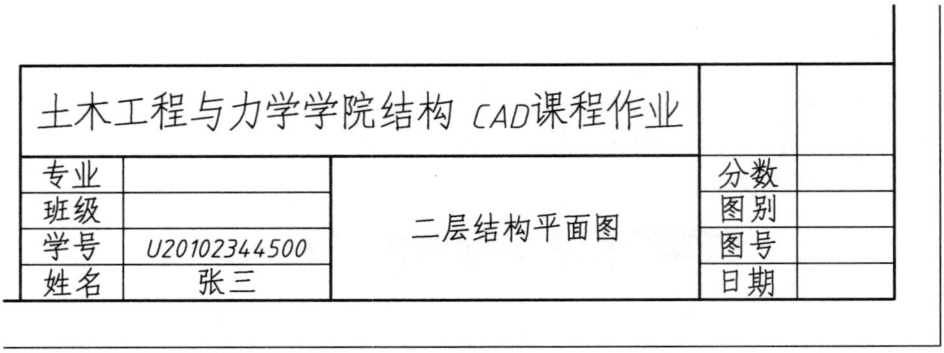

土木工程与力学学院结构 *CAD*课程作业					
专业		二层结构平面图	分数		
班级			图别		
学号	U20102344500		图号		
姓名	张三		日期		

图 12-79　创建带属性的块：图签

1. 插入外部块与一般图形文件的区别

（1）调用 INSERT 命令可将所有的 DWG 文件插入当前图形文件中。

（2）由 WBLOCK 定义的外部块文件，其插入的基点是由用户设定的。

（3）一般的 DWG 图形文件，在插入当前图形文件中是以坐标原点（0,0,0）作为插入的基点。

（4）由 WBLOCK 定义的外部块文件，比一般的 DWG 文件占用更少的字节。

2. 不同 AutoCAD 图形文件之间数据传递的方法

（1）定义并插入外部图块： WBLOCK、INSERT。

（2）直接将整个图形文件作为外部块插入：INSERT。

（3）使用粘贴板 Ctrl+C、Ctrl+V（使用粘贴板也可将 AutoCAD 绘制的图形插入 Word 文档中）。

小　结

本章主要介绍使用 AutoCAD 绘图的基本知识和方法以及常用绘图命令操作，旨在使学习者首先建立起对 AutoCAD 绘图的感性认识；重点讲述 AutoCAD 绘图的辅助功能；通过上机操作和工程图形绘制，学习综合运用基本命令的技巧，有利于初学者掌握各种命令之间的内在联系，提高绘图速度，更能发挥自身的主观能动性，积极地提出问题、思考问题，并想办法解决问题，同时也培养了自学能力。

主要内容有：

（1）AutoCAD 绘图基础。

（2）基本绘图命令。

（3）精确绘图辅助工具。

（4）基本编辑命令。

（5）图层及其应用。

（6）文字注写与尺寸标注。

（7）块及其应用。

练习题

要求学生在熟练掌握 CAD 制图技巧的同时，深刻地理解所抄绘图案的设计理念和文化内涵，进行爱国主义教育。

1. 五星红旗平面图

解析：（1）旗面为红色，长方形，其长与高为 3：2，旗面左上方缀黄色五角星 5 颗。

（2）所有的五角星都集中在红旗的左上四分之一区域（绘图先把矩形框架平分成四份）。一星较大，其外接圆直径为旗高的十分之三，居左；四星较小，其外接圆直径为旗高的十分之一，环拱于大星之右。四个小五角星的其中一个角对应大五角星的中心点，如图 12-80 所示。

（3）国旗之通用尺度定为如下五种：① 长 288 cm，高 192 cm。② 长 240 cm，高 160 cm。③ 长 192 cm，高 128 cm。④ 长 144 cm，高 96 cm。⑤ 长 96 cm，高 64 cm。

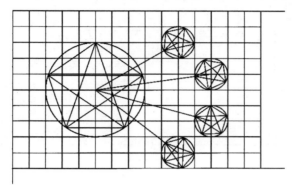

图 12-80　旗面左上方四分之一区域图

2. 斗拱立面图（图 12-81）

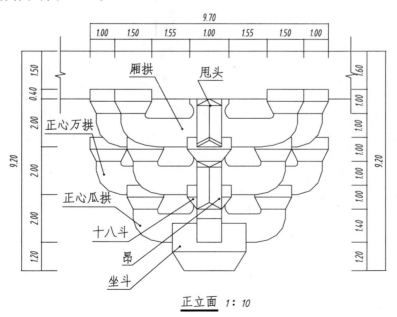

图 12-81　斗拱立面图

3. 长城城墙立面（图 12-82）

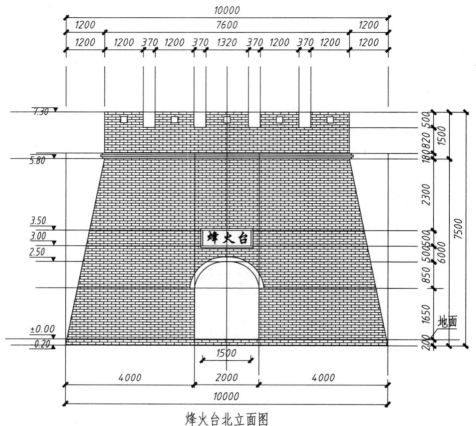

烽火台北立面图

图 12-82　长城城墙立面图

4. 山西五台山佛光寺东大殿立面图（图 12-83）

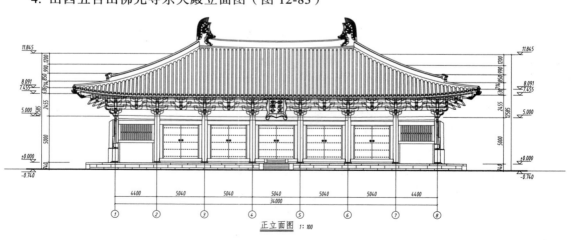

正立面图　1：100

图 12-83　山西五台山佛光寺东大殿立面图

5. 北京天坛祈年殿立面图（图 12-84）

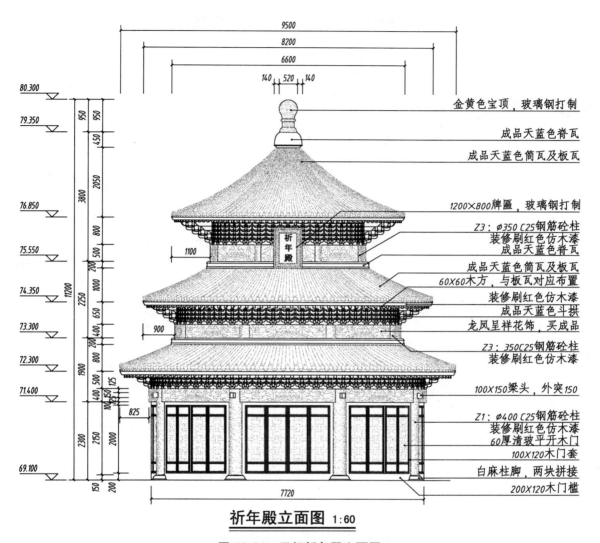

祈年殿立面图 1:60

图 12-84　天坛祈年殿立面图

　　注：同学们可以自行收集故宫博物院平面、天安门城楼立面、人民大会堂立面、人民英雄纪念碑剖面等工程图纸，作为 CAD 制图的训练内容。

第13章

建筑设备施工图

根据建筑物功能的要求，按照建筑设备工程的基本原则和相关标准规范进行设计，然后根据设计结果绘制成图样，以反映设备系统布置形式、材料选用、连接方式、细部构造及其他技术参数，并指导设备系统安装施工，这种图样称为建筑设备施工图。

建筑设备在不断地发展，更新迭代速度快，我们在制图过程中不但要严格遵守国家颁布的制图标准或者规范，而且要不断学习新产品、新工艺和新的施工方法，跟得上经济和科学的发展速度，用规范化的图纸资料表达设计思想和理念，助力国家经济和文明的发展。

13.1 给水排水工程图

13.1.1 给水排水工程图概述

给水排水工程包括给水工程、排水工程和建筑给水排水工程三个方面。给水工程是指水源取水、水质净化、净水输送、配水使用等工程；排水工程是指污水（生活、粪便、生产等污水）排放、污水处理、处理后的污水排入江河湖泊等工程；建筑给水排水工程是指建筑给水、建筑排水、热水供应、消防用水及屋面排水等工程。给水排水工程由各种管道及其构配件和水的处理、储存设备等构成。整个工程与房屋建筑、水力机械、水工结构等工程有着密切关系。

给水排水工程图是表达给水、排水及建筑给水排水若干工程设施的形状、大小、位置、材料以及有关技术要求等内容详图，是给水排水专业技术人员设计思想的载体。给水排水工程包括基本图和详图，其中基本图包括平面图、高程图、剖（断）面图及轴测图等。图纸编号要体现其相应的设计阶段，如规划设计采用水规-××（××为其编号）；初步设计采用水初-××，扩大初步设计采用水扩初-××；施工图采用水施-××。给水排水工程图按其作用和内容分一般有以下几种：

（1）建筑给水排水工程图。

主要画出房屋内的厨房、浴厕等房间，以及工矿企业中的锅炉间、澡堂、化验室以及需要用水的车间等用水部门的管道布置，一般包括：管道平面布置图、管道系统轴测图、卫生设备或用水设备安装详图等。

（2）室外管网及附属设备图。

主要画出敷设在室外地下各种管道的平面及高程布置，一般包括：城镇街区内的街道干管平面图、工矿企业内的厂区管网平面图以及相应的管道纵剖面图和横剖面图。此外，还有管网上的附属设施，如消防栓、闸门井、检查井、排放口等施工图。

（3）水处理工艺设备图。

主要指自来水厂和污水处理厂的设计图样。如水厂内各个水处理构筑物和连接管道的总平面布置图，反映高程布置的流程图，还有取水构筑物、投药间、泵房等单项工程的平面、剖面等设计图，以及各种给水和污水处理构筑物（如沉淀池、过滤池、曝气池等）的工艺设计图等。由于管道的断面尺寸比其长度尺寸小得多，所以在小比例的施工图中均以单线条表示管道，用图例表示管道上的配件。这些线型和图例符号，将在以下各节分别予以介绍。图例符号目前还没有完全统一，因此规定要在施工图上加上图例符号说明。绘制和阅读给水排水工程图时，可参阅《建筑给水排水制图标准》（GB/T 50106—2017）和给水排水设计手册。

13.1.2 给水排水专业制图的一般规定

绘制给水排水专业制图除遵守《建筑给水排水制图标准》（GB/T 50106—2017）外，对于图纸规格、图线、字体、符号、定位轴线及尺寸标注等均应遵守《房屋建筑制图统一标准》（GB/T 50001—2017）。对于上述标准未作规定的内容，应遵守国家现行的有关规定、规范的规定。

1. 图 线

图线宽度 b 应根据图纸的类别、比例及复杂程度，从《房屋建筑制图统一标准》（GB/T 50001—2017）的线宽系列 2.0 mm、1.4 mm、1.0 mm、0.7 mm、0.5 mm、0.35 mm 中选取，给水排水专业图的线宽 b 宜为 0.7 mm 或 1.0 mm。

《建筑给水排水制图标准》（GB/T 50106—2017）中，为了区别重力流和压力流管道，在《房屋建筑制图统一标准》（GB/T 50001—2017）中的 b、$0.5b$、$0.25b$ 三种线宽的基础上，增加了 $0.75b$ 的线宽。在图线宽度上一般重力流管线比压力流管线粗一级；新设计管线较原有管线粗一级。

此外，给水排水专业图中表格的线型，习惯上将表格内分格线和下方外框线画成细实线（$0.25b$），其余三方外框线均画成中实线（$0.5b$），以便列表统计时增添或删减。

2. 比 例

给水排水专业制图常用的比例，宜符合表 13-1 的规定。

此外，在管道纵断面图中，可根据需要对纵向与横向采用不同的组合比例；在建筑给水排水轴测图中，若局部按比例难以表达清楚时，可局部不按比例绘制；水处理流程图、水处理高程图和建筑给水排水原理图均可不按比例绘制。

3. 标 高

标高符号及一般的标注方法应符合《房屋建筑制图统一标准》（GB/T 50001—2017）中的相关规定。标注标高的类别、在过水断面上的标注位置、在流程的标注部位及标注方法有专业图的要求。

表 13-1　给水排水专业制图常用比例

名　称	比　例	说　明
区域规划图 区域位置图	1：50 000、1：25 000、1：10 000 1：5 000、1：2 000	宜与总图专业一致
总平面图	1：1 000、1：500、1：300	宜与总图专业一致
管道纵剖面图	纵向：1：200、1：100、1：50 横向：1：1 000、1：500、1：300	
水处理厂（站）平面图	1：500、1：200、1：100	
水处理构筑物、设备间、卫生间、泵房的平面图和剖面图	1：100、1：50、1：40、1：30	
建筑给排水平面图	1：200、1：150、1：100	宜与建筑专业一致
建筑给排水轴测图	1：150、1：100、1：50	宜与相应图纸一致
详　图	1：50、1：30、1：20、1：10、1：5、 1：2、1：1、2：1	

（1）所注标高类别。

室内工程应标注相对标高；室外工程宜标注绝对标高，若无绝对标高资料时，可标注与总图专业一致的相对标高

（2）于过水断面上的标注位置。

压力管道应标注管中心的标高（压力管道的连接以管中心为基准平接）；沟渠和重力流管道宜标注沟渠（管道）内底标高（重力管道的连接有管顶平接和水面平接）。

（3）在流程的标注部分。

在流程应标注在沟渠和重力流管道的起讫点、转角点、连接点、变坡点、变尺寸（管径）点及交叉点，压力管道中的标高控制点，管道穿外墙、剪力墙和构筑物的壁及底板等处，不同水位线处，构筑物和土建部分的相关标高。

（4）标注方法。

平面图中，管道标高、沟渠（包括明沟、暗沟、管沟及渠道）。

在建筑工程中，管道也可以标注相对于本层建筑地面的标高，标注方法为 H + × × ×，H 表示本层建筑地面标高（如 H + 1.200）。

4. 管　径

给水排水工程图管径应以 mm 为单位。

不同材质的管道，管径表达的方式也不同。几种常用管材管径的表达方式应符合表 13-2 的规定。

公称直径 DN，是工程界对各种管道、附件大小的公认称呼。普通压力铸铁管和某些阀门的 DN 为其内径；普通压力钢管的 DN 比其内径略小些。

塑料管材有实壁管和双壁波纹管，其表达方式不同。目前实际用公称直径 DN 设计，在说明中应列有公称直径 DN 与相应产品规格对照表。

表 13-2　管径的表达方式

管径表达方式	以公称直径 *DN* 表示	以外径 *DX* 厚壁表示	以内径 *D* 表示	按铲平标准的方法表示
适用管材	水煤气输送钢管（镀锌或非镀锌）、铸铁管等	无缝钢管、焊接钢管（直缝或螺旋缝）、铜管、不锈钢管等	钢筋混凝土（或混凝土）管、陶土管、耐酸陶土管、缸瓦管	塑料管
标注举例	*DN*15、*DN*50	*D*1013*X*4、*D*159*X*4.5	*D*230、*D*3130	

5.　图　例

　　《建筑给水排水制图标准》（GB/T 50106—2017）将管道、管道附件、管道连接、管件、阀门、给水配件、消防设施、卫生设施及水池、小型给水排水构筑物、给水排水设备以及仪表的图例均分项列出，此处仅摘录部分内容，以便画图、读图参考，见表 13-3。

表 13-3　给水排水制图常用图例

类别	序号	名称	图例	备注	序号	名称	图例	备注
管道	1	生活给水管	——J——		5	污水管	——W——	
	2	热水给水管	——RJ——		6	雨水管	——Y——	
	3	热水回水管	——RH——		7	废水管	——F——	
	4	中水给水管	——ZJ——		8	蒸汽管	——Z——	
管道附件	1	方形伸缩器			7	通气帽	成品　蘑菇形	
	2	管道伸缩器			8	雨水斗	YD-　YD-　平面　系统	
	3	柔性防水套管			9	排水漏斗	平面　系统	
	4	管道固定支架			10	圆形地漏	平面　系统	
	5	清扫口	平面　系统		11	自动冲洗水箱		
	6	立管检查口			12	挡墩		

231

类别	序号	名　称	图例	备注	序号	名　称	图例	备注
管道连接	1	法兰连接			6	法兰堵盖		
	2	承插连接			7	弯折管	高低　低高	
	3	活接头			13	盲板		
	4	管堵			9	管道交叉	低　高	
	5	管道丁字上接	高低		10	管道丁字下接	高低	
管件	1	转动接头			5	弯头		
	2	斜三通			6	正三通		
	3	喇叭口			7	正四通		
	4	S形存水弯			8	斜四通		
阀门	1	闸阀			6	截止阀		
	2	角阀			7	延时自闭冲洗阀		
	3	旋塞阀	平面　系统		8	感应冲洗阀		
	4	球阀			9	吸水喇叭口	平面　系统	
	5	止回阀			10	疏水器		
给水配件	1	放水龙头	平面　系统		4	脚踏开关		
	2	皮带龙头	平面　系统		5	混合水龙头		
	3	化验龙头			6	浴盆带喷头混合水龙头		

类别	序号	名 称	图例	备注	序号	名 称	图例	备注
消防设施	1	自动喷水灭火给水管	—ZP—	白色为开启面	8	自动喷洒头（上喷闭式）	平面 系统	
	2	室外消火栓			9	信号闸阀		
	3	室内消火栓（单口）	平面 系统		10	水流指示器	⊙L	
	4	室内消火栓（双口）	平面 系统		11	水力警铃		
	5	水泵接合器			12	手提式灭火器	△	
	6	自动喷洒头（开式）	平面 系统		13	推车式灭火器		
	7	自动喷洒头（上下喷闭式）	平面 系统		14	干式报警阀	平面 系统	
卫生设备及水池	1	立式洗脸盆			8	盥洗槽		
	2	台式洗脸盆			9	蹲式大便器		
	3	挂式洗脸盆			10	坐式大便器		
	4	浴盆			11	小便槽		
	5	妇女卫生盆			12	淋浴喷头		
	6	化验盆洗涤盆			13	立式小便器		
	7	污水池			14	壁挂式小便器		
小型给水排水构筑物	1	矩形化粪池	HC	第一个字母为池类别代号，第二个字母C为池代号	6	雨水口		单口
	2	隔油池	YC		7			双口
	3	沉淀池	CC		8	阀门井检查井	J-XX W-XX Y-XX J-XX W-XX Y-XX	
	4	降温池	JC		9	水表井		
	5	中和池	ZC		10	跌水井		

类别	序号	名　称	图例	备注	序号	名　称	图例	备注
给水排水系统	1	卧式水泵	 平面　　系统		7	卧式容积热交换器	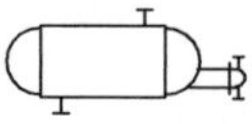	
	2	潜水泵	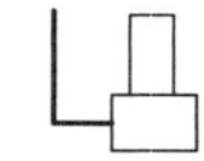		8	立式容积热交换器	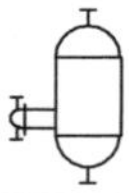	
	3	定量泵	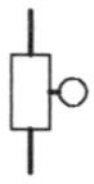		9	水锤消除器	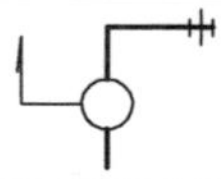	
	4	管道泵			10	除垢器		
	5	开水器			11	搅拌器		
	6	快速管式热交换器	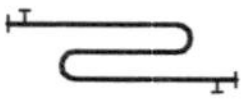		12	喷射器	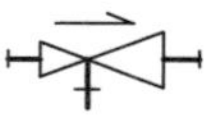	小三角为进水端
仪表	1	温度计			6	压力控制器	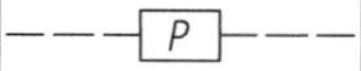	
	2	压力表			7	转子流量计	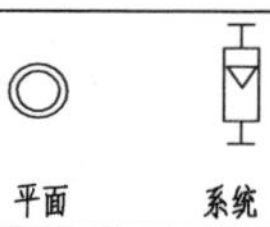 平面　　系统	
	3	自动记录压力表			8	真空表		
	4	水　表			9	温度传感器	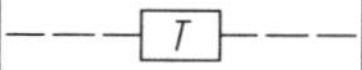	
	5	自动记录流量计	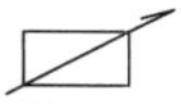		10	压力传感器		

13.1.3　建筑给水工程图

1. 建筑给水管道的组成

引入管：由室外管网引入到建筑内部的一段水管。

水表：用以记录用水量。

室内配水管网：包括干管、立管、支管。

配水器具与附件：包括水龙头、闸阀等。

升压及储水设备：包括水箱、水泵等。

消防设备：消防水池、消火栓、消防水管、自动喷淋和消防水幕等。

2. 建筑给水管道布置内容

平面布置图：建筑有给水排水立管、消防给水等，可以在平面图中集中画出，如图 13-1

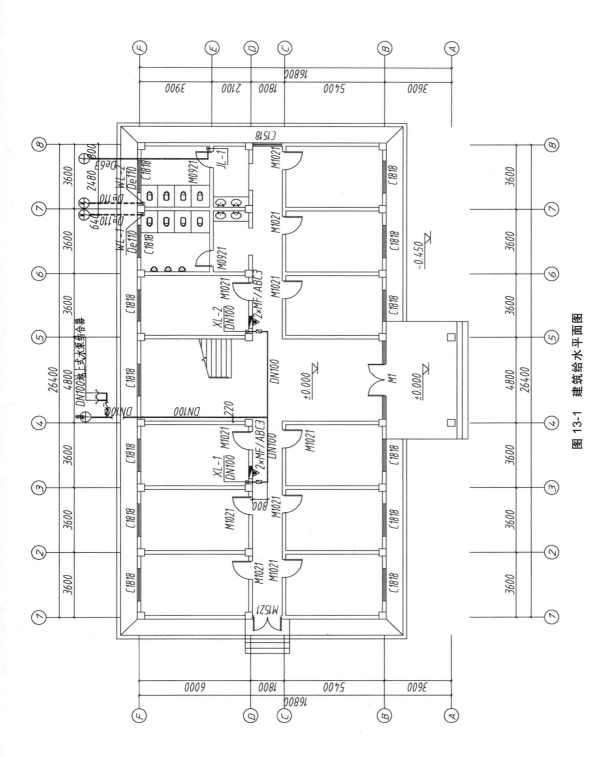

图 13-1　建筑给水平面图

所示。但对于在建筑内部需要用水的房间，大多配有用水设备和卫生设备，需要画出建筑给水平面布置图。具体画法内容为用水房间平面图、卫生设备平面布置图、管道平面布置图，如图 13-2 所示。

给水管网系统图：建筑给水工程图除平面布置图外还应配以给水管道系统图，来表示给水管网的空间布置状况，如图 13-3 所示。通常画成正面斜轴测图，三个轴向系数为 1。画管网轴测图应该注意以下几点。

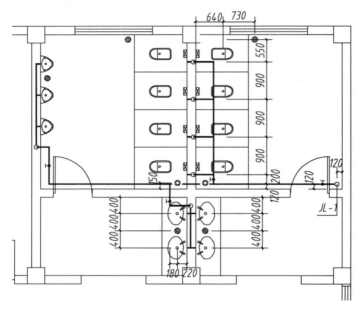

图 13-2　卫生间给水平面图

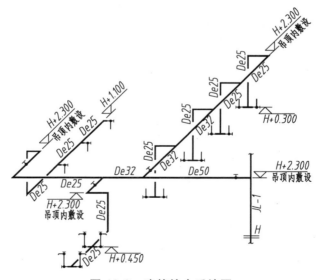

图 13-3　建筑给水系统图

轴向选择：通常把高度方向作为 OZ 轴，OX 和 OY 轴选择的原则为能简单明了地表现图上的管道，避免过多的管道交叉。

轴测图的比例：轴测图比例应该和平面图相同。

轴测图的画图顺序：从引入管开始，画出引入管立管以及水表井；画出水平干管；画出楼层立管；画出楼层支管及用户水表等；画出配水器。

13.1.4　建筑排水工程图

1.　建筑给水管道的组成

排水横管：连接卫生器具的水平段排水管。

排水立管：连接排水横管的竖向排水管。

排出管：连接排水立管，把污水排出室外井道的排水管。

排气管：排出管道中的气体的管道，一般要出屋面。

2.　建筑排水管道布置内容

建筑排水管网平面布置图：在建筑内部需要用水的房间，大多配有用水设备和卫生设备，需要画出设备排水平面布置图。具体画法内容为连接卫生设备排水管道平面布置图，立管位置在平面中的位置，如图 13-4 所示。

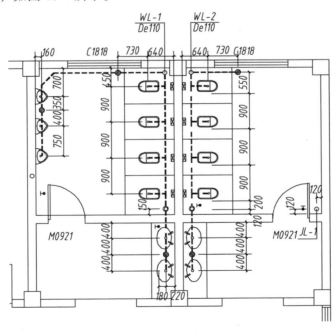

图 13-4　建筑排水平面图

排水管网系统图：建筑排水工程图除平面布置图外还应配以排水管道系统图，来表示排水管网的空间布置状况，如图 13-5 所示，通常画成正面斜轴测图，三个轴向系数为 1。画管网轴测图应该注意以下几点。

轴向选择：轴向应该和给水轴测图一致。

轴测图的比例：轴测图比例应该和平面图相同。

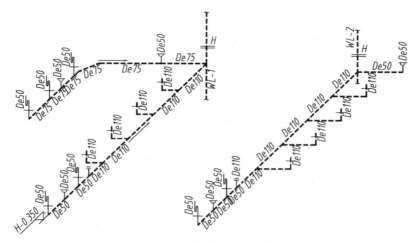

图 13-5　建筑排水系统图

13.1.5　室外管网布置图

1. 室外管网布置图

为了说明建筑室内给水排水管网与室外管网的连接，通常要画出室外管网平面布置图。内容为室外管网的干管，说明给水管和排水管的连接情况。一般用细线画出建筑轮廓，中粗实线表示给水管道，粗虚线表示排水管道。

2. 小区管网总平布置图

为了说明小区或市政给排水布置情况，通常应该画出给水排水管网总平面布置图。内容为：管道位置及管径、检查井的位置、室外水表井位置、雨水口位置、管道坡度、管道标高及埋深，如图 13-6 为市政道路雨水平面图。

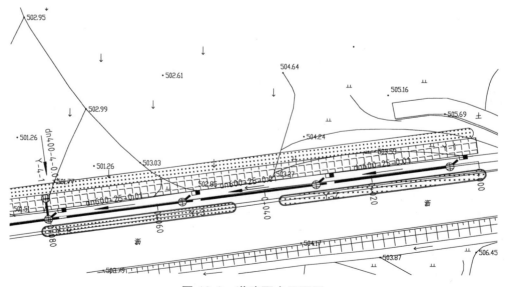

图 13-6　道路雨水平面图

3. 管道纵剖面图

市政管网种类繁多，布置复杂，因此，应该按照管道种类分别画出管道平面布置图和管道纵剖面图，以表示管道坡度、埋深和检查井的连接关系。具体内容为管道、检查井、地层地纵剖面以及管道埋深、坡度等，如图 13-7 为市政道路雨水纵断面图。

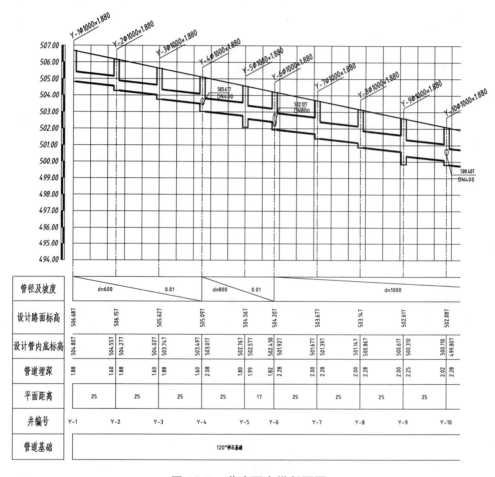

图 13-7 道路雨水纵断面图

13.2 建筑电气工程图

13.2.1 建筑电气工程图概述

给电气工程包括给电气照明、动力、电视、电话、网络、安防、消防、防雷接地等，建筑工程中一般为强电工程（建筑中主要为建筑电气照明）、弱电工程和防雷接地三大部分。强电工程是指高压电输送、变电、低压输送、配电使用等工程；弱电工程是指电视、电话、网络等；防雷接地是指建筑防雷接地等工程。

（1）电气照明工程图。

主要画出建筑内房间，以及建筑室外线路布置和电气位置，一般包括：电气平面布置图、配电系统图。

（2）室外管线及附属设备图。

主要画出敷设在室外地下各种管线的平面及高程布置，一般包括：城镇街区内的街道管线平面图，工矿企业内的厂区管线平面图。

13.2.2　建筑电气专业制图的一般规定

建筑电气专业的图线宽度（b）应根据图纸的类型、比例和复杂程度确定。绘制建筑电气专业制图除遵守《建筑电气制图标准》（GB/T 50786—2012）外，对于图纸规格、图线、字体、符号、定位轴线及尺寸标注等均应遵守《房屋建筑制图统一标准》（GB/T 50001—2017）。对于上述标准未作规定的内容，应遵守国家现行的有关规定、规范的规定。

1. 图　线

图线宽度 b 应根据图纸的类别、比例及复杂程度，从《房屋建筑制图统一标准》（GB/T 50001—2017）的线宽系列 $1.0b$、$0.7b$、$0.5b$、$0.25b$ 中选取，电气专业图的线宽 b 宜为 0.5 mm、0.7 mm、1.0 mm。

2. 比　例

建筑电气专业制图常用的比例，宜符合表 13-4 的规定。

表 13-4　建筑电气专业制图比例

名　称	比　例	说　明
区域规划图 区域位置图	1：50 000、1：25 000、1：10 000 1：5 000、1：2 000	宜与总图专业一致
总平面图	1：1 000、1：500、1：300	宜与总图专业一致
建筑电气平面图	1：200、1：150、1：100	宜与建筑专业一致

3. 图　例

《建筑电气制图标准》（GB/T 50786—2012）将配电箱、线路、用电器、开关、插座等设备以及仪表的图例均分项列出，此处仅摘录部分内容，以便画图、读图参考，见表 13-5。

表 13-5　建筑电气制图常用图例

序号	名　称	图　例	序号	名　称	图　例
1	变电所	◯	4	沿建筑物暗敷通信线	—/—/—
2	电　线		5	事故照明线	-------
3	沿建筑物明敷通信线	—/—/	6	电力、照明控制线及信号线	

序号	名 称	图 例	序号	名 称	图 例
7	向上配线		20	三相配电箱	
8	向下配线		21	双管荧光灯	
9	垂直通过配线		22	普通吸顶灯	
10	安全型二三孔插座		23	消防应急灯	
11	带开关空调插座		24	电话插座	TP
12	单联单控开关		25	电视插座	TV
13	三联单控开关		26	电视插座	TO
14	手孔		27	安全出口灯	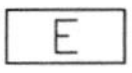 E
15	室内分线盒		28	疏散指示灯	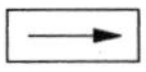
16	组合开关	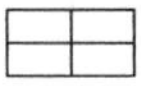	29	小型排风扇	
17	局部等电位端子箱	 LEB	30	聚光灯	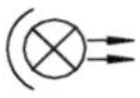
18	总等电位端子		31	防水防尘灯	
19	箱配电箱		32	花灯	

13.2.3 建筑电气照明工程图

1. 建筑电气线路的组成

引入线：由室外线网引入到建筑内部的一段线路。

配电箱：用以分配用电及记录用电量。

室内配电线路：包括主线、分支线。

用电设备：包括灯具、插座、机械设备等。

2. 建筑电气线路布置内容

平面布置图：建筑内部的配电平面布置图。具体画法内容为房间及走道的灯具布置、插座布置、电源引入及线路布置情况、配电箱位置、平面图（包括强电弱电）、电气图是镜像图，为了表达清楚，可以按照总类分开画图，如图13-8～图13-11所示。

配电系统图：建筑电气工程图除平面布置图外还应配以配电系统图，来表示电路分配状况以及配线箱配电内容等，通常画成正面投影图，如图13-12～图13-15所示。

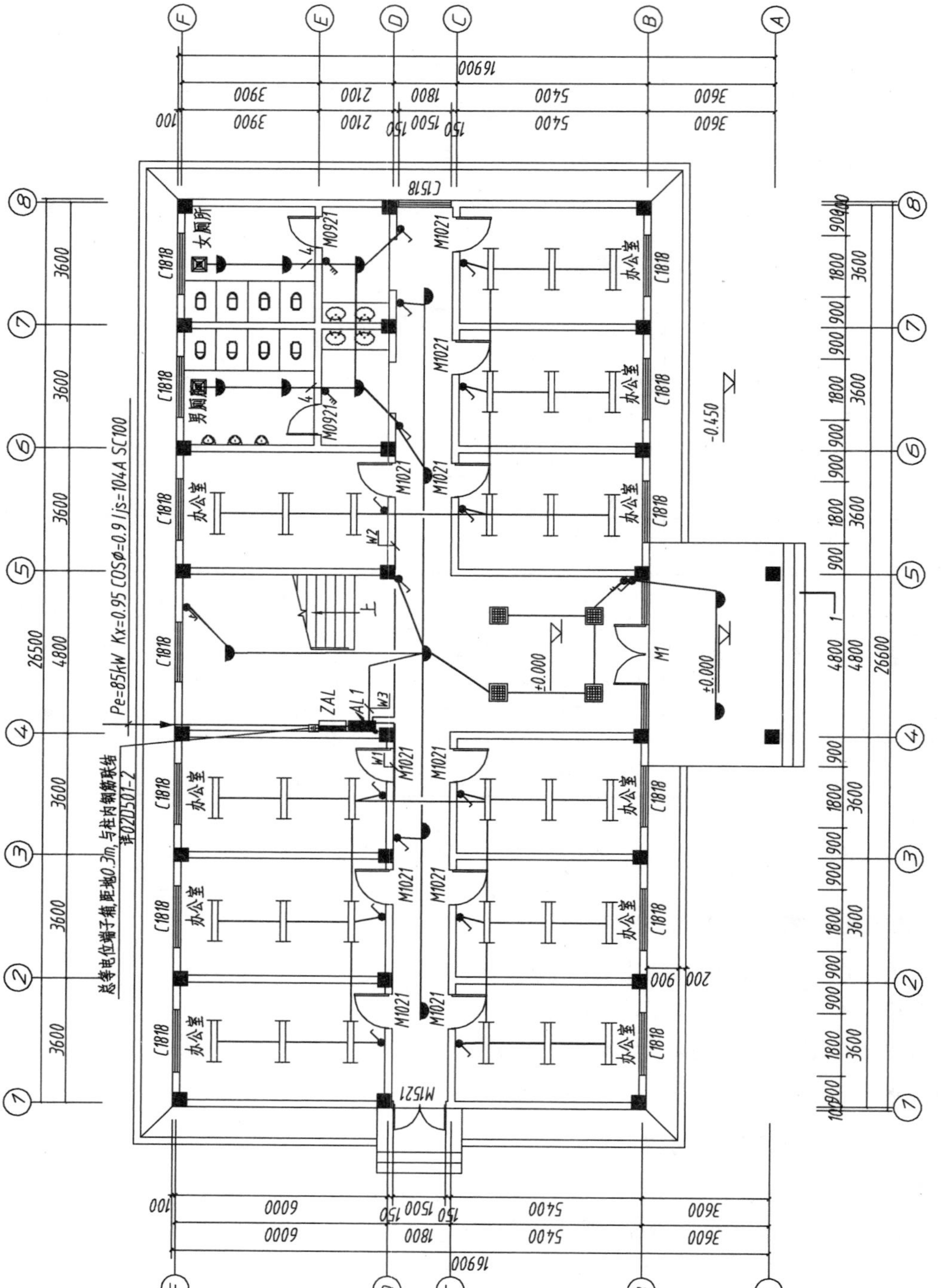

图 13-8　底层照明平面图

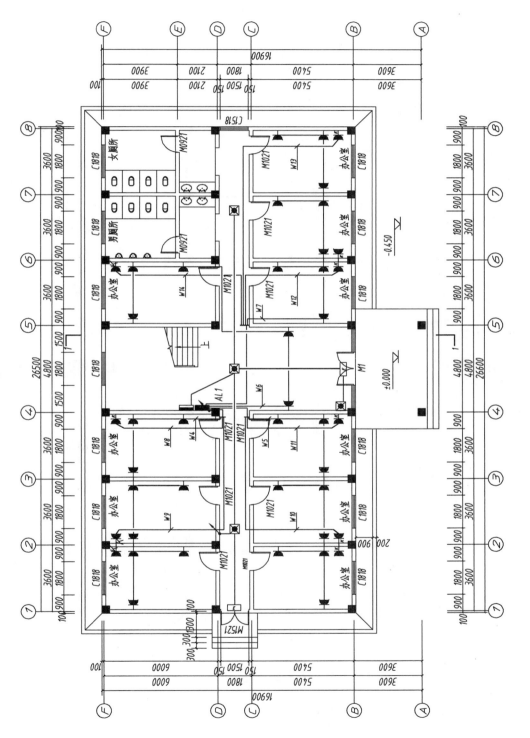

图 13-9　底层插座平面图

243

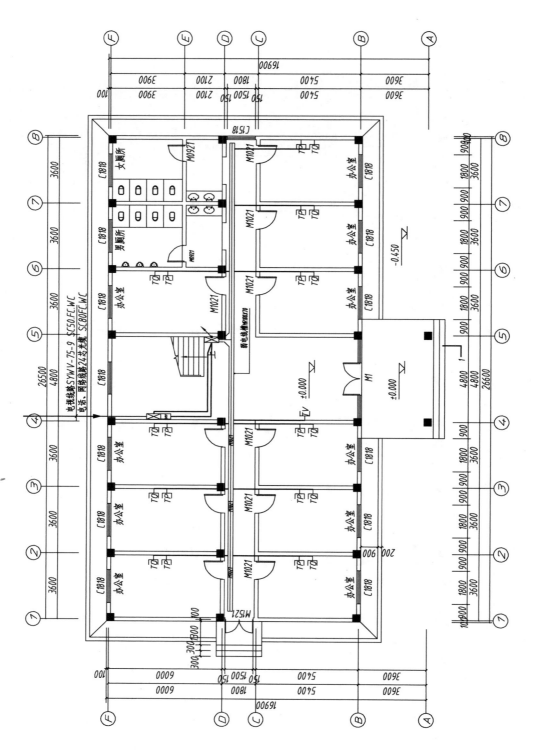

图 13-10　底层弱电平面图

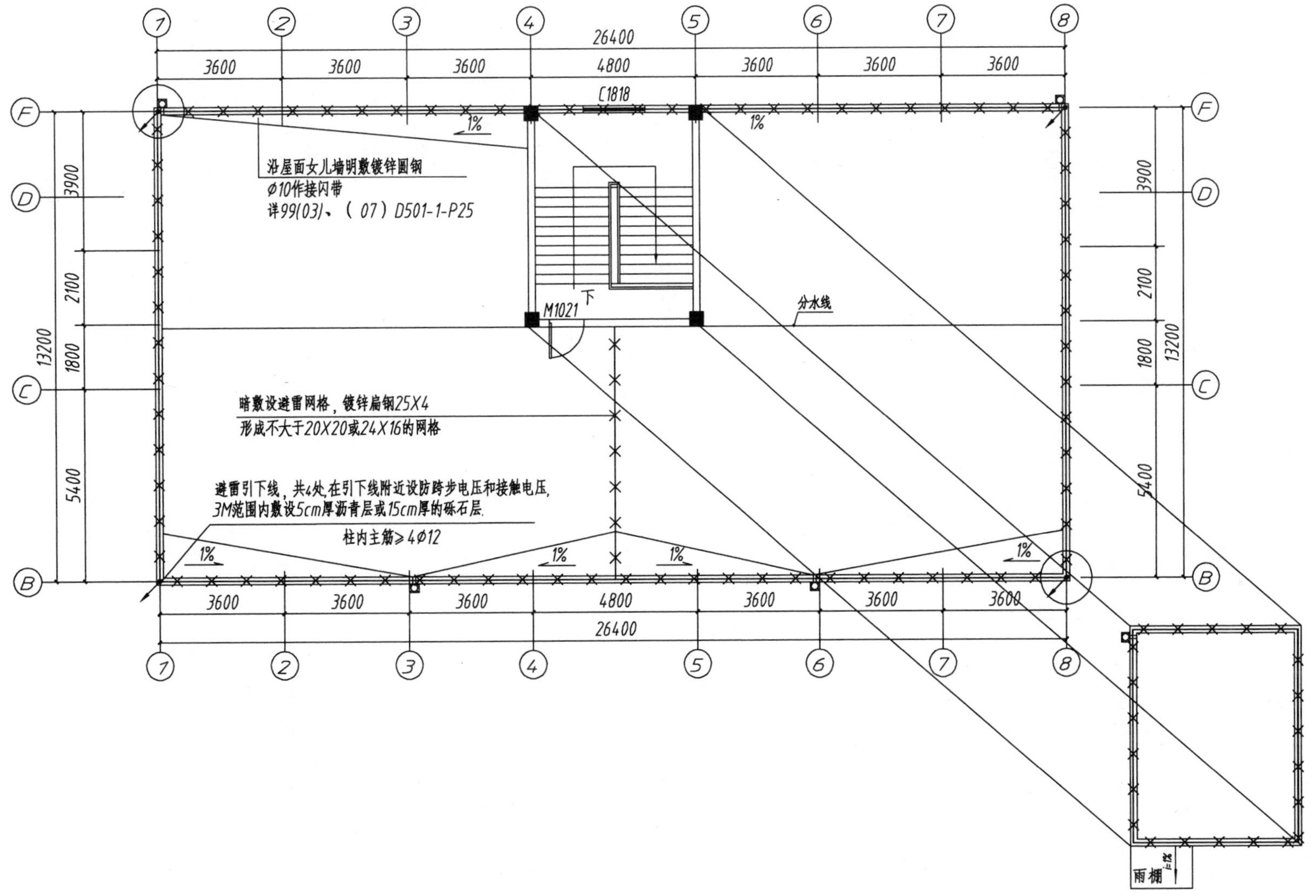
1
2
3
4
5
6
7
8
26400
3600
3600
3600
4800
3600
3600
3600
C1818
F
D
C
B
3900
2100
1800
5400
13200
1%
沿屋面女儿墙明敷镀锌圆钢
ϕ10作接闪带
详99(03)、(07)D501-1-P25
M1021
下
分水线
暗敷设避雷网格，镀锌扁钢25X4
形成不大于20X20或24X16的网格
避雷引下线，共4处,在引下线附近设防跨步电压和接触电压,
3M范围内敷设5cm厚沥青层或15cm厚的砾石层.
柱内主筋≥4ϕ12
雨棚

图 13-11　防雷接地面图

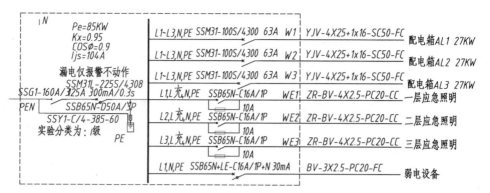

图 13-12　ZAL 配电箱系统

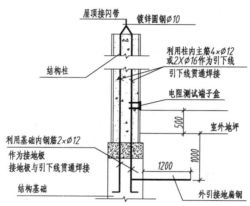

图 13-13　防雷引下线示意图

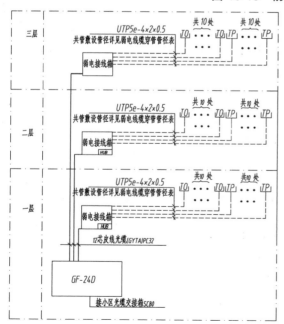

图 13-14　综合布线系统图

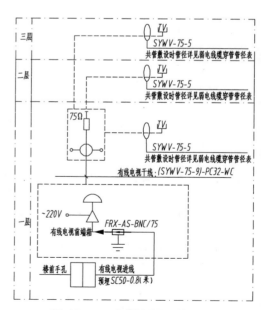

图 13-15　有线电视系统图

13.2.4　室外管网布置图

1．室外电气布置图

为了说明建筑室内电气线路与室外线路的连接，通常要画出室外线路平面布置图。内容为室外线路的主线、室外道路场地照明、配变电箱等。一般用细线画出建筑轮廓，中粗实线表示线路。

2．小区电气总平布置图

为了说明小区或市政电气布置情况，通常应该画出给电气线路总平面布置图。内容为：强电弱电线路位置及埋置方式、室外变电箱的位置、室外配电箱位置。

小　结

本章重点掌握：
（1）设备施工图的内容和特点。
（2）建筑给排水系统设备施工图的图示内容、特点和图样表达方法。
（3）电气设备施工图的图示内容、特点和图样表达方法。

第14章

点、线、面的落影

14.1　阴影的作用

在设计方案时，我们经常会在建筑立面图上画出阴影。因为，在建筑立面图上准确地按一定要求画上阴影，可以明显地反映出房屋的凹凸关系，使图面效果富有立体感，加强并丰富立面的表现力，对审视建筑物造型是否优美，比例是否恰当，以及方案的比较有很大的帮助。如图 14-1 所示是同一建筑加绘阴影前后的立面图，显然，图（b）也就是画上阴影后的表达效果较好。

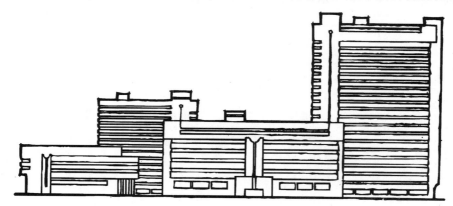

（a）未绘制阴影的立面图

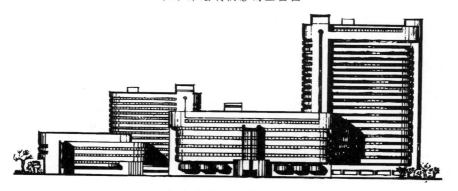

（b）加绘阴影的立面图

图 14-1　立面图上加绘阴影的效果

14.1.1　阴影的产生

如图 14-2 所示，不透光的长方体在光线 L 照射下，被直接照亮的表面（例如长方体的表面 $AGEF$、$CGED$ 和 $ABCG$），称为阳面；光线照射不到的背光表面（例如 $BCDH$、$ABHF$ 和 $EFHD$），称为阴面。阳面与阴面的分界线（例如封闭折线 $ABCDEFA$）称为阴线。

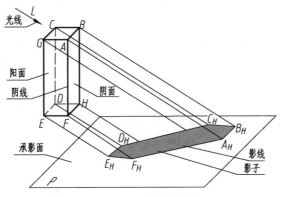

图 14-2　阴影的概念

如图 14-2 所示，在光线照射下，平面 P 上有一部分因被长方体阻挡，光线照射不到，我们把这部分的范围，称为形体在平面 P 上的落影，简称影；影的轮廓线称为影线；影所在的平面称为承影面。影是由于光线被形体的阳面挡住才产生的，因此，阳面与阴面的分界线（阴线）的影，就是影的轮廓线，也就是说，影线就是阴线的影。

从上可知，产生阴影，一是要有光线，二是要有形体，三是要有承影面。

14.1.2　习用光线

在建筑立面图上加画阴影时，为了便于画图，通常会采用一种固定指向的平行光线。即把如图 14-3（a）所示正立方体的对角线方向（从左前上方到右后下方），作为光线的投射方向。这时，光线 L 对 H、V、W 投影面的倾角，都等于 $35°15'53''$，光线的 H、V 和 W 投影 l、l' 和 l'' 与相应投影轴的夹角均为 $45°$［图 14-3（b）］。平行于这一方向的光线，称为习用光线。

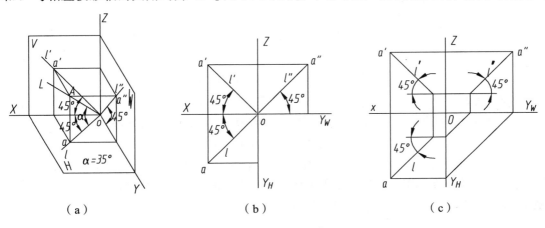

（a）　　　　　　　　　　（b）　　　　　　　　　　（c）

图 14-3　习用光线

选用习用光线，使得在画建筑物的阴影时，可用 45° 的三角板作图，简捷方便。同时，在立面图上画出来的影，还可以反映出建筑物一些部分的深度。

14.1.3　阴影的基本特性

在习用光线的照射下画正投影图的阴影，实际上是求平行光线照射下的斜投影，因此，阴影具有平行投影的基本特性。

（1）直线在承影面上的落影一般仍然是直线。原因是通过直线上各点的光线组成的光平面与承影面的交线是一直线，只有当直线平行于光线时，直线在承影面的影会是一个点。

（2）直线平行于承影面时，其落影与直线的同名投影平行且长度相等。

（3）两直线互相平行，它们在同一承影面上的落影，仍然互相平行。

（4）两直线相交，它们在同一承影面上的落影必然相交，落影的交点就是空间两相交直线交点的落影。

14.2　点的落影

在承影面上的点的落影，与该点在承影面的投影重合。求点在承影面上的落影有两种方法：一是光线迹点法，二是线面相交法。

14.2.1　光线迹点法求点在投影面上的落影

点在承影面上的影，实际上是过该点的光线延长后，与承影面的交点。当承影面为投影面时，作点的影也就是作过该点光线的迹点，故称这种作法为光线迹点法。图 14-4 为求作空间点 A 在投影面上落影示意。

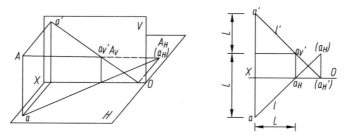

图 14-4　光线迹点法作点在投影面上的影

作图步骤：

（1）过 a、a' 作 45° 方向的直线，即为光线的 H、V 投影 1、1'；

（2）按求直线迹点的方法求得光线 L 的 V、H 面迹点 a_V'、(a_H)。

（3）与投影面先相交的那个迹点为真影 A_V，后相交的为虚影（A_H）。也就是说点的真影用点的字母加其所在承影面名称（作为下标）的方式来表示，如此处的真影标记为 A_V，其 H、V 投影分别记作 a_V、a_V'。虚影则需要加括号，如这里 A 点的虚影标记为（A_H），其 H、V 投影记作（a_H）、（a_H'）。

14.2.2　线面交点法求点在一般位置平面上的落影

求点在一般位置平面上的落影按一般位置直线与一般位置平面相交求交点的方法（三个步骤）进行（图14-5）。

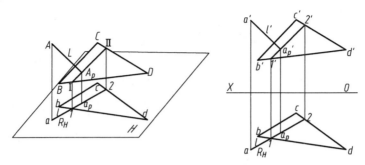

图 14-5　线面交点法作点在一般位置平面上的影

14.3　直线的落影

直线的影，就是由过线上各点的光线所组成的光线平面与承影面的交线（图14-6）。因此，直线在平面上的影一般仍是直线。只有当直线平行于光线时，在承影面上的影积聚为一个点。下面我们研究各种位置直线的落影，着重研究正垂线、侧垂线和铅垂线的影，因为一般建筑细部的阴线，主要由这三种位置的线段组成。

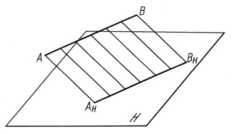

图 14-6　光平面与承影面的交线

14.3.1　一般位置直线的影

如图 14-7（a）所示，一般位置直线段 AB 的影全部落在一个承影面上时，只要求得直线两端点 A 和 B 的影，并将其连接起来，就是所求直线段 AB 的影。如果直线的影分段落在 V 和 H 两个承影面上，则两段的影必交于 P_H 上，这个交点 X_0 称为折影点，如图 14-7（b）。折影点 X_0 可利用端点 B 的虚影 B_H [图 14-7（b）] 求出，求得 B 的虚影 B_H 后连接 A 点的落影及 B 点的虚影，与 OX 轴的交点即为 X_0；或在直线上任取一点 C，求出在同一承影面上的一段影 $b'_v c'_v$ [图 14-7（b）]，然后延长与 P_H 相交，交点即为 X_0。

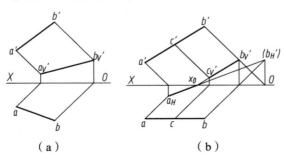

（a）　　　　　　　　　　　（b）

图 14-7　一般位置直线在投影面上的落影

14.3.2　正垂线的影

图 14-8 所示 AB 是一根正垂线。点 B 位于承影面（墙面）上，因此它的影 B_0 与点 B 本身重合。求出点 A 在墙面上的影 A_0 后 [图 14-8（a）]，连 B_0A_0，即所求正垂线 AB 在墙面的影。图 14-8（b）为直线 AB 的两端点不在同一承影面上的落影。由图可知，正垂线的影，它的 V 投影都是一段通过正垂线的积聚投影并从左上到右下的 45° 斜线。

由图 14-8 可知，正垂线落在它所垂直的正投影面上的影，是一段通过该线段的积聚投影并与光线在该面上的投影方向一致的直线，即从左上到右下的一段 45° 斜线。

图 14-9 为正垂线落在台阶面上的落影，落影的 V 投影依然落在台阶 V 投影上且为一段 45° 斜线。由此可得，正垂线的影，不论落在正平面上还是起伏不平的台阶承影面上，它的 V 投影都始终与光线的 V 投影方向相同，即与 X 轴成 45°。而在台阶上影的 H、W 投影呈现对称性。

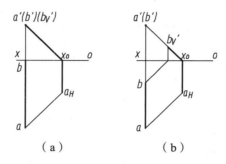

图 14-8　正垂线在投影面上的落影

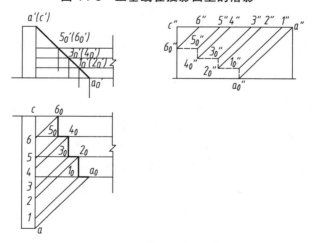

图 14-9　正垂线在台阶上的落影

14.3.3　侧垂线的影

求侧垂线 AB 落在正投影面（墙面）上的影，其作图方法如图 14-10 所示。显然侧垂线 AB 在正投影面上的影 $a'_v b'_v$ 是与 AB 的 V 投影平行且相等的直线。

由此可得，侧垂线在正平面上的影与该侧垂线平行且相等，它们的 V 投影之间的距离，等于侧垂线与正平面间的距离。

侧垂线落在起伏不平的铅垂承影面上时，它的 V 投影的形状和承影面的水平积聚投影成为上下对称图形，如图 14-11 所示。

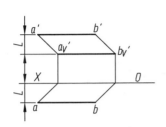

图 14-10　侧垂线在投影面上的落影

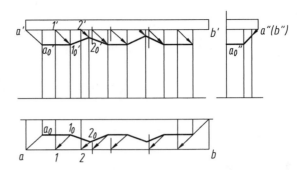

图 14-11　侧垂线在凹凸不平的铅垂承影面上的落影

14.3.4　铅垂线的影

与侧垂线的影相似，铅垂线在正平面上的影，是一条与铅垂线平行的竖直线，它们的 V 投影之间的距离等于铅垂线与正平面间的距离（图 14-12）。

铅垂线在凹凸不平的侧垂承影面上的影，例如竖立在地面上的杆落在凹凸不平的侧垂墙面上的影，该影的 V 投影和侧垂承影面的侧面积聚投影，恰好成为左右对称图形，如图 14-13 所示。

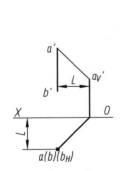

图 14-12　正垂线在投影面上的落影

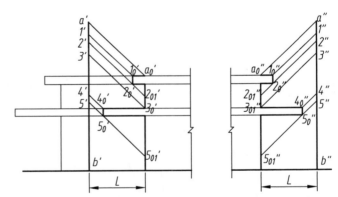

图 14-13　铅垂线在凹凸不平的侧垂承影面上的落影

14.4　平面的落影

平面图形的影是由平面图形各边线的影所组成的。平面图形为多边形时，作出多边形各顶点在同一承影面上的落影，并依次以直线连接，即为所求的影线［图 14-14（a）］。若平面图形为平面曲线所围成时，则可先作出曲线上一系列点的影，然后以圆滑曲线顺次地连接起来，即为所求的影线。

（1）平面上各顶点的落影在同一个投影面上。平面图形为多边形时，只要求出多边形各顶点的同面落影，并依次以直线连接，即为所求的影，如图 14-14（a）所示。

（2）若平面图形各顶点的落影不在同一承影面上时，必须求出边线落影的转折点，按同一承影面上落影的点才能相连的原则，依次连接各影点，即得平面的落影，如图 14-14（b）所示。

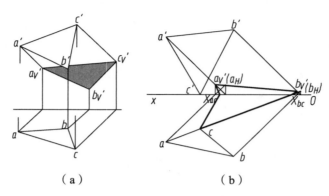

图 14-14　平面的落影

当圆平面平行于某一投影面时，在该投影面上的落影仍为圆。作阴影时，以圆心 O 的落影为圆心，以原半径为半径作圆，即得圆的落影。图 14-15 所示为圆在 V 面的落影。

在一般情况下，圆在一个承影平面上的落影是椭圆，圆心的落影是椭圆的中心，圆的任何一对互相垂直的直径，其落影成为椭圆的一对共轭直径。

如图 14-16 所示，一水平圆在 V 面上的落影是椭圆。作图步骤如下：

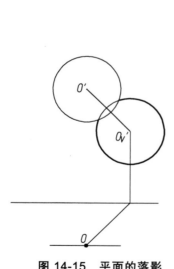

图 14-15　平面的落影

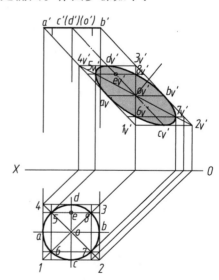

图 14-16　水平圆的落影

① 在 H 面投影中，作圆的外切正方形的 H 投影 1234，两对边分别为正垂线和侧垂线，求出外切正方形和圆心的落影 $1'_v 2'_v 3'_v 4'_v$ 及 O'_v。直径 $AB \perp CD$，在 V 面上的落影 $a'_v b'_v$ 及 $c'_v d'_v$ 为椭圆的一对共轭直径，连接对角线 $2'_v 4'_v$ 和 $1'_v 3'_v$（由于 $\overline{13}$ 为 45° 线，故 $1'_v 3'_v \perp OX$），对角线的交点即为圆心 O 的落影 O'_v（落影椭圆的中心）。

② 求外切正方形对角线与圆的交点 Ⅴ、Ⅵ、Ⅶ、Ⅷ四点的落影，可求出弦ⅦⅧ的落影

$7'_v 8'_v$，过 $7'_v 8'_v$ 作水平线，又与对角线交于 $6'_v$、$5'_v$。

对角线上四点 V、VI、VII、VIII 的落影也可这样求得：以 O'_v 为圆心，$O'_v 3'_v$ 为半径作圆弧，与 $c'_v d'_v$ 交于 e'_v，过 e'_v 作水平线，与对角线相交得 $5'_v$、$8'_v$。同理，求得 $6'_v$、$7'_v$。证明如下：因为在 H 投影中 △$o8e$ 和 △$o3d$，都是 $45°$ 直角三角形，$od = o8$，而落影的平行四边形中 △$o'_v 8'_v e'_v$ 和 △$o'_v 3'_v e'_v$ 也是 $45°$ 直角三角形，所以 $o'_v e'_v = o'_v 3'_v$。

③ 用曲线板光滑地连接各影点 $a'_v 5'_v d'_v 8'_v b'_v 7'_v c'_v 6'_v a'_v$ 即得落影椭圆。

当绘制建筑细部的阴影时，会遇到靠在墙面上（即在 V 面上）的水平半圆在墙上的阴影。如图 14-17 所示，需要画出半圆上 5 个特殊点的落影。其中，点 A、B 在墙面上，其在墙面上的落影为其 a'、b' 本身；点 1 的落影 $1'_v$ 在中心线上，正前方的 2 点的落影 $2'_v$ 位于 b' 的正下方；由前方的 3 点的落影 $3'_v$ 与中心线距离两倍于 $3'$ 与中心线的距离。连接 5 个落影点即为圆的落影椭圆。

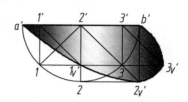

图 14-17　水平半圆的落影的单面作图

小　结

（1）在习用光线的照射下画正投影图的阴影，实际上是求平行光线照射下的斜投影，因此，阴影具有平行投影的基本特性。

（2）光线迹点法求作点在承影面上的落影，实际上是过该点的光线延长后，与承影面的交点；而线面交点法求点在一般位置平面上的落影，则按线面相交求交点的方法求得。

（3）平面图形为多边形时，作出多边形各顶点在同一承影面上的落影，并依此以直线连接，即为所求的落影。若平面图形为平面曲线所围成时，则可先作出曲线上一系列点的影，然后以圆滑曲线顺次地连接起来，即为所求的影线。当圆平面平行于某一投影面时，在该投影面上的落影仍为圆。在一般情况下，圆在一个承影平面上的落影是椭圆，圆心的落影是椭圆的中心，圆的任何一对互相垂直的直径，其落影成为椭圆的一对共轭直径。

第15章

立体的阴影

15.1 基本形体的阴影

在习用光线照射下，长方体的上、前、左三面为阳面，下、后、右三面为阴面，故其阴线如图 15-1（a），是 *ABCDEFA*。在投影图中如图 15-1（b）所示，过 *V*、*H*、*W* 投影各角点作 45° 线（光线的各投影）与最外角点相切。切点为阴线的积聚投影位置。从 *V* 投影可知，*AB*、*ED* 为阴线，从 *H* 投影可知 *CD*、*AF* 为阴线，从 *W* 投影可知 *CB*、*EF* 为阴线，组合起来的阴线就是 *ABCDEFA*，如图 15-1（a）所示。

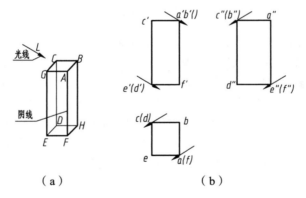

（a）　　　　　　　　　　　（b）

图 15-1　形体阴线的确定

求作形体的落影时，首先应该判别阴面、阳面和阴线，然后求出阴线的落影即求得形体落影。有时也可先求出形体各顶点的落影，连接各落影点，便求得形体落影的外轮廓线，即得形体的落影。

15.2 平面立体的阴影

15.2.1 长方体的阴影

建筑细部，如出檐、雨篷、阳台、窗台在墙面上的落影，都可看作长方体在 *V* 面上的落影。为此先介绍长方体对投影面处于不同位置时的阴影。

（1）长方体全部落影在 H 面上，如图 15-2 所示。

（2）长方体全部落影在 V 面上，如图 15-3 所示。

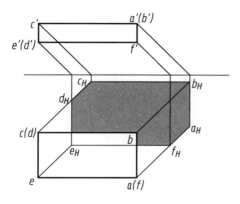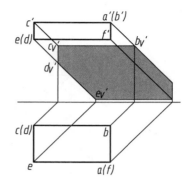

图 15-2　长方体全部落影在 H 面上示意　　　　图 15-3　长方体全部落影在 V 面上示意

（3）长方体落影在 V 面上与 H 面上各一部分，如图 15-4 所示。

图 15-5 所示的长方体靠在 V 面上，阴线 BCD 在 V 面的落影与 BCD 的 V 投影 b′c′d′ 重合，不必另求，只要求出 A、F、E 三点的落影，都落在 V 面上，即 a′V、f′V、e′V，连接 b′（即 b′V）、a′V、f′V、e′V、d′（即 d′V），即得靠在 V 面上的长方体在 V 面上的落影。

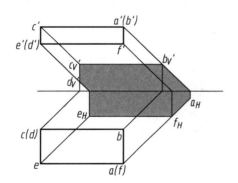

图 15-4　长方体落影部分在 V 面、部分在 H 面示意　　　　图 15-5　靠在 V 面上的长方体的落影

15.2.2　组合形体的阴影

1. 左、右组合的长方体的阴影

组合形体的阴影，存在一个相互落影的问题，如图 15-6 所示为左右两长方体组合。图 15-6（a）为左高右低、左前右后的两长方体的组合；图 15-6（b）为高度相等、左前右后的两长方体的组合。位于左前、上方的长方体会在右后下方长方体上有落影。此外，还须作出右侧长方体在墙面、地面上的阴影。

作图步骤：

（1）先分别求出两长方体在投影面上的落影。

（2）再求左边长方体上的阴线 ED 和 DF 在右边长方体阳面上的落影。由图可知：D 点

的落影 D_0 在右边长方体的顶面；正垂线 DE 的落影的 V 投影不论在 V 面、墙面、正平面上，都是 45° 线，即为（ e' ） d'_0，落影的 H 投影平行于 de；铅垂线 DF 的落影的 H 投影不论在地面、水平面上，都是 45° 线，DF 在 V 面或 V 面平行面上的落影的 V 投影则平行于 $d'f'$。

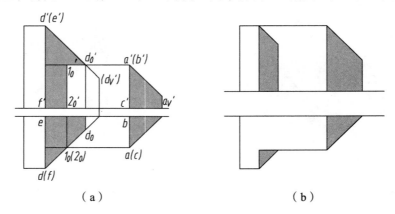

图 15-6　左右组合的长方体的落影

2. 上、下组合的长方体的落影

如图 15-7 所示，上部长方体的落影，一部分在下部长方体的前侧面上，另一部分在 V 面上。先作出上部长方体在 V 面上的落影，再作出下部长方体在 V 面和 H 面的落影；接着作出侧垂线 AB 在下部长方体上的落影。

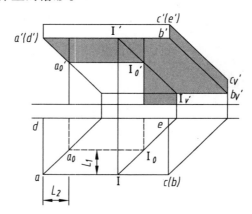

图 15-7　上下组合的长方体的落影（$L_1 > L_2$）

15.3　建筑细部的阴影

15.3.1　窗洞的阴影

如图 15-8（a）所示，窗台阴影的作法如下：先做靠在 V 面的长方体的阴影，其阴影全在 V 面上；求窗洞口的阴影，包含左前侧铅垂线的阴影，前上侧侧垂线的阴影，作法见图 15-8（a）。

图 15-8（b）所示带遮阳板的窗洞的阴影做法，首先求窗上遮阳板的阴影。具体分为遮阳板左右墙面、窗扇、洞右侧面三部分阴影；再求窗洞口的阴影，求前侧铅垂线、前上侧垂线的阴影，作法见图 15-8（b）。

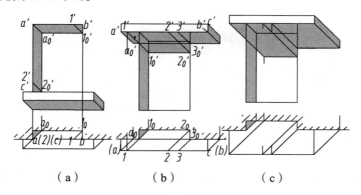

（a）　　　　　　　　（b）　　　　　　　（c）

图 15-8　窗洞的落影

图 15-9 为六边形窗洞的阴影作法。阴线为侧垂线 *AF*、正平线 *AB*、*BC*，可分别求出。

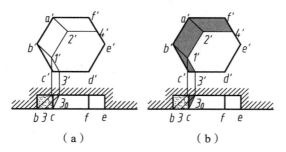

（a）　　　　　　　　　　（b）

图 15-9　窗洞的落影

作图步骤：

（1）首先求正平线 *AB* 在窗扇面上阴影，首先过 *b* 作 45° 线与窗扇的 *H* 投影相交，向上作投影连线，与过 *b'* 作的 45° 线交于 1'，过 1' 作 *a'b'* 平行线与过 *a'* 作的 45° 线交于 2'，1'2' 即为 *AB* 在窗扇面上的阴影的 *V* 投影。

（2）接着作侧垂线 *AF* 在窗扇面上的阴影。过 2' 作 *a'f'* 的平行线，2'4' 即为 *AF* 在窗扇面的阴影的 *V* 投影。

（3）最后作正平线 *BC* 的阴影。过 1' 作 1'3' 平行于 *b'c'*，即为正平线在窗扇上的阴影。而 *BC* 有一部分阴影落在窗台上，其阴影在 *H* 面体现。过 3' 向 *H* 面作投影连线，与窗扇面的 H 投影交于 3_0，连接 $c3_0$，即所求。

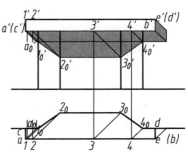

15.3.2　雨篷的阴影

求图 15-10 所示靠在 *V* 面上的雨篷的阴影，分别求出前右侧铅垂线、右上侧正垂线、前下侧侧垂线、左下侧正垂线几条阴线的落影，围合即为所求。

图 15-10　雨篷的落影

15.3.3 折板房屋的阴影

如图 15-11 所示折板房屋，求作其阴影。

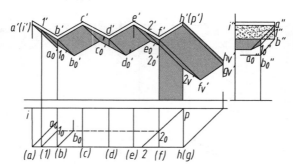

图 15-11　折板房屋的落影

作图步骤如下：

（1）首先找出折板形屋面的阴线是 ⅠA、AB、BC、CD、DE、EF、FG、GH、HP。

（2）分析阴线位置发现，其中 ⅠA、HP 为 V 面垂直线，可知它们在 V 面落影为 45°线，即与光线的 V 投影平行。

（3）其中阴线 ⅠB、BC、CD、DE、EF、FG 平行于 V 面和下部长方体的前侧面（即前墙面），则它们在 V 面上和前墙面上的落影与相应的 V 投影平行。即 $1'_0 b'_0 \parallel 1'b'$、$b'_0 c'_0 \parallel b'c'$、$d'_0 e'_0 \parallel d'e'$ 等。

（4）正垂阴线 AⅠ 一部分落影于 V 面，一部分落影于左墙面。

15.3.4 台阶的阴影

求作图 15-12 所示由左侧护栏、踏步组成的台阶的阴影。

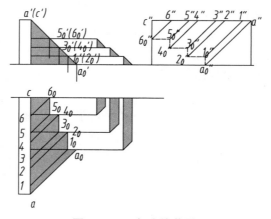

图 15-12　台阶的落影

作图步骤：

（1）作踏步的阴影；找出踏步的阴线，每个踏步的阴线均为上前方的侧垂线以及右上方的正垂线，分别作出其落影，如图 15-12 所示。

260

（2）作左边护栏的落影：阴线 *AC* 为正垂线，在墙面上以及与墙面平行的踏步的踢面上的落影为 45°线；*AC* 在台阶踏步上落影的 *H* 投影与 *W* 投影成对称图形。

15.4 曲面立体的阴影

15.4.1 圆柱的阴影

圆柱的阴影，即圆柱的阴线在承影面上的落影。而圆柱的阴线是由与圆柱相切的一系列光线所形成的光平面与圆柱面相切后的两根直素线，以及上下两个水平半圆弧组成的半圆曲线。

如图 15-13 所示，求放在 *H* 面上的铅垂圆柱的阴线的落影。具体作法是：先作出上下两个半圆在 *H* 面的落影，由于两半圆均为水平半圆，因此在 *H* 面的落影仍为大小相等的半圆；再作两半圆落影的切线，即得铅垂圆柱在 *H* 面的阴影。

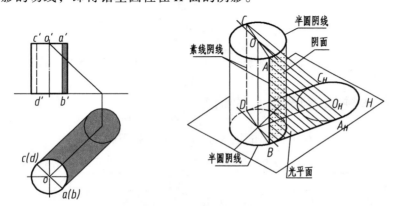

图 15-13 圆柱的阴影

而图 15-14 所示为柱轴是铅垂线的圆柱，在 *V* 面中单面求作圆柱阴线有两种方法。一是在圆柱的上方或下方作半圆，过圆心向左上、右上引两条 45°线，与半圆交于两点，由该两点向圆柱的 *V* 投影引垂直于轴线的两根素线，即得所求阴线；二是在圆柱的下方或者上方自底圆半径的某端点及圆心，各作不同方向的 45°线，形成一个直角等腰三角形，其腰长就是 *V* 面投影中阴线对柱轴的距离，从而求得阴线。

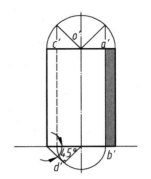

**图 15-14 圆柱的阴影的
单面作图**

15.4.2 圆锥的阴影

圆锥阴线的求法与圆柱类似，其阴线为直素线 *SB*、*SC* 以及水平圆的一部分 *BC* 弧。如图 15-15 所示，具体做法为：

（1）过 *s'* 作 45°线，与 *OX* 相交，过交点向 *H* 面作投影连线，与过 *s* 的 45°线交于 *sH*，为锥顶在 *H* 面的落影。

（2）过 *sH* 作底圆的切线，即为直素阴线在 *H* 的落影。

（3）根据归属性求出两切线的 V 投影，即为直素阴线的 V 投影。

图 15-16 所示为锥轴是铅垂线的圆锥，通过 V 投影单面作阴线及阴影的方法。其具体作法是在圆锥的下方作半圆，半圆与轴线交于 3′，过 3′ 作 3′4′ 平行于 $s'1'$，过 4′ 向左下方、右下方作两条 45° 线，与半圆交于两点，过该两点向上作垂直于 X 轴的直线，与 1′2′ 交于 6′、7′，分别将该两点与锥顶相连，即得阴线。

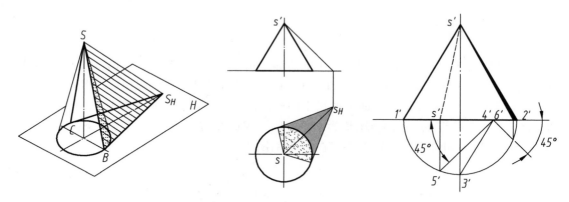

图 15-15 圆锥的阴影 　　　图 15-16 圆锥的阴影单面作图

15.4.3　正方体柱帽在圆柱上的阴影

图 15-17 是正方体柱帽在圆柱上的阴影。作图步骤如下：

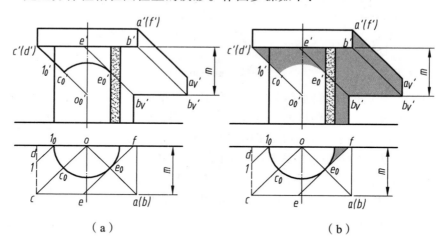

（a）　　　　　　　　　　（b）

图 15-17 正方体柱帽在圆柱上的阴影

（1）正方体柱帽为靠在 V 面上的四棱柱体，阴线为正垂线 CD 和侧垂线 BC。具体作法是在 V 投影中过 $c'（d'）$ 向下作铅垂线，量取 m 距离，作 $b'c'$ 的平行线，交圆柱轴线的 V 投影于 o_0'，但由于是正方形盖盘，故过 $c'（d'）$ 作 45° 线，与圆柱轴线 V 投影的交点即为 o_0'，o_0' 到 $b'c'$ 线的距离也同样是 m。

（2）BC 为侧垂线，圆柱的轴线垂直于 H 面，因此，BC 在圆柱面上的落影的 V 投影与圆柱的 H 面积聚投影成对称形状，即也为圆弧形，其半径与圆柱的半径相等。圆弧的中心 o_0' 与

$b'c'$ 之间的距离 m，等于阴线 BC 到圆柱轴线的距离 m。作图时以 o_0' 为圆心，以圆柱的半径为半径画圆弧，与过 $c'(d')$ 的 45° 线交于 c_0'（已作出），与圆柱的阴线的 V 投影交于 e_0'，圆弧 $c_0'e_0'$ 即为侧垂线 BC 上的一段 CE 在圆柱面上的落影的 V 投影。BE 落影于 V 面。

15.4.4　圆柱形窗套的阴影

图 15-18 是带圆柱形窗套的窗洞，具体作图步骤如下：

（1）确定阴线的两端点 A、D 在 V 投影中，作 45° 线与窗洞圆弧相切，切点 a'、d' 即为所求。

（2）在 V 面上，先求出窗洞圆弧心 O 在窗扇上的落影 o_0'，再以 o_0' 为圆心，窗洞圆弧的半径 R 为半径作圆弧，与窗洞圆弧交于 b_0'、c_0'，又过 b_0'、c_0' 作反射光线，求得 $b'c'$，则圆弧 BC 在窗扇上的落影的 V 投影是 $\widehat{b_0'c_0'}$，落影的 H 投影是 b_0c_0（与窗扇的积聚投影重合）。

（3）圆弧阴线 $\widehat{AB}$、$\widehat{CD}$ 段落影于窗洞的侧面（即柱面）上，因 H 投影是剖面图，窗洞的上半部已移去，故 CD 的落影不必画出。窗洞下半部的 H 投影为可见，在其上的阴影的作图方法是：窗洞口阴点 A 在圆柱面上的落影即为自身，其落影的 V 投影与 a' 重合，H 投影为 a。B 点在窗扇上落影的 H 投影 b_0 与窗扇的有积聚性的 H 投影重合，再在 AB 之间任取一点 I（1，$1'$），过 $1'$ 作 45° 线，与圆（圆柱侧面在 V 面上的积聚投影）交得 $1_0'$，过 $1_0'$ 作投影连线，与过 1 的 45° 线交得 1_0，光滑连接曲线 $a1_0b_0$，即为阴线 $\widehat{AIB}$ 在圆柱侧面落影的 H 投影。H 投影上还有部分可见阴面。

（4）过 o'、o 分别作 45° 线，过 o 的 45° 线求与墙面的 H 面积聚投影交于 o_{10}，过 o_{10} 作投影连线与过 o' 的 45° 线交于 o_{10}'，即窗套圆心的落影。

（5）在 V 投影中以 o_{10}' 为圆心、外圆半径 R_1 为半径作圆弧，再过阴点 E、F 的 V 投影 e'、f' 作 45° 线与影线圆弧相切，即得窗套在墙面上的落影 V 面投影。

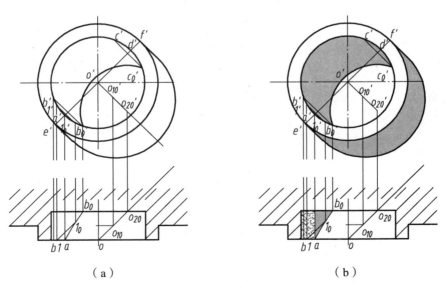

（a）　　　　　　　　　　　　（b）

图 15-18　圆柱形窗套的阴影

15.4.5 圆柱帽与圆柱的阴影

如图 15-19（a）所示共铅垂轴线的靠墙圆柱头与圆柱的 V 投影，要求作其阴影。

作图分析：

可利用圆柱头与圆柱 H 面投影的积聚性作辅助线，作出圆柱头与圆柱的阴影。

作图步骤如下：

（1）作出圆柱头与圆柱的 H 投影。

（2）过 H 面投影的圆心 o 作反向 45° 线，与圆柱的 H 投影相交于 2_0，与圆柱头的 H 投影相交于 2；过 2 向上作投影连线，与圆柱头的底面阴线交于 $2'$，过 2_0 作投影连线，与过 $2'$ 的 45° 线交于 $2_0'$。

（3）在 H 面投影上过圆柱最左素线的积聚投影 1_0 作反向 45° 线，与圆柱头相交于 1，过 1 向上作投影连线，与圆柱头的底面阴线相交于 $1'$，过 $1'$ 作 45° 线，与圆柱最左素线的 V 投影交于 $1_0'$；同理求得 $3'$，过 $3'$ 作 45° 线，与圆柱最前素线的 V 投影交于 $3_0'$。

（4）在 H 面投影上过圆心 o 作 45° 线，与圆柱的 H 投影交于 4_0，过 4_0 作反向 45° 线，与圆柱头的 H 面投影相交于 4，过 4 向上作投影连线，与圆柱头的底面阴线相交于 $4'$，过 $4'$ 作 45° 线，与圆柱的阴线，相交于 $4_0'$，如图 15-19（b）所示，连接 $1_0'$、$2_0'$、$3_0'$、$4_0'$，即得圆柱头在圆柱上的落影。

（5）圆柱在墙面上的阴影只需求得过 4_0 的铅垂阴线的阴影即可。据其落影的 H 面投影可知，为过 4_0 到墙体水平投影之间的 45° 线且不可见。其 V 投影为平行于柱轴 V 投影的直线。

（6）圆柱头在墙面上的阴影也需要依靠其阴线的落影求出，即圆柱头底面上 E 点以左的圆弧，顶面上 F 点以右的圆弧以及素线 EF 的阴影。其作图方法是利用第 14 章知识（图 14-17）作底面圆的落影椭圆，再作出 F 点的落影，由于 FE 为铅垂线，故其在墙面上的落影为平行于其本身的直线；M 点的落影为其本身，将其与 F 点的落影相连，为一段椭圆弧。

最后将可见的阴影部分填充，如图 15-19（c）所示。

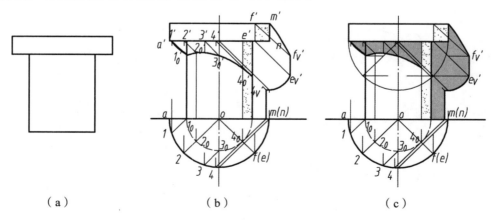

图 15-19　圆柱头与圆柱的阴影

15.4.6 方柱帽与圆台的阴影

已知共轴线的靠墙方柱形帽与圆台形柱的 V 投影如图 15-20（a）所示，求其阴影。

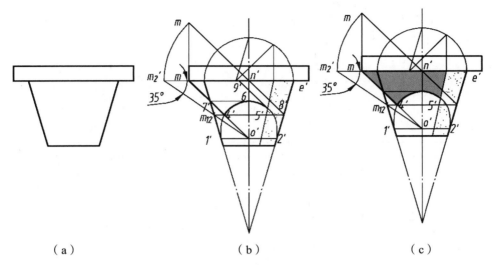

（a） （b） （c）

图 15-20　方柱头与圆台的阴影

作图步骤如下：

（1）过 m'（e'）作 45°线，与圆台最左素线相交于 7′，即 ME 落影椭圆最高点的 V 投影。

（2）过 7′作水平线与圆台的轴线相交于 6′，即 $m'e'$ 落影的最高点，也是 ME 在圆台面上落影椭圆的长轴端点。

（3）过 m' 作 45°线与圆台轴线相交于 a'（b'），a'（b'）是 EF 落影椭圆在圆台最前、最后素线上的点。再过 a'（b'）作水平线与圆台最左、最右的素线分别相交于 1′、2′，即 ME 落影椭圆上的两个点。

（4）过 n' 作反向 45°线，与过 m' 的铅垂线相交于 m，以 n' 为圆心，以 nm 为半径画圆弧，与 $m'f'$ 的延长线相交于 m'_2，连接 m'_2o'，m'_2o' 与 $m'f'$ 的夹角为 35°。m'_2o' 与最左的素线相交于 m'_{12}，过 m'_{12} 作水平线与过 m' 的 45°线相交于 4′，即为 M 点在圆台面上的落影的 V 投影。

（5）根据 MF 落影椭圆 V 投影的对称性，求得 4′的对称点 8′。

（6）在 V 投影中用光滑的椭圆线连接 1′、4′、6′、5′、8′、2′，即得半椭圆，落影椭圆与圆台阴线的交点 5′、1′4′、5′2′为虚影。MF 落影的 V 投影是 45°线（f'）4′，4′6′5′是 ME 上 M9 段的落影。如图 15-20（b）所示。

（7）填涂阴影，如图 15-20（c）所示。

15.4.7　圆柱帽与圆台的阴影

已知共轴线的靠墙圆柱形帽与圆台形柱的 V 投影如图 15-21（a）所示，求其阴影。

作图步骤如下：

（1）求圆柱帽、圆台的阴线，如图 15-21（b）所示。

（2）求圆柱帽、圆台在 V 面上的落影，圆柱帽在 V 面上虚影用点画线表示，如图 15-21（c）所示。

（3）求圆柱帽在圆台面上的落影，主要是求圆柱帽上 4 个点 1、2、3、4 的落影，如图 15-21（d）所示。

① 其中，圆柱帽上 1 点的落影在圆台最左素线上。只需作出圆柱帽在 V 面落影半椭圆与圆台最左素线的交点 $1'_0$ 即所求。

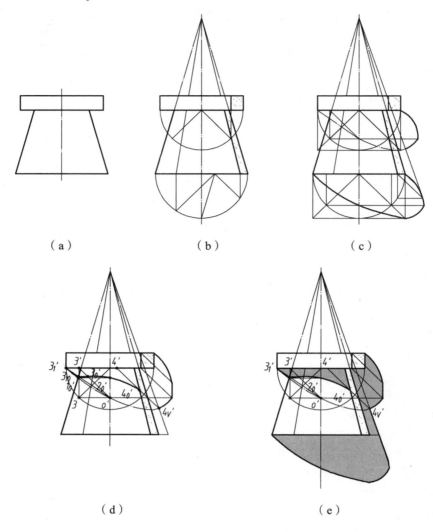

（a）　　　　　　　　　（b）　　　　　　　　　（c）

（d）　　　　　　　　　（e）

图 15-21　圆柱帽与圆台的阴影

② 圆柱帽上 2 点的落影在圆台最前素线上。因圆柱帽与圆台是同轴线曲面体，其阴影有对称性，即圆柱帽在最左素线与最前素线上的落影 $2'_0$ 等高。过 $1'_0$ 作水平线与最前素线的交点即 $2'_0$。

③ 作圆柱帽阴线的辅助圆，过 o'_1 作 45° 线，与辅助圆交于 3，由 3 求出 3'，再过 3' 作 45° 线，与轴线交于 o'，连 $3'_1$ 与 o'，$3'_1o'$ 与圆台最左素线交于 $3'_{10}$，过 $3'_{10}$ 作水平线，此水平线与 $3'o'$ 交点即 $3'_0$。

④ 4 点的落影即圆柱帽落在圆台阴线上的落影；利用阴线在 V 面上的落影 $4'_v$ 作 45° 反射光线，求得 $4'_0$。

⑤ 用光滑的曲线连接 $1'_0$、$2'_0$、$3'_0$、$4'_0$。

（4）圆柱帽与圆台的阴影如图 15-21（e）所示。

15.5 建筑形体的阴影

15.5.1 L形平面的双坡顶房屋的阴影

作图分析：

L形平面屋顶等高檐口不等高双坡屋顶的阴影，如图 15-22 所示，阴线有侧垂线 AB、铅垂线 BC、CD、侧垂屋面的下檐口线。

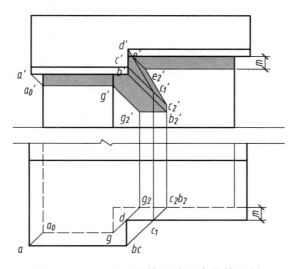

图 15-22 L形平面的双坡顶房屋的阴影

作图步骤如下：

（1）阴线 AB 是一根侧垂线，过 a' 的 45° 线与左前墙角线交于 a_0'，再过 a_0' 作 X 轴的平行线与右前墙角交于 g'，其在平行于 V 面的墙面上的落影依然是一侧垂线。其剩余部分的投影落在右前侧墙面上，作法如图 15-22 所示。

（2）阴线 BC 是铅垂线，在右前墙面上的落影是 $b_2' c_2'$。

（3）过 c 的 45° 线与右前房檐交于 c_1，过 c_1 作投影连线与过 c' 的 45° 线交于 c_1'，连接 c_1' 与 d'，交右前房檐线于 e'，$d'e'$ 为阴线 CD 在封檐板上的影线；在右前房檐线下量取长度 m，作 X 轴平行线与过 e' 的 45° 线交于 e_2'。各点围合即所求。

15.5.2 坡度较陡、檐口高低不等的两相交双坡顶房屋的阴影

作图分析：

如图 15-23 所示，正垂屋面的右屋面和侧垂屋面的后屋面是阴面，两屋顶的另一坡为阳面，可知两屋屋脊线均为阴线。此外，屋面阴线还包括 AB、BC、CD、DE 及墙脚阴线的部分落影。房屋在地面的落影省略不画。

267

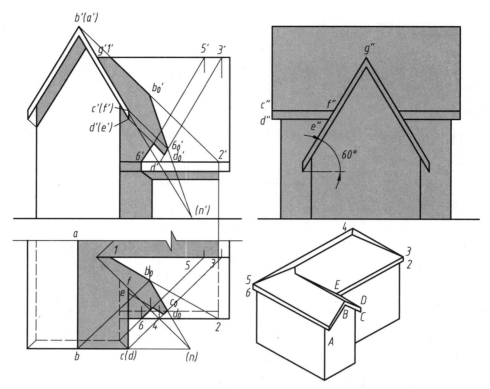

图 15-23 坡度较陡、檐口高低不等的两相交双坡顶房屋的阴影

作图步骤如下：

（1）阴线 AB 在侧垂屋面的前屋面上的落影，过 $b'(a')$ 的 45° 线与右屋面的 V 投影交于 $1'$、$2'$，由 $1'$、$2'$ 作出 1、2，连 1 与 2，在 H 面上过 b 作 45° 线与 12 交于 b_0，由 b_0 求出 b_0'，即得 B 点的落影 $B_0(b_0, b_0')$。Ⅰ $B_0(1'b_0', 1b_0)$ 即为 AB 在侧垂屋面的前屋面上的落影。

（2）过 $c(d)$ 作 45° 线，与侧垂屋面前屋面的前后边线交于 3、4 点，由 3、4 求出 $3'$、$4'$，连 $3'$ 与 $4'$，过 c'、d' 作 45° 线，与 $3'4'$ 交于 c_0'、d_0'，连 c_0' 与 d_0'，再在 34 线上由 $c_0'd_0'$ 求得 c_0、d_0，连接 b_0 与 c_0、b_0' 与 c_0'，即为 BC 在侧垂屋面前屋面上的落影。

（3）延长阴线 BC，与天沟线 FG 交于 N（n、n'），则 BC 在侧垂屋面前屋面上的落影必通过点（N）。

（4）阴线 DC 为铅垂线，影的 H 投影 d_0c_0 为 45° 线。

（5）阴线 DE 为正垂线，影的 V 投影 $d_0'e'$ 为 45° 线，连 d_0e 得 DE 在前屋面上落影的 H 投影。

15.5.3 歇山顶房屋的阴影

作图分析：

如图 15-24（a）所示，歇山顶房屋左侧正垂线 EF 是阴线，前坡屋顶是阳面，后坡屋顶是阴面，故侧垂屋脊线 MB 为阴线，前房檐下部侧垂线 EG 为阴线，右侧屋脊线 AB、BC 在右端坡面上也有落影。

268

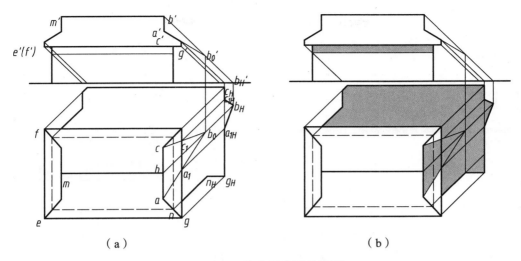

图 15-24　歇山顶房屋的阴影

作图步骤如下：

（1）歇山顶房屋左侧正垂线阴线 EF 落影部分在最左侧侧平墙面上，其 V、H 投影均积聚，部分阴影落在后侧地面上，K_0 为转折点，K_0、F 点落影作法如图 15-24（a）所示。

（2）前房檐下部侧垂线阴线 EG，部分阴影落在左前铅垂墙面上，部分落在前方正平墙面上，部分落在房屋右侧地面上，作法如图 15-24（b）所示。

（3）作出 B 点在坡面扩大面上的虚影 B_0 影（b_0，b_0'），连接 b_0a 及 b_0c，得正垂屋脊线 AB、BC 在右侧坡面的落影，如图 15-24（a）所示；继而求得 A、C 两点的右坡面过渡点在地面上的落影。各点落影连线，即为歇山顶房屋的落影。

小　结

形体阴影的作图步骤如下：

（1）首先读形体的正投影图，将形体的各个组成部分的形状、大小以及彼此间的相对位置分析清楚。

（2）接着判断形体的阴面和阳面，从而确定阴线。

（3）分析各阴线都落影于哪些承影面，逐个求出各阴线的落影，其围合的图形就是形体的落影。

（4）最后，将立体的阴面和落影，均匀地涂上颜色，以表示这部分是暗的。

第16章

透视投影的基本作法

在现实的生活中，我们都有这样的体会，同样大小的物体离我们近就显得大，反之就显得小。根据这种现象，我们把人眼作为投影中心进行中心投影便可得到物体的透视投影；利用透视投影进行制图称透视制图；用透视制图作出的图形便称透视图。透视图具有立体感强、真实感强的特点。依据透视图还可以绘制更加逼真的效果图，它能使观者如睹实物，即使不是专业制图人也一样能看懂。

16.1　透视的基本概念和分类

16.1.1　透视图的形成

透视图属于中心投影，它可看成是以人眼为投影中心，假设人眼与物体中间有一层透明的平面（我们称为投影面），然后通过这个透明的投影面来观察物体，把观察到的物体视觉印象描绘在该平面上，得到的图形（图 16-1）。

视点、画面和物体是形成透视图的三要素。这三者以这样的顺序排列：视点—画面—物体，所得的透视图为缩小透视。透视图是一种中心投影法成图。人眼即为投射中心，在透视图中称为视点 S。人眼和物体之间设立的一个铅垂投影面，即为画面 P。

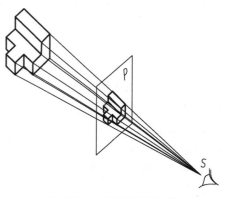

图 16-1　透视图的形成

16.1.2　透视图的基本概念（图 16-2）

视点：人眼的观测点。
站点：人在地面上的观测位置。
视高：眼睛距离地面的高度。
基面：地面。
画面：假想的位于视线前方的作图面，画面垂直于基面。

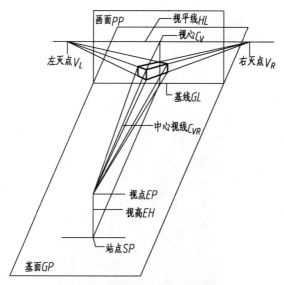

图 16-2　透视图的基本概念

基线：基面和画面的交界线。

视平线：画面上与视点同一高度的一条线，此线高度等于视高。

视心：过视点向画面作垂线，交视平线上的一点。

中心视线：过视点向视心的射线。

灭点：透视线的消失点，其位置在视平线上，一点透视的消失点称 VP，两点透视的消失点称 VL（左灭点）、VR（右灭点），三点透视则增加一个位于视平线外的灭点。

16.1.3　透视的分类

一点透视：当物体三组棱线中的延长线有两组与画面平行，只有一组与画面相交时，其透视线便只有一个交点，所形成的透视便只有一个灭点，称一点透视。由于形体的一个表面与画面平行，故也称平行透视。多用于画街道、室内等的透视，如图 16-3 所示。

两点透视：当物体三组棱线的延长线中有两组与画面相交时，其透视线便有两个灭点，因此称两点透视。两点透视的形成主要是因为物体的主面与画面有一个角度，因而也称为成角透视，如图 16-4 所示。

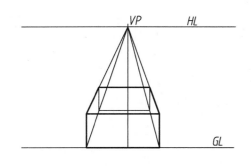

图 16-3　一点透视

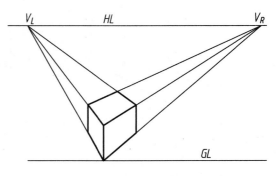

图 16-4　两点透视

三点透视：当物体的三组棱线的延长线都与画面相交时，其透视线便有三个灭点，因此称三点透视。三点透视主要是因为画面倾斜基面，因而也称倾斜透视。当物体有多个斜面便能造成物体的多个棱线与画面有多个交点，便称为多点透视，如图16-5所示。

图16-5　三点透视

16.2　建筑透视图的基本作法——视线迹点法

16.2.1　基本原理及作法

视线与画面的交点称为视线迹点。通过求视线迹点来绘制透视图的方法，称为视线迹点法。过空间形体上各点作视线，求出视线与画面的交点，依次连接各交点，就得到形体的透视图。求点的透视，实质上是求视线与画面的交点。它是作透视图的基本方法。

如图16-6（a）所示，已知空间点 A 的正投影（a'，a）、视点 S 的正投影（s'，s）、画面 P 和基面 G，求 A 点和足 a（点在基面上的直角投影称为该点的足）的透视 A'、a'，作图步骤如下（图16-6）。

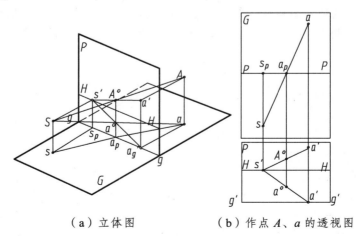

（a）立体图　　　　　　（b）作点 A、a 的透视图

图16-6　视线迹点法作透视图的原理与作法

（1）作视线：在画面上连 s' 与 a'、s' 与 a'_g（视线 SA、Sa 在画面上的直角投影），在基面上连 s 与 a（视线在基面上的直角投影）。

（2）求视线 SA、Sa 与画面的交点 A'、a'。

① 求出基面上 sa 与 $P\text{-}P$ 线的交点 a_p：作出换面在基面上的积聚投影（$P\text{-}P$ 线）与视线的同名投影（sa）的交点 a_p。

② 求点的透视（视线与画面的交点）：过点 a_p 作投影连线，与 $s'a'$、$s'a'_g$ 交于点 A'、a'，即为 A 点和其足 a 的透视。连线 $A'a'$ 就是铅垂线 Aa 的透视。

必须指出，在把投影面旋转摊平时，为使图形清晰、不重叠，通常把基面放在上方，画面放在下方，两个面的间距可随意，但左右应对齐，使 s' 与 s、a' 和 a'_g 与 a 符合正投影规律，如图 16-6（b）所示。这样，画面在基面上的积聚投影 $P\text{-}P$、足 a 和站点 s 就代表了基面及基面上各投影；基面在画面上的积聚投影 $g'\text{-}g'$、视平线 $H\text{-}H$、心点 s' 与 a'、a'_g 就代表了画面及其上各投影。而且连线 $s's$，$a'a$，a'_ga 必须垂直于 $P\text{-}P$ 线，$P\text{-}P$、$H\text{-}H$、$g'\text{-}g'$ 三线必须互相平行。此外，凡求空间各点的透视，都应包含求其足的透视，足的透视称为次透视。

16.2.2　应用举例

【例 16-1】　已知画面垂直线 AB 及视点的投影 [图 16-7（a）]，求 AB 的透视 $A°B°$、$a°b°$。

【解】　（1）分析：由图 16-7（a）的已知条件可知，AB 直线上的 A 点在画面上，故过 A 点的视线 SA 与画面的交点就是 A 点自身（即 $A°$、A、$a°$ 三点重合），不必另求。以后凡画面上的点的透视不再在字母的右上角加小圆圈，故把 $A°$ 写成 A。现只要求端点 $B°$、$b°$，再连接 A 与 $B°$、a 与 $b°$，即可得画面垂直线的透视。

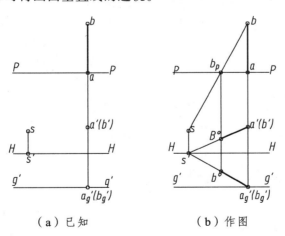

（a）已知　　　　　　（b）作图

图 16-7　画面垂直线的透视

（2）作图 [图 16-7（b）]：

① 连 s' 与 (b')、s' 与 (b'_g)，此即视线 SB、Sb 的画面投影。

② 连接 s 与 b（即视线 SB、Sb 的基面投影），sb 与 $P\text{-}P$ 线交于 b_p。

③ 过 b_p 引投影连线 $s'(b')$、$s'(b'_g)$ 相交，得交点 $B°$、$b°$，即为 B 点的透视。

④ 连接 A 与 $B°$、a 与 $b°$，$AB°$、$ab°$。即为 AB 的透视。

由图可知，画面垂直线的透视通过心点 s'。

【例 16-2】 如图 16-8 所示，已知正方形平面 $ABCD$ 及视点的投影（s'、s），求正方形平面的透视图。

【解】 由图可知，$ABCD$ 平面为水平面，AB 边在画面上，透视即为其自身；AD、BC 垂直于画面，透视通过心点；DC 为侧垂线，即平行于视平线，由视线 SD、SC 组成的视平面（侧垂面）与画面的交线 $D°C°$ 必平行于视平线。这样，求此正方形 $ABCD$ 的透视，实质上只要求出 $D°$（或 $C°$），即可利用画面垂直线的透视特性作出正方形的透视 $AB°C°D$ 与 $ab°c°d$。

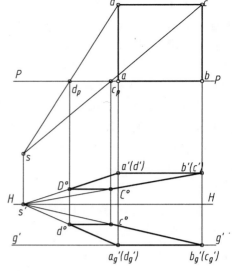

图 16-8 正方形平面的透视

16.2.3 透视通则

（1）一个点的透视仍为一个点；画面上的点的透视即为自身。

（2）直线的透视一般仍为直线；直线通过视点，其透视为一点。画面上直线的透视为自身。

（3）画面上的平面的透视为自身，即画面上的平面图形透视反映实形。

（4）铅垂线的透视仍为铅垂线（即垂直于视平线），侧垂线的透视仍为侧垂线（即平行于视平线），垂直于画面的直线的透视通过心点。

建筑物上此三类直线居多，掌握它们的透视特性，有利于作建筑物的透视图。

（5）与画面相交的直线，其透视通过交点，此交点就是直线的画面迹点。

（6）与画面相交的一组空间平行的直线，在透视图上不再平行，成为相交于同一点的线束，该公共交点称为直线的灭点。

（7）凡平行于画面的平面图形，其透视与原形相似。

（8）无限长的直线的透视为有限长。

16.3 灭点法作建筑透视图

16.3.1 灭点的基本概念

由上一节所述，用视线迹点法作透视图时，要给出形体的立面图和平面图，两者的位置必须符合正投影规律，这样，在画面上既有立面图，又有透视图，使图面混淆不清，而且视线迹点法误差较大。因此，可选用灭点法作图，使画面上不出现立面图就能作出透视图。

直线的灭点，就是直线上无穷远点的透视，也就是通过直线上无穷远点 F 的视线与画面的交点。从几何学知道，两平行直线交于无限远点，因此，通过一直线上的无限远点 F 的视线必与该直线平行。如图 16-9（a）所示，将视点 S 与直线 AB 及其延长线上的点相连，得视线 SA、SB…，当连接无限远点 F 时，视线 SF 就与 AB 直线平行了，SF 与画面相交，得交点 F（这个交点不再在右上方加圆圈），点 F 就是直线 AB 的灭点。

16.3.2　水平线的灭点

如图 16-9（a）所示，要求水平线 AB 的灭点 F，步骤是：过视点 S 作视线 SF//AB，SF 与画面 P 的交点 F，即为水平线的灭点，由于 SF//sf//AB//ab，所以水平线的灭点在视平线上。水平线 AB 与其足 ab（基面投影）具有公共的灭点。如图 16-9（b）所示，在投影图上求灭点的方法为：

（1）先在基面上过站点 s 作 sf//ab，与 P-P 线交于 f。

（2）过 f 引投影连线，与视平线 H-H 相交于 F 点，F 点即为所求的水平线 AB 的灭点。

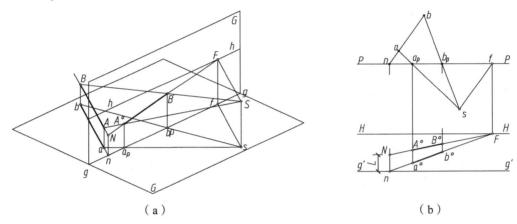

（a）　　　　　　　　　　　（b）

图 16-9　直线的灭点

16.3.3　用灭点法求水平线 AB 的透视

如图 16-9（b）所示，已知水平线 AB 的水平投影 ab，其高 L，并已知站点 s、H-H、g-g，求 AB 的透视。步骤如下：

（1）求灭点 F。① 作 sf//ab，与 P-P 线交于 f；② 过 f 引投影连线，与 H-H 线交于 F，F 点即为 AB、ab 的灭点。

（2）求直线的画面迹点 N、n。延长 ba，与 P-P 线交于 n，过 n 引投影连线，与画面上的基线 g-g 相交得 n，在画面上根据水平线 AB 的高度 L 定出 N。

（3）求全长透视。连 F 与 N、F 与 n，FN 与 Fn 即为 AB 线在画面之后的全长透视。

（4）求直线端点 A、B 的透视，从而作出水平线 AB 的透视。为此作视线 SA、SB 的水平投影 sa、sb，sa、sb 与 P-P 线交于 a_p、b_p，过 a_p、b_p 引投影连线，与 FN、Fn 相交于 A°、a°、B°、b°，加粗 A°B°、a°b°，便求得水平线的透视。

由此可见，无限长的直线透视为有限长，在画面之后的直线上的各点的透视，都在全长透视 FN 上，直线在画面之前的各点的透视，必在 FN 的延长线上。

归纳上述可知，求一水平线透视的过程是：先求出水平线的灭点、迹点和全长透视，然后用视线迹点的基面投影，在全长透视上求出其端点的透视。

图 16-10 所示为用灭点法求放于基面上矩形的透视 $AB°C°D°$。图中将角点 A 置于画面上，因此，a 即为 AB、AD 的画面迹点 A 的基面投影。由于矩形放于基面上，高度为零，故在画面上 A 点应在 g-g 线上。设矩形平面的 ab 边为 OX 轴、ad 边为 OY 轴，故有两个灭点：X 向灭点为 F_x，Y 向灭点为 F_y，都在 H-H 线上。过站点 s 作 sf_x∥ab，与 P-P 线交于 f_x，过点 s 作 sf_y∥ad，与 P-P 线交于 f_y，过 f_x、f_y 引投影连线，与 H-H 相交得 F_x、F_y。将 A 与 F_x、F_y 相连，即得视线 SB、SD 的基面投影 sb、sd，与 P-P 线交于 bp、dp，过 bp、dp 引投影连线，与 AF_x、AF_y 相交得 B、D 点透视 $B°$、$D°$。连接 $B°$ 与 F_y，$D°$ 与 F_x，两线相交得 $C°$。

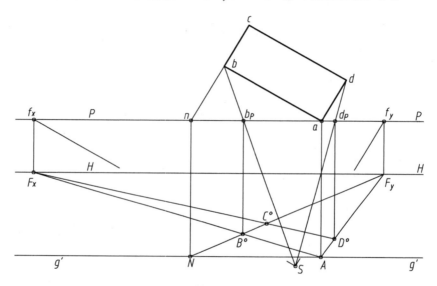

图 16-10　用灭点法求矩形平面的透视

端点 $B°$、$D°$ 也可应用两直线的全长透视相交得到。例如延长 bc，与 P-P 线交于 n 点，过 n 引投影连线，与 g-g 线交得 BC 的画面迹点 N。连 N 与 F_y，NF_y 与 AF_x 相交，交点 $B°$ 即为 B 点的透视。

16.3.4　用灭点法作建筑形体的透视图

由于建筑形体有长、宽、高三个方向，高度通常为 Z 轴方向、平行于画面，而长度为 X 轴方向、宽度为 Y 轴方向，X 轴和 Y 轴都与画面倾斜，于是有两个灭点 F_x、F_y。OX、OY 一般为水平线，故 F_x、F_y 在视平线上。作图时应先作出灭点 F_x、F_y。形体的立面图一般置于画面的左方或右方，地坪线一般与 g-g 齐平，以便量取高度。为统一起见，左方的轴取为 X 轴，右方的轴取为 Y 轴，即灭点 F_x 在左，灭点 F_y 在右。

【**例 16-3**】　已知长方体的平面图及其高度 L、P-P 线、站点 s、H-H 和 g-g 线（图 16-11），求长方体的透视。

【**解**】　（1）分析：由图 16-2 的平面图可知，长方体的长（X 向）、宽（Y 向）与 P-P 线倾斜，即与画面倾斜，故有两个灭点 F_x 和 F_y。角点 α 与 P-P 线重合，故可知棱线 $A\alpha$ 在画面上，反映真高。为简化作图，常选择形体的一条棱线靠在画面上，使其显示真高。

（2）作图（图 16-11）。

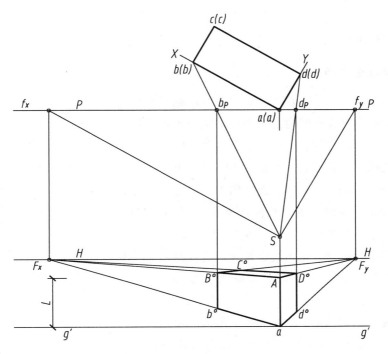

图 16-11　长方体的两点透视

① 求灭点 F_x、F_y。过站点 s 作 $sf_x /\!/ ab$（OX 轴），与 P-P 线交于灭点的基面投影 f_x；作 $sf_y /\!/ ad$（OY 轴），与 P-P 线交于灭点的基面投影 f_y。过点 f_x、f_y 引投影连线，与视平线相交，交点即为灭点 F_x、F_y。

② 求 AB、AD 线的迹点。由于 A、a 在画面上，故 A、a 即为 AB、AD 的迹点，不必另求。

③ 求 X 向的 AB、ab 和 Y 向的 AD、ad 的全长透视。为此，只要分别作线连接 F_xA、F_xa 和 F_yA、F_ya 即为 X 向和 Y 向的全长透视。

④ 求端点 B、b、D、d 的透视 $B°$、$b°$、$D°$、$d°$。分别作线连接 sb、sd，此线与 P-P 线相交于点 b_p、d_p，过点 b_p、d_p 引投影连线，分别于 AB、ab 和 AD、ad 的全长透视相交得点 $B°$、$b°$ 和 $D°$、$d°$。

16.4　建筑透视图的选择

16.4.1　建筑透视图概述

怎样画好透视图，这个问题包括如何选择视点和画面的位置及角度、透视类型，以及如何确定配景的大小尺度等。当视点、画面和物体三者的相对位置不同时，形体的透视图将呈现不同的形状。画出的透视图应当符合人们处于最适宜位置观察建筑物时所获得的最清晰的视觉印象。

16.4.2　视点选择

1．选定视角与视距

从实际经验体会到：若头部不动，以一只眼睛观看前方时，上下、左右能看到的范围构成一个以眼睛为顶点的椭圆形的视锥，其锥顶角称为视锥角。视锥角与画面的交线称为视域，视轴即视锥高，必垂直于画面。为了简便起见，实际应用时把视锥作为正圆锥，这样，视域即为正圆。视锥角 α 一般为 110°~130°，清晰可见的视锥角为 60°，最清晰的在 28°~37° 内。画室内透视时可稍大于 60°，但不宜超过 90°，当视点过偏、视距过近时，视角就会增大，透视易产生失真现象。绘室外透视一般采用 $\alpha = 30°$，以便使用 30° 三角板选定站点（图 16-12）。

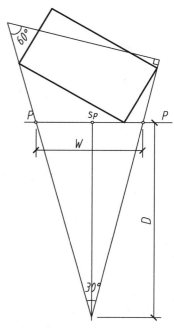

图 16-12　视角 $\alpha = 30°$ 时，选定站点的方法

以视中线为对称轴（ss_p），将 30° 三角板的斜边和所夹 30° 角的直角边靠在建筑平面图的最左最右边角点，这时 30° 三角板顶点位置即为理想的站点 s 位置。

图 16-13 所示说明了视角大小对透视图的影响，图 16-13（a）视距近、视角大、墙面收敛过急，显得狭窄，形象失真；图 16-13（b）视距正常、图形适中，无失真现象；图 16-13（c）视角偏小、墙面收敛过缓，接近轴测图，透视效果不明显。

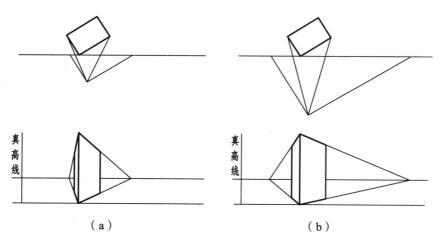

（a）　　　　　　　　　　　　（b）

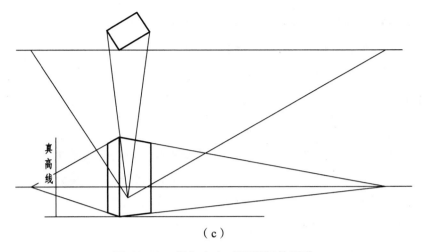

（c）

图 16-13　视角大小对透视图的影响

2．选定站点的左右位置

站点位置的选择应保证透视图有一定的立体感。若形体与画面位置已定，视角也已定，还要考虑站点的左右位置，应保证能看到一个长方体的两个面，可左右移动来获得。

如图 16-14 所示，由站点 s_1 所得透视图的灭点 F_y 在建筑物透视图形内，只见到形体的一个面，完全没有立体感。由站点 s_2 所得的透视图的灭点 F_y 过于靠近右侧面，不能充分表现体

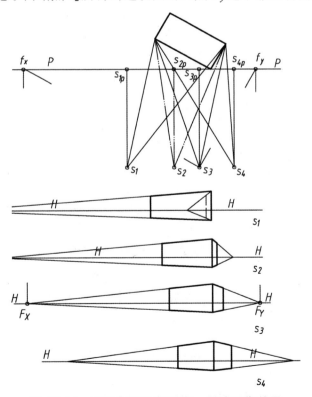

图 16-14　视点左右位置改变，影响透视效果

量感。站点 s_3 的位置最好，体量感强。站点 s_4 的透视图站点太偏右，使形体的长面变短，短面变长，失真。应使视中心线 SS_p 垂直于 P-P 线，垂足 s_p 以在画面宽度 W 的中心为最佳位置，也允许在中间 $W/3$ 范围内移动，但偏移的范围不宜超出 W 宽度范围，否则会严重失真。

3. 选定视高

视高的选择就是指确定视平线的高度。在室外透视中，通常按一般人的眼眶到地面的高度来作为视高，约 1.6 m。图 16-15 所示说明了改变视高会影响透视效果：图 16-15（a）视平线接近房屋的墙脚，墙脚线向灭点消失缓慢，檐口线消失陡斜，适宜于域平房。

图 16-15（b）中的视平线取在高度正中，效果呆板，一般不取。

图 16-15（c）中的视平线取在接近于檐口线，消失情况与图 16-15（a）相反，适宜于画平房。

图 16-15（d）中的视平线高于建筑物，这种透视图称为鸟瞰透视，适宜于画区域规划图和室内透视图。提高视平线绘鸟瞰图，有利于表示建筑物的道路、广场及建筑群之间的相互关系。

当绘制高层或多层建筑时，视平线也可以取得高一些，通常取在 2～3 层。

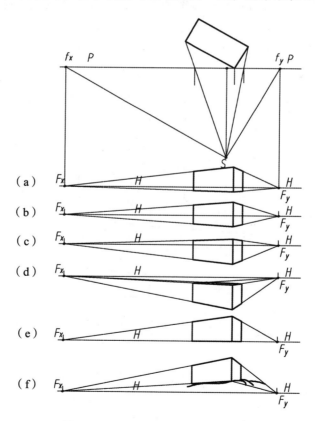

图 16-15　改变视高影响透视效果

图 16-15（e）中的视平线与地坪线重合，两边墙脚线与地面线重合，适宜于绘制雄伟的建筑物。

图 16-15（f）中的视平线低于建筑物底面，这样画出的透视图称仰望透视图，适用于画高大建筑物或高层建筑中屋檐的局部透视。

16.4.3　画面位置和角度的选择

1．画面位置

当画面平行移动时，所得透视图不改变形状，只改变大小。如图 16-16 所示，若视点与建筑物相对关系不变，将画面前后移动到如图所示 P_1、P_2、P_3 的位置，则得透视图如图 16-16（a）、（b）、（c）所示。画面 P_1 在形体之前，所得的透视图（a）为缩小透视。画面 P_2 与形体相交，所得的透视图（b）在画面之前的为放大透视，在画面之后的为缩小透视。画面 P_3 在形体之后，所得透视图（c）为放大透视。通常取缩小透视［图 16-16（a）］，并且使建筑物一角靠于画面，便于反映真高。

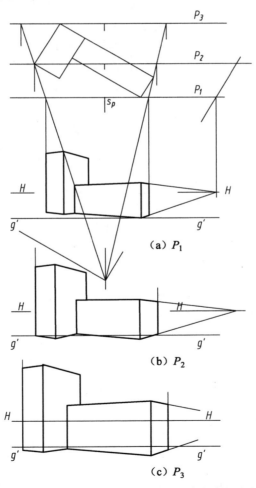

（a）P_1

（b）P_2

（c）P_3

图 16-16　画面前后平行移动，产生放大或缩小透视

2. 建筑物与画面的夹角

建筑物的主要面与画面的夹角通常取较小值（如 30°）。这时透视现象平缓，符合建筑物的实际尺度，可使建筑物的主要面、次要面分明。

图 16-17（a）、（b）所示为常用的透视角度下得出的透视图，这种透视图主次分明，主要面长宽比例符合实际情况；图 16-17（c）忌用，因形体的长面与宽面同画面倾角大致相等，透视图上两个方向斜度一致，主次不分明，特别是对平面图为正方形的形体，透视图特别显得呆板；图 16-17（d）、（e）适用于突出画面的空间感，或表现建筑物的雄伟感，主要面与画面夹角较大，使其有急剧的透视现象。在画面布局上，主要面的前部必须有足够的地方，使空间可以向远处延伸，要观赏建筑物时，只能选取偏角大的。如要表现建筑物的雄伟感，远处的次要面可尽量少于画面。

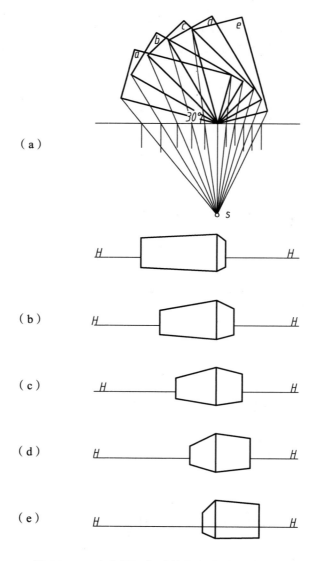

图 16-17 改变画面与建筑物角度影响透视效果

282

16.4.4　绘制建筑物透视图的一般步骤

1. 分　析

分析建筑物的形体特征和所处的周围环境，以便更好地选择视点、画面位置和角度，以及合适的透视种类。现以图 16-18（a）所示的四坡顶房屋外形的两点透视为例，说明一般的作图步骤。

2. 作图（图 16-18）

（1）在房屋设计图上，过平面的角点 a 作画面在水平面上的积聚投影 P-P，使房屋主要面与画面成 30° 角，另一侧面与画面成 60° 角。

（2）选定站点 s，用 30°～60°。三角板的 30° 夹角的斜边和直角边分别靠紧平面图中的角点 b 和 c，并使 ss_p 线垂直于 P-P 线，连 sb、sc，与 p-p 线相交于点 b_p、c_p。要求使 s_p 点在点 b_p、c_p（透视图宽度）中间的 1/3 范围内，这时三角板的 30° 角的顶点即为站点 s 的适宜位置（$\alpha = 30°$），请参考图 16-12。

（3）在平面图上求出灭点的基面投影 f_x、f_y。

（4）在平面图中连视线 $s1$、$s2$、sb、sc、sd、se，得视线迹点的基面投影点 1_p、2_p、b_p、c_p、d_p、e_p，并求出某些直线的画面迹点的基面投影 n_1、n_2、n_3。

（5）在画透视图的图纸上布置画面，即定出基线 g'-g' 和视平线 H-H，如画透视平面图还应在 g'-g' 线之下适宜位置再作一条水平线，即降低基面 G_1 在画面上的投影线 g_1'-g_1'。

（6）在 g'-g' 和 g_1'-g_1' 线上定出 a 点和 a_1 点，此两点应在同一条铅垂线上，以点 a_1 为基准，把平面图 P-P 线上各点量画到 g_1'-g_1' 线上，各点与 a_1 点的相对位置应等于 P-P 线上各点与 a 点的相对位置，如 g_1'-g_1' 线上的 a_1b_{1p} 应等于平面图 P-P 线上的 ab_p，其他各点也是这样的。

（7）在 H-H 线上定出灭点 F_x、F_y。

（8）求出透视平面图。

（9）在画面上（g'-g' 和 H-H）作出真高线 Aa，其高度从立面图上量取，作出房屋下部墙身长方体的透视，如图中的 $AaB_0b_0C_0c_0$。

（10）根据立面图上檐口线和封檐板高度，分别得迹点 N_1、n_1、N_2、n_2，连灭点 F_x 与迹点 N_1、灭点 F_1 与迹点 n_1 和灭点 F_y 与迹点 N_2、灭点 F_y 与迹点 n_2。过透视平面图上点 1_{01}、2_{01}，引投影连线，与上述两组全长透视相交得左檐角 I$_0 1_0$ 和右后檐角 II$_0 2_0$。

（11）求屋面透视，根据立面上屋脊高，过点 n_{31} 引投影连线，在此线上根据立面图上屋脊高度定出迹点 N_3，并连灭点 F_x 与迹点 N_3，过透视平面图上的点 e_{01}、d_{01} 引投影连线，与 $F_x N_3$ 相交得屋脊线 $E_0 D_0$，连斜脊 E_0 I$_0$、D_0 III$_0$（D_0 II$_0$ 为不可见，未连）。

（12）加粗轮廓线，完成全图。必须注意，因限于图幅，灭点 F_x 在图幅外，但 AB_0、ab_0、a_1b_{01} 等 X 向的直线的透视都应灭于 F_x。

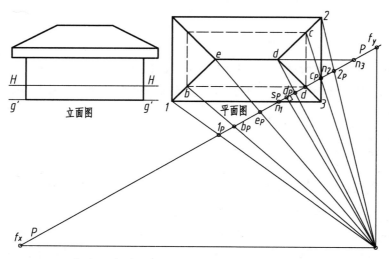

（a）已知房屋平、立面图，作图步骤（1）~（4）

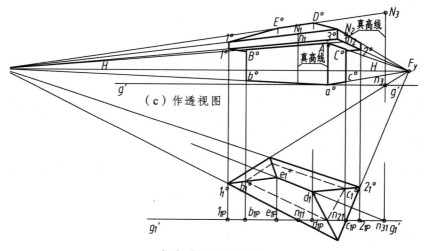

（c）作透视图

（b）作透视平面图

图 16-18　透视图的一般作图步骤

16.5　量点法作建筑透视图

16.5.1　量点的概念与作法

1. 基本概念

点的透视除用视线迹点法求得外，也可用过该点的两组全长透视相交求得该点的透视。如图 16-19（a）中，要求基面上直线 AB 的透视 $A°B°$，可按以下步骤求作：

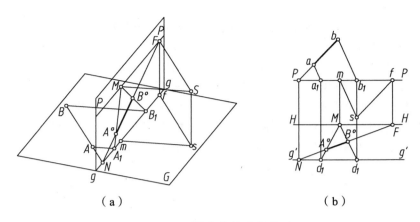

（a）　　　　　　　　　　　　　　　（b）

图 16-19　量点的概念与作法

（1）求直线 AB 的全长透视 NF，即连接迹点 N 和灭点 F，得 NF。

（2）作辅助线 $AA_1 /\!/ BB_1$，其中点 A_1、B_1 是直线 AA_1、BB_1 的画面迹点（因 AB 在基面上，故其画面迹点都在基线上）。

（3）求出辅助线的灭点，为使作图方便，取 $NA = NA_1$，$NB = NB_1$，这时 AA_1、BB_1 的灭点用 M 表示。

（4）连点 A_1 与点 M、点 B_1 与点 M，A_1M、B_1M 与 NF 相交，交点即为直线 AB 端点 A、B 的透视 $A°$、$B°$。这里两组全长透视 NF、A_1M 相交求得 $A°$，NF 与 B_1M 相交求得 $B°$。

由于 $A_1B_1 = AB$，所以当已知透视 $A°B°$ 和辅助线的灭点 M 时，即可在基线上测量出 $A°B°$ 的实长 AB，即连接点 M 与点 $A°$、点 M 与点 $B°$，并延长到与基线交于点 A_1、B_1，$A_1B_1 = AB$。故称辅助线 AA_1、BB_1 的灭点为线段 AB 的量点，并用 M 表示。由于 AB 是水平线，BB_1、AA_1 也是水平线，所以量点 M 必在视平线上。

2. 量点的作法

在实际应用中不必作出辅助线 AA_1、BB_1，而是利用几何关系求出直线的量点 M。由图 16-19（a）可知，$SF /\!/ AB$，$SM /\!/ BB_1$，$H\text{-}H /\!/ g'\text{-}g'$，所以 $\triangle NBB_1 \backsim \triangle FSM$，又因 $NB = NB_1$，所以 $\angle B = \angle B_1$，则 $\triangle NBB$ 为等腰三角形，同样 $\triangle FSM$ 也是等腰三角形，所以 $\angle M = \angle S$，因而 $SF = FM$，在基面上由于 $\triangle fsm \cong \triangle FSM$，所以 $fs = fm$。

正因为灭点 M 是用来量取 NF 方向上的线段的透视长度的，所以将辅助线的灭点 M 称为量点。利用量点直接根据平面图中的已给尺寸来求作透视图的方法，称为量点法。

根据以上分析的几何关系得出求直线 AB 量点 M 的步骤如下［图 16-19（b）］：

（1）在平面图上求直线 AB 灭点的基面投影 f。

（2）以 f 为圆心、sf 为半径作圆弧，与 $P\text{-}P$ 线相交（一般取 s，与 $P\text{-}P$ 线夹角较小的那个方向）得量点的基面投影 m。

（3）过量点的基面投影 m 引投影连线，与视平线 $H\text{-}H$ 相交，即得 AB 线的量点 M。

用量点法求基面上的直线 AB 的透视步骤如下：

（1）求直线 AB 的灭点 F 和画面迹点 N、n，并连接迹点 N、n 与灭点 F，即得直线 AB 的全长透视 NF、nF。

（2）求出直线 AB 的量点 M（按以上的三个步骤求 M）。

（3）在 g'-g' 线上量出 $na_1 = na$、$nb_1 = nb$，得点 a_1、b_1。

（4）连量点 M 与点 a_1、量点 M 与点 b_1，Ma_1、Mb_1 与 NF 相交，交点 $A°$、$B°$ 即为点 A、B 的透视，连接 $A°B°$ 即得线段 AB 的透视。

如果 AB 不在基面上，而是一条水平线，距基面有一距离 L，作法也完全相同，因水平线与其次透视具有同一个量点。先按图 16-19（b）的步骤作出水平线的基透视 $a°b°$，再过点 $a°b°$ 作投影连线，与水平线的全长透视 NF 相交得 $A°B°$（图 16-20）。

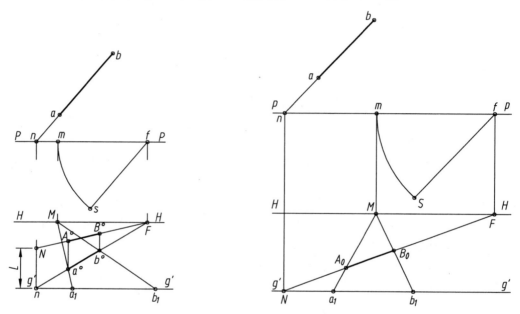

图 16-20　用量点法求水平线的透视

16.5.2　用量点法作透视图的实例

用量点法作透视图时，一般先作出透视平面图，再在画面上作透视图。由于透视图中各部分的透视位置可由透视平面图上各点作投影连线来确定，所以作透视图时可以不必再用量点。

【例 16-4】　已知位于基面上的矩形平面，站点 s、P-P、H-H、g'-g'（图 16-21），求两点透视。

【解】　（1）分析。由于矩形在基面上，故不用再作透视平面图。矩形有两个方向的灭点 F_x、F_y，故也有两个方向的量点 M_x、M_y。

（2）作图（图 16-21）。

① 求出灭点 F_x、F_y。

② 求出量点 M_x、M_y，即先以 f_x 为圆心、f_xs 为半径作圆弧，与 P-P 线交于量点的基面投影 m_x，过量点的基面投影 m_x 引投影连线与 H-H 线交于量点 M_x；再以 f_y 为圆心、f_ys 为半径作圆弧，与 P-P 线交于量点的基面投影 m_y，过量点的基面投影 m_y 引投影连线，与 H-H 线交于量点 M_y。M_y 为 Y 方向的量点，位于视平线上心点 s' 的左方；M_x 为 X 方向的量点，位于视

平线上心点 s' 的右方。

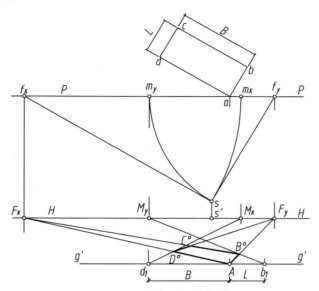

图 16-21　用量点法求矩形的透视

③ 以靠在 P-P 线上的角点 a（X、Y 向的画面迹点）为基准，过点 a 引投影连线与 g'-g' 线交于点 A，自 g'-g' 线上的 A 点向右量取 $Ab_1 = L$，向左量取 $Ad_1 = B$。

④ 连点 A 与灭点 F_x，得 X 向的全长透视；连点 A 与灭点 F_y，得 Y 向的全长透视。

⑤ 连量点 M_y 与点 b_1，M_yb_1 与 AF_y 相交于点 B°；连量点 M_x 与点 d_1，M_xd_1 与 AF_x 相交于点 D°。

必须注意：根据 Y 向尺寸 L 定得的 b_1 必须与量点 M_y 相连；同样，根据 X 向尺寸 B 定得的点 d_1，必须与量点 M_x 相连。

⑥ 连点 B° 与灭点 F_x、点 D° 与灭点 F_y，两线相交于点 C°。

由于基面上点的透视与其基透视重合，所以上述用 A、B°、C°、D° 表示。空间点透视 A、B°、C°、D° 与基透视 a、b°、c°、d° 重合，因此未标注 a、b°、c°、d°。

【例 16-5】　已知平顶房屋的平面图、立面图 [图 16-22（a）]，求透视图。

【解】　（1）分析：根据形体特点，选用两点透视，并用量点法作图。

（2）作图 [图 16-22（b）]。

① 在设计图上过平面图中柱子的角点 a 作 P-P 线，并定站点 s，在立面图上确定视平线高度，在平面图中求出灭点的基面投影 f_x、f_y 和量点的基面投影 m_x、m_y [图 16-22（a）]。

② 在画面上作 g_1'-g_1'、g'-g' 和 H-H 线，并在 g_1'-g_1' 和 g'-g' 线上定出点 a_1、a，在视平线 H-H 上定出灭点 F_x、F_y 和量点 M_x、M_y。

把 Y 向的尺寸及其分点量在基线 g_1'-g_1' 线上 a_1 点之右，得 2_1、3_1、4_1、5_1 等点。1 点在平面图中位于 a 点之下，说明 1 点在画面之前。现规定画面之前的 X、Y 轴上的点为负值，画面之后的 X、Y 轴上的点为正值。这样 1 点为 $-Y$ 值，故 1_1 应量在 a_1 点之左，$a_12_1 = a_2$，$a_13_1 = a_3 \cdots a_11_1 = a_1$。

把 X 向尺寸及其分点量在 g_1'-g_1' 线上 a_1 点之左，得 7_1、8_1、9_1、10_1 等点，其中分点 6 在

平面图中位于 a 点之右，即为 $-X$ 值。故 6_1 点应量在 a_1 点之右，即 $a_17_1 = a_7$，$a_18_1 = a_8$，$a_19_1 = a_9$，$a_110_1 = a_{10}$，$a_16_1 = a_6$。

③ 求透视平面图：连点 a_1 与灭点 F_x、点 a_1 与灭点 F_y，连量点 M_y 与点 1，M_y1_1 与 a_1F_y 的延长线相交得点 1_1°；连量点 M_x 与点 10°，M_x10° 与 $a^\circ F_x$ 相交得点 10_1°，同求得点 9_1°、8_1°、7_1°；连量点 M_x 与点 6_1，M_x6_1 与 a_1F_x 延长线相交得点 6_1°，连接点 6_1° 与灭点 F_y、点 1_1° 与灭点 F_x，并延长，两线相交得点 b_1°；连点 10_1° 与灭点 F_y，$10_1^\circ F_y$ 与 $1_1^\circ F_x$ 相交得点 d_1°；连点 5_1° 与灭点 F_x，$5_1^\circ F_x$ 与 $b_1^\circ F_y$ 相交得点 c_1°。其余作图过程如图中的透视平面图所示。

④ 求透视图。在作出透视平面图之后，透视图作法与灭点法相同。有了透视平面图，作透视图时可以不再利用量点了。在画面上（即由 H-H、g'-g' 线确定的位置）先定出真高线 Aa，迹点 N_1、n_1 和 N_2、n_2，然后将这些点与相应灭点 F_x、F_y 相连得全长透视，再过透视平面图上各点作投影连线，与相应全长透视相交，即可完成。

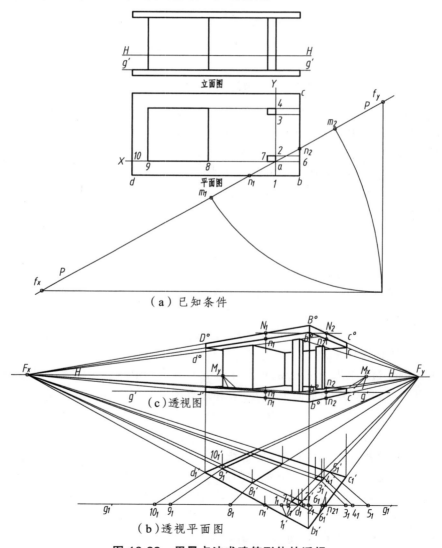

（a）已知条件

（b）透视平面图

（c）透视图

图 16-22　用量点法求建筑形体的透视

288

16.6 距点法作建筑透视图

画面垂直线的量点称为距点，用 D 表示。如图 16-23（a）所示，画面垂直线 AB，其灭点心点 s'，Ns' 为全长透视，现作辅助线 AA_1、BB_1 并使 $NA_1 = NA$，$NB_1 = NB$，这样在 $\triangle BNB_1$ 中 $\angle B_1 = \angle B = 45°$。过视点 s 作 AA_1 的平行线，与 H-H 线交于点 D，点 D 即为 AA_1、BB_1 的灭点，也就是画面垂直线 AB 的量点，画面垂直线的量点称为距点 D。由于 $\triangle Ss'D \cong \triangle ss_pd$，$\triangle BNB_1 \backsim \triangle Ss'D$，所以 $\angle S = \angle D = \angle d = \angle 5 = 45°$，利用这一几何关系可求得距点 D。如图 16-23（b）所示，过站点 S 作 45° 线，与 P-P 线相交于点 d（或以 s_p 为中心、ss_p 为半径作圆弧，与 P-P 线交于点 d），过点 d 作投影连线，就与 H-H 线相交得距点 D。Ns' 与 a_1D、b_1D 相交得点 $A°$、$B°$，$A°B°$ 即为画面直线 AB 的透视。

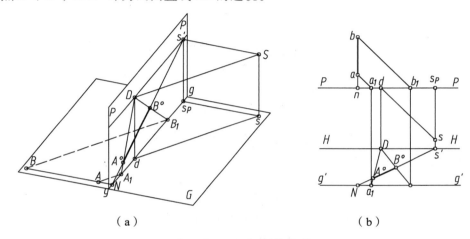

（a）   （b）

图 16-23　距点 D 的作法

注意：若 D 点在心点 s' 之左，则 a_1、b_1 点应量在直线的画面迹点 N 之右；当 D 点在心点 s' 之右时，a_1、b_1 点应量在迹点 N 之左。

【**例 16-6**】　已知建筑形体的平面图、立面图［图 16-24（a）］，用距点法求一点透视。

【**解**】　（1）根据形体的形状特点选用一点透视，使透视图能反映立面的高宽比，选择站点 s 和视平线［图 16-24（a）］。

在平面图上求出距点 D 的基面投影 d，把 Y 向尺寸延长到与 P-P 线相交，得迹点的基面投影 1、a、b、c 各点（也可看作延长到与 X 轴相交），把 X 向各平行线延长到与 Y 轴相交得分点 2、3、4。

（2）在画面上定出基线 g'-g'、g_1'-g_1' 和视平线 H-H，并定出心点 s' 和距点 D［图 16-24（b）］。

（3）作透视平面图：把平面图 P-P 线上各点 1、a、b、c 与 s_p 的相对位置量画在 g_1'-g_1' 线上，如 $s_{p1}a_1 = s_pa$，$s_{p1}b_1 = s_pb$…把 2_1、3_1、4_1 量在 1_1 之右并使 $1_14_1 = 14$，$1_13_1 = 13$，$1_12_1 = 12$。将心点 s' 与点 c_1、a_1、a_1、1_1 连成直线，得 $s'c_1$、$s'b_1$、$s'a_1$、$s'1$ 线束。再连点 4_1 与距点 D、点 3_1 与距点 D、点 2_1 与距点 D，4_1D、3_1D、2_1D 与 $s'1$ 相交得点 $2_1°$、$3_1°$、$4_1°$，过点 $2_1°$、$3_1°$、$4_1°$ 作水平线，完成透视平面图［图 16-24（b）］。

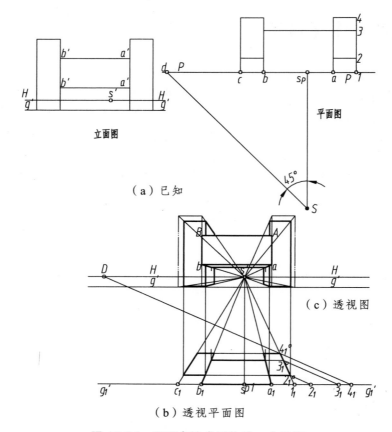

图 16-24　用距点法求形体的一点透视

（4）作透视图：在画面上以心点 s' 为基准，用细双点长画线画出立面图，并将各角点与心点 s' 相连，得一组线束，即一组画面垂直线的全长透视，过透视平面图中的各点引投影连线，与透视图中的相应线束相交，即得透视图［图 16-24（c）］。

16.7　曲面体的透视

16.7.1　曲面体的透视概述

现代建筑造型较为新颖，外形为曲面的建筑也很多。尤其是体育建筑，它属于一种表现型的公共建筑，集中反映一个民族的文化艺术。因此，根据体育建筑的特点，建筑师们敢于标新立异。图 16-25 是平面为圆形的我国某市剧院馆。

由于曲线形建筑日趋增多，因此，读者在学习平面立体透视图画法的基础上，还必须进一步学习曲面体透视图的面法。

图 16-25　我国某市剧院

16.7.2　圆、圆柱和圆锥的透视

1. 平行于画面圆的透视

当圆平面平行于画面时，其透视仍是一个圆，只是因与画面距离不同而半径有变化。如图 16-26 所示，图中的圆 O、O_1、O_2 直径相等，它们的圆心连线垂直于画面。圆 O 与画面重合，透视反映实形。圆 O_1、O_2 平行于画面，在平面图上连站点 s 与点 O_1、站点 s 与点 O_2、站点 s 与点 b、站点 s 与点 c，上述各连线与 $P\text{-}P$ 线相交，得圆心透视的基面投影 O_{1p}、O_{2p} 和透视圆的半径 $O_{1p}b_p$、$O_{2p}C_p$。在画面上根据已知圆心的高度和心点 s'，作出实形圆 O'，其半径为 oa。连心点 s' 与点 O'，过 O_{1p}、O_{2p} 作投影连线与 $s'O'$ 相交得透视圆的圆心 O_1°、O_2°。以 O_1°、O_2° 为圆心，$O_{1p}b_p$ 和 $O_{2p}c_p$ 为半径，分别作圆，即得两个平行于画面的直径相等的圆的透视。这三个圆的透视是三个半径大小不同的圆。

图 16-27（a）所示是一幢半圆拱屋面的建筑物的平面图和立面图，视点、画面、视平线的选择如图 16-27（a）所示。由于建筑物前后两半圆平行于画面，故透视仍为半圆。前半圆 O_2 位于画面之前，半径放大，透视半圆比原形大。后半圆 O_1 在画面之后，半径缩小，透视半圆比原形小。半圆柱拱与画面相交的那个半圆 O，透视为实形，图 16-27（b）中用细双点长画线表示。

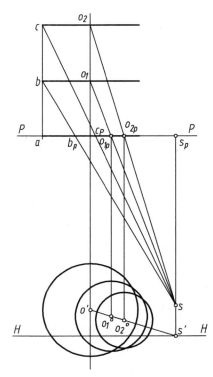

图 16-26　平行于画面圆的作法

作图时，先在图 16-27（a）中的平面图上，将 $P\text{-}P$ 线布置在中间靠后的墙面上，使 O_1 半圆为缩小透视、O_2 半圆为放大透视。连站点 s 与点 O_1、站点 s 与点 O_2，SO_1、SO_2 与 $P\text{-}P$ 线相交，得后半圆的圆心 O_1 的透视 O_1° 和前半圆的圆心 O_2 的透视 O_2° 的基面投影 O_{1p} 和 O_{2p}。连站点 s 与点 1，s_1

与 P-P 线交于 1_p、$O_{1p}1_p$ 是后半圆透视的半径。连站点 s 与点 3、站点 s 与点 4 并延长，s_3、s_4 与 P-P 线交于点 3_p、4_p，$O_{2p}3_p$、$O_{2p}4_p$ 是前半圆透视的内、外半圆的半径。如图 16-27（b）所示，在画面上定出 H-H、g'-g' 线，在视平线上定出心点 s'。根据图 16-27（a）中圆心 O 与心 s' 点相对位置在图 16-27（b）中定出圆心 O'，以 O' 为圆心画出实形半圆（图中用细双点长画线表示），O' 点即为圆柱轴线的画面迹点。连 $s'O'$ 并延长得轴线的全长透视，根据 S_pO_{2p}、S_pO_{1p} 的长度在 $s'O'$ 上定出前后半圆的透视圆圆心 O_2°、O_1°。以 O_1° 为圆心，$O_{1p}1_p$ 为半径，作后半圆的内半圆。以 O_1° 为圆心、$O_{1p}2_p$ 为半径，作后半圆的外半圆（因为外半圆为不可见，图中未画虚线）。以 O_2° 为圆心，$O_{2p}3_p$、$O_{2p}4_p$ 为半径，作前面的同心半圆拱的透视（放大透视）。于是就完成了半圆拱屋面的一点透视，墙身部分作法同平面体的一点透视作法。图 16-27（c）为加上配景后的效果图。

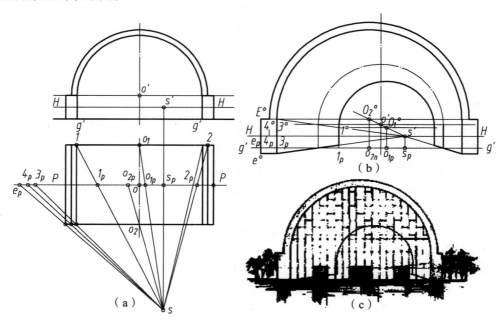

图 16-27　圆拱房屋的一点透视

2. 与画面不平行圆的透视

当圆所在平面不平行于画面时，其透视一般为椭圆。为了作出圆的透视椭圆，通常利用圆的外切正方形 4 条边的中点（切点）及正方形对角线与圆周的 4 个交点的 8 点法求得。由于圆心和外切正方形对角线交点一致，圆周切于外切正方形各边中点，圆必可被一正方形外切和内接，这三个条件在透视正方形中仍保持不变。

透视椭圆有长轴和短轴。透视正方形外切于椭圆，短轴通过透视椭圆的中心（也是透视正方形的中心）。短轴是与椭圆弧正交的最短直径，长轴通过透视椭圆中心（但不通过透视正方形的中心），是垂直于短轴的最长直径。作透视时，可先作出圆的外切正方形的透视，然后用 8 点法光滑连接成透视椭圆（图 16-28）。在图 16-28（a）中，H-H 上的 D 点为正方形对角线 EG 的灭点（也即画面垂直线的距点），$s'D$ 等于视距。作图时，先在 g'-g' 线上，作出辅助半圆，求得画面垂直线的迹点 e、n_1、c、n_2、f，连心点 s' 与点 e、心点 s' 与点 n_1、心点 s'

与点 n_2、心点 s' 与点 f，再连距点 D 与点 e。De 与 $s'n_1$、$s'c$、$s'n_2$、$s'f$ 相交，得交点 $1°$、$O°$、$3°$、$G°$，过这些交点作 H-H 线的平行线，于是求得了外切正方形的 4 个切点及其对角线上 4 个点的透视。然后光滑连接 $A°1°c2°B°3°D°4°A°$ 即得圆的透视椭圆。在图 16-28（b）中 g'-g' 线上的 $Eh_1 = EF$（圆的直径），连距点 D 与点 h_1，Dh_1 与 $s'E$ 相交得点 $H°$，$EH°$ 为铅垂圆的透视宽，其余的作法如图 16-28（b）所示。

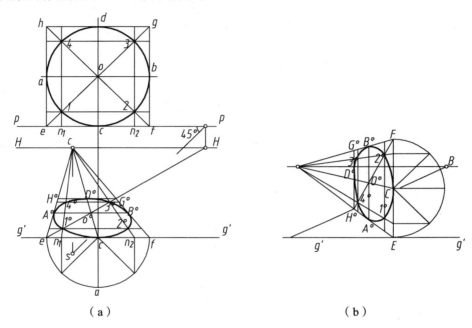

（a）　　　　　　　　　　　　　　　　（b）

图 16-28　8 点法作圆的透视椭圆

3. 圆柱的透视

求作圆柱的透视时，应先作出上下底圆的透视——椭圆，再作出椭圆的切线，即得圆柱的透视轮廓线。已知圆柱直径 D 和高度 H，求作一点透视（图 16-29）。

图 16-29（a）中的心点 s' 在铅垂圆柱透视的轴线上，而图 16-29（b）中的心点 s' 则偏离轴线。

4. 圆锥的透视

图 16-30 为圆锥的透视作法。由于轴线铅垂，按水平圆的透视椭圆的作图方法，先作出底圆的透视；利用距点 D 求出圆锥的透视高度 $S°o°$，即连距点 D 与迹点 N，过 $o°$ 作铅垂线，与 DN 相交得锥顶的透视 $S°$；再过 $S°$ 作椭圆的切线，即得圆锥的透视（图 16-30）。

5. 由柱面、锥面组成的建筑形体的透视示例

求作圆拱的透视，与圆柱一样，关键在于求作圆拱前、后口圆弧的透视。当在拱内作其透视时，两个透视圆弧间无须作公切的轮廓素线。

图 16-31 所示为圆拱门的透视作图。此例主要是解决拱门前、后两个半圆弧的透视作图。作半圆弧的透视完全可以参照图 16-28 所示方法解决，就是将半圆弧纳入半个正方形中，作

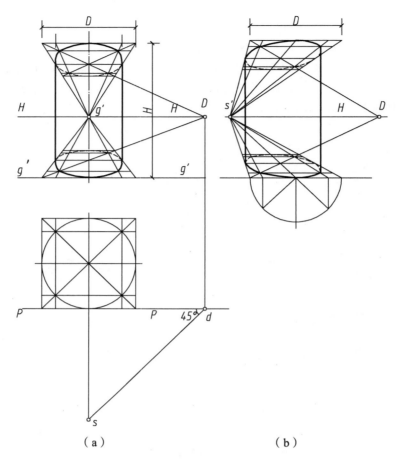

（a）　　　　　　　　　　（b）

图 16-29　圆柱的透视

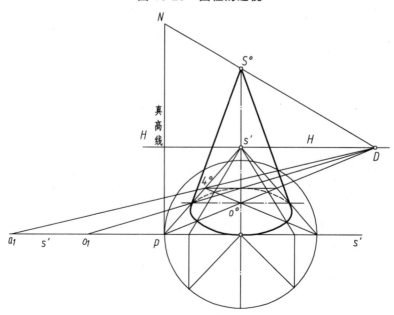

图 16-30　圆锥的透视

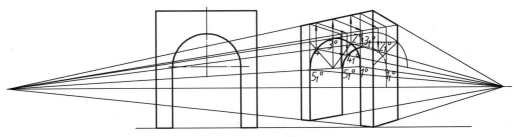

图 16-31　圆拱门的透视

出半个正方形的透视，就得到透视圆弧上的三个点 1°、3°、5°；再作出两条正方形的对角线与半圆弧交点的透视 2° 及 4°，将这 5 个点光滑连接起来，就是半圆弧的透视。

后口半圆弧的透视，可用同法画出。图中是用过前半圆上已知 5 点所引的拱柱面的素线，并利用素线在拱门顶面上的基透视所确定的长度，而求得相应的 5 点，顺次连成的。

小　结

本章重点掌握：

（1）理解透视的基本概念的和分类，熟记透视图中的基本术语。

（2）了解一点透视和两点透视的常用方法。

（3）掌握透视图的基本作图方法：视线迹点法、灭点法、量点法、距点法。

（4）熟记建筑透视图的视点、站点、画面位置和角度的选择，掌握绘制建筑物透视图的一般步骤。

第17章

透视图的实用画法

前面各章介绍了作形体透视图的三种传统方法：① 视线迹点法，它是由已画成的平面图、立面图求得的透视图，在画面上既有立面图，又有透视图，画图费时，误差大；② 灭点法，它是在前者的基础上，只需平面图和灭点，高度则从设计图的立面图上量取，作图简单，且容易获得具体形象；③ 量点法，在灭点法的基础上，根据灭点求得量点，在画面上不需要平面图和立面图，根据设计图中的长、宽、高尺寸可以直接求作透视图，作图简便、准确。后两种方法为工程技术人员所常用。绘制建筑形体的透视图，有时也会遇到在形体上进行分割建筑细部的透视作图。本章将介绍一些比较实用的方法来解决这些问题。

17.1 建筑细部的简捷画法

在画出建筑形体的透视轮廓线之后，可用平行线、矩形的透视特性等知识画出建筑细部的透视，这样能够简化作图，提高效率。

17.1.1 直线的分割

由平面几何原理可知，一组平行线可将任意两直线分割成比例相等的线段，如图17-1所示，$AB : BC : CD = EF : FG : GH$。

当直线不平行于画面时，直线上各线段长度之比，在透视图中将产生变形，不等于实际分段之比。但是，可以根据画面平行线各线段长度之比在透视图中不发生改变的透视特性，来求作画面相交线的各分点的透视。

1. 在基面平行线上截取成比例的线段

如图17-2所示，已知基面平行线 AB 的透视 $A°$，现将 AB 分为三段，使三段长度之比为 $3 : 1 : 2$，要求分点的透视。取任意一点如 $A°$，作一水平线，然后在该水平线上截取 $A°C_1 : C_1D_1 : D_1B_1 = 3 : 1 : 2$，连接 $B_1B°$ 并延长，与视平线相交于点 M（量点），然后连接 MD_1、MC_1，分别与 $A°B°$ 相交于 $D°$、$C°$ 即为所求。

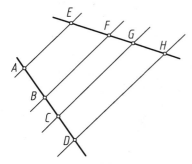

图 17-1　线段的分割

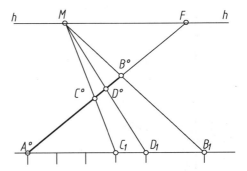

图 17-2　在基面平行线上截取成比例的线段

2. 在基面平行线上截取等长的线段

如图 17-3 所示，已知基面平行线 AB 的透视 $A°B°$，现将 AB 分为 5 段等长的线段，要求各分点的透视。首先过 $A°$ 作一水平线，在该水平线上截取 $A°C_1 = C_1D_1 = D_1E_1 = E_1K_1 = K_1B_1$ 任意长度，连接 $B_1B°$ 并延长，与视平线 h-h 相交于点 M（量点），连接 MC_1、MD_1、ME_1、MK_1，分别与 $A°B°$ 相交于 $C°$、$D°$、$E°$、$K°$，即为所求。

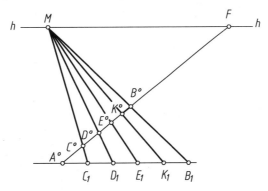

图 17-3　在基面平行线上截取等长的线段

17.1.2　矩形的分割

1. 将矩形分割为全等的矩形

图 17-4（a）是将矩形竖向分割为两个全等的矩形，首先作出矩形透视图的两条对角线 $B°C°$ 和 $A°D°$，且交于 $E°$，过 $E°$ 作 $A°B°$ 的平行线即可。

图 17-4（b）是将矩形分割为 4 个全等的矩形，首先作出矩形透视图的两条对角线 $B°C°$ 和 $A°D°$ 且交于 $E°$，连接 $F_xE°$、$F_yE°$ 并且延长，即得 4 个全等的矩形。利用此种方法，可将矩形无限分割下去。

2. 铅垂矩形的分割

（1）将透视矩形在水平方向等分为三个矩形。

在 Aa 上任取三等分，得 1、2、3 点，将灭点 F 与点 1、2、3 相连，连点 $b°$ 与点 3，$b°3$ 与 F_1、F_2 交于点 1°、2°，过点 1°、2° 作铅垂线，即把矩形面 $Aab°B°$ 分成三等分（图 17-5）。

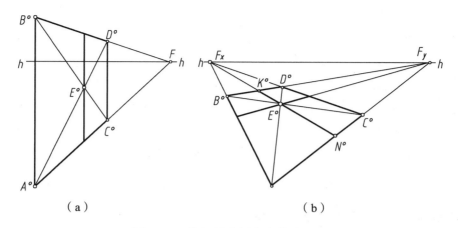

图 17-4　将矩形分割为全等的矩形

（2）将透视矩形 $Aab°B°$ 划分为 $3:1:2$ 分割。

先把 Aa 分为 6 等分，得分点 1、2、3、4、5，将灭点 F 与点 1、2、3、4、5 相连，再连点 a 与点 $B°$，$aB°$ 与线束 $F1$、$F2$、$F3$、$F4$、$F5$ 相交于点 $1°$、$2°$、$3°$、$4°$、$5°$。过点 $4°$、$5°$ 作铅垂线，即可把透视矩形分割成 $3:1:2$ 的比例（图 17-6）。

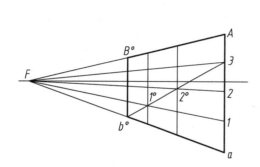

图 17-5　将透视矩形等分为三个矩形

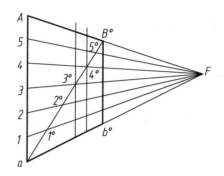

图 17-6　将透视矩形分割为 $3:1:2$

3. 将矩形面划分成双数等分或扩大 n 倍

过矩形 $ABba$ 对角线交点 C_1 作铅垂线，必分矩形 $ABba$ 为两等分，再过点 D_1 作铅垂线，则分矩形 $ABba$ 为 4 等分。以此类推可得双数等分划分（图 17-7）。

再把 Bb 两等分，得 Bb 中点 O，连点 A 与点 O，延长 AO 与 ab 的延长线交于点 d，这时 $ab = bd$，则分矩形 $DdaA$ 的面积必等于矩形 $ABba$ 面积的 2 倍。以此类推，以矩形 $ABba$ 为基础，可连续作相同大小的矩形（图 17-7）。

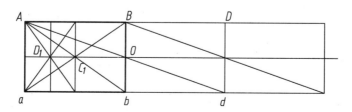

图 17-7　将矩形面划分成双数等分

透视图作法：根据矩形对角线的交点 C_1、D_1、O 的透视 C_1°、D_1°、O° 为矩形透视对角线的交点，作出矩形双数等分的透视（图 17-8）。

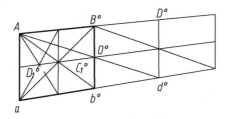

图 17-8 透视图作法

如图 17-9（b）所示，先求出两已知透视矩形对角线的交点 1°、2°，连接 $1^\circ2^\circ$，与 $E^\circ I^\circ$ 交于 3°。连接 $B^\circ2^\circ$，与 $A^\circ E^\circ$ 相交于 K°，过 K° 作竖直线得 G°，$E^\circ I^\circ G^\circ K^\circ$ 即为与矩形 $ABCD$ 等大的透视矩形；延长 $1^\circ2^\circ$，与 $K^\circ G^\circ$ 相交于 4°，连接 $B^\circ3^\circ$，与 $A^\circ K^\circ$ 交于 L°，过 L° 作竖直线 M°，由此可得 $K^\circ G^\circ M^\circ L^\circ$，即是与矩形 $DCIE$ 等大的矩形透视；同理，可求出更多的宽窄相间的矩形的透视。

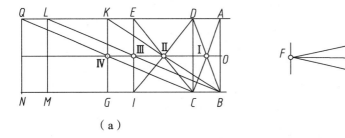

（a）　　　　　　　　　　　　　（b）

图 17-9 两不等大矩形的延续

图 17-10 中，已知矩形透视 $A^\circ B^\circ C^\circ D^\circ$ 和 $C^\circ D^\circ J^\circ E^\circ$，求矩形 $E^\circ J^\circ K^\circ M^\circ$，与 $A^\circ B^\circ C^\circ D^\circ$ 对称于 $C^\circ D^\circ J^\circ E^\circ$。作图过程如下：求透视矩形，$C^\circ D^\circ J^\circ E^\circ$ 的中心 N°，连接 $A^\circ N^\circ$，并延长与 $B^\circ E^\circ$ 相交于 M°，过 M° 作竖直线，与 $A^\circ J^\circ$ 相交于 K°，则 $E^\circ J^\circ K^\circ M^\circ$ 即为所求。

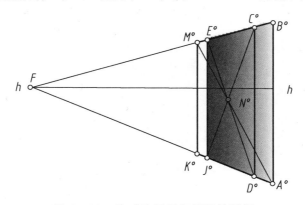

图 17-10 作对称于已知矩形的透视

图 17-11 是根据房屋的立面图，在已作出的房屋主要轮廓的透视图上画出门窗的透视。读者可自行分析，不再详述。

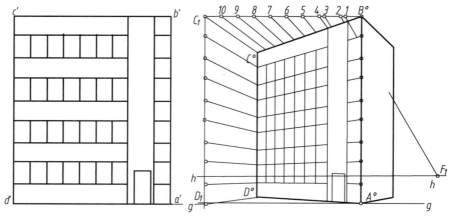

图 17-11　在透视图上确定门窗位置

17.1.3　把立方体透视扩大成任何倍数的长方体

　　如图 17-12（a）所示，已知立方体透视图，再根据 17-7、图 17-8 的矩形的透视特性，求得扩大若干倍后的长方体的透视，如图 17-12（b）所示，先扩大侧面 ABba，取 AD = 2AB。具体的作法是：连点 A 与点 b°、点 a 与点 B°，得矩形透视中心 $O_1^°$，过点 $O_1^°$ 作铅垂线，与 AB° 交于点 1°，与 ab° 交于点 2°。再连点 a 与点 1°、点 A 与点 2°，a1° 与 A2° 交于点 $O_2^°$，连点 $O_1^°$ 点与点 $O_2^°$，延长 $O_1^°O_2^°$ 与 B°b° 交于点 O°（点 O° 为 B°b° 的中点），连点 a 与点 O°，延长 aO° 与 AB° 的延长线交于点 D°，得扩大 2 倍后的矩形透视面 AD°d°a。若再取 $A_1A—Aa$，$D_1^°D° = D°d°$、$E_1^°Ed° = E°e°$，高度方向也扩大为原立方体高度的 2 倍。

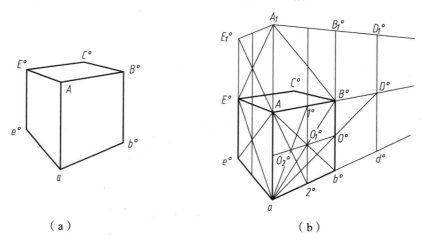

（a）　　　　　　　　　　（b）

图 17-12　将立方体透视扩大成长方体的透视

17.2　正立方体的透视图画法

　　设有一个正立方体，已知真高线①和透视线②、③、④［图 17-13（b）］，求第⑤根线。

作法如下：

（1）设想一画面平行面 P 去截割正立方体［图 17-13（a）］，截口为矩形 1234，透视亦为矩形，故任作水平线，与③④线交于点 x、y，由此作矩形 1234，矩形的边 2 和边 3 交于点 n，连点 A 与点 n，An 即为⑤线［图 17-13（c）］。

（2）如图 17-13（d）所示，过 1 线以 xy 为直径作半圆，交 Aa 于点 P，再以 y 为圆心、yP 为半径作圆弧，交过 y 点的铅垂线于点 N。以 x 为圆心、xP 为半径作圆弧，交过 x 点的铅垂线于点 M。连点 a 与点 N，并延长 aN 与②线交于点 $B°$，连点 a 与点 M，并延长 aM 交⑤线于点 $C°$，过点 $B°$、点 $C°$ 分别作铅垂线，与③、④线交于点 $b°$、$c°$。

（3）利用矩形对角线交点仍为矩形透视对角线的交点 $O°$，求得立方体的透视［图 17-13（e）］。

① 连点 $B°$ 与点 $C°$、点 $b°$ 与点 $C°$，$B°c°$ 与 $b°C°$ 交于点 $O°$，过点 $O°$ 作铅垂线，与 $c°b°$ 交于点 $O_1°$，与 $C°B°$ 交于点 $O_2°$；② 连点 a 与点 $O_1°$，延长 $aO_1°$ 与 $AO°$ 延长线交于点 $d°$，过点 $d°$ 作铅垂线，与 $AO_1°$ 的延长线相交于点 $D°$；③ 连接各点，即得立方体的透视。

在实际工程中根据透视图的特点和要求，设计人员可以自由选择①、②、③、④四条线（图 17-14）。

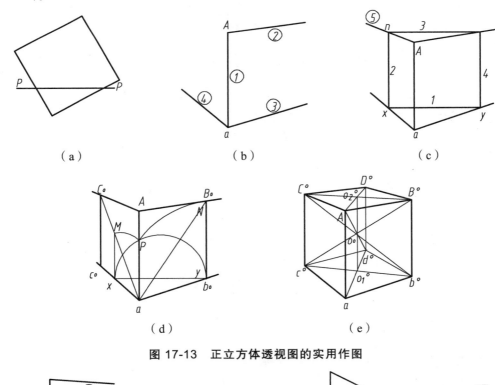

图 17-13　正立方体透视图的实用作图

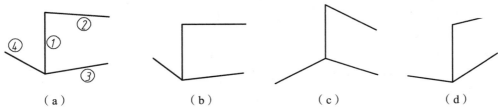

图 17-14　根据经验选定①②③④四条线

17.3 网格法作透视图

凡遇平面图形不整齐、弯曲或分散等情况，可将它们纳入一个由正方形组成的网格中来定位。先作出这种方格网的透视；然后，按图形在方格网中的位置，在相应的透视网格中，定出图形的透视位置。这种利用方格来作出透视的方法，称为方格网法或网格法。

这里只介绍水平的平面图上方格网法。同理，立面图和侧面图等上面均可应用方格网作透视。同理，也可在各种垂直和倾斜平面上用方格网作透视。

利用网格法，只要作出物体的主要轮廓的透视，细节则可应用前述的各种辅助作法来加绘。

图 17-15 为一组建筑群和道路等的平面图。现用网格法来绘制透视平面图。由于房屋互相歪斜，且有道路等，所以把它们纳入一个方格网中，且使得方格网的一组格线平行于画面，于是另一组垂直于画面。图中把表示画面位置的 *OX* 轴重叠于网格的最前格线。作图过程如下：

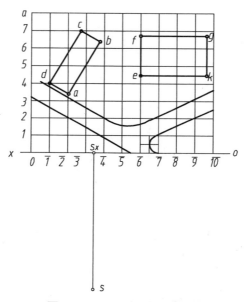

图 17-15　平面图加方格网

17.3.1 方格网的透视

如图 17-16 所示，透视图要放大一倍画出。根据已定的视高，放大一倍后，作出 *O'X'* 和 *h-h*，主点为 *s'*。再根据图 5-1 *H* 面上已定的视距 ss_x，放大一倍后的 *Ss'*，*S* 绕了 *h-h* 向下旋转入画面内 *S* 位置。

一组水平格线垂直画面，灭点 *s'*。它们的迹点 0、1、2…之间的距离，反映了方格宽度，将图 5-1 中大小放大一倍后，根据对视点 *S*（s_x）的左右相对位置，作于图中 *o'x'* 上 0、1、2…位置。连线 *s'o*、*s'1*、*s'2*…为这组格线的全透视。图中还作出了成 45°方向的方格网对角线的灭点 $F_{45°}$（=*D*）。连线 $OF_{45°}$ 即对角线的全透视。在 $OF_{45°}$ 与 *s'1*、*s'2*…的交点 11、12…处，

302

作 o'x' 的平行线，即为平行画面的一组格线的透视。

如某处位置需要较小格子定位，则在透视格子中，利用对角线加一些小格子，如图中道路转弯处。

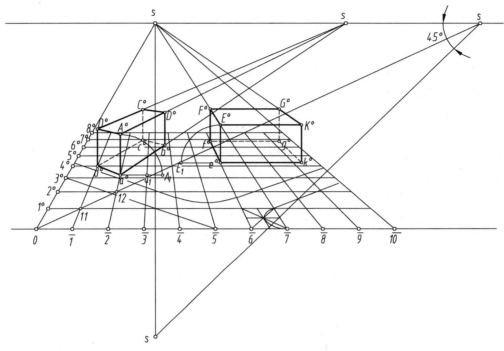

图 17-16 网格法作透视

17.3.2 透视平面图

根据图 17-15 中建筑物的平面图和道路等在方格网中位置。在图 17-16 中，尽可能准确地先目估定出一些点的透视位置，再连成建筑物和道路等的透视平面图。

一点在格线上的位置，当定到透视网格上时，一点把格线分成两段的长度之比，在平行于画面的格线上，这个分比在透视格线上不变；但在不平行于画面的格线上，定到透视格线时，应考虑"近长远短"的规律。例如，一点位于平面图上格线的中点，当在平行于画面的格线上时，仍在透视格线的中点。

另外，如物体上互相平行的轮廓线，当平行于画面时作互相平行，当不平行于画面时，应考虑到它们的全透视，应相交于视平线 h-h 上一点，即灭点。

17.3.3 透视高度

量取建筑物的透视高度，可用下述方法：因平行画面的正方形，透视仍为一个正方形，即高度与宽度相等，故在本图中，如墙角线 aA 空间高度相当于网格 1.6 格宽度，则在透视中，$a°A°$ 的高度相当于该处水平的透视网格线上 1.6 格透视网格宽度 $a°A_1$。作图时，由 $a°$ 作 $o'x'$ 平行线，与 $s'2$、$s'3$ 相交得该处一格宽度 $a°a_1$，于是取 $a°A_1 = 1.6a°a_1$，即为 1.6 格透视宽度，

再取 $a°A° = a°A_1$，即得 $A°$。

同法，可作出屋顶的端点 $B°$、$C°$、$D°$，即可连得左方房屋的透视。如把 $a°b°$ 延长，则可与 h-h 交得灭点 F_1 来简化作图，或作校核之用。

小　结

本章介绍了透视图中倍增与分割的基本原理和绘制方法。学完本章后，学生应能：

（1）理解网格法画图的基本原理。

（2）理解集中真高线和截距的概念。

（3）掌握运用网格法绘制一点透视。

（4）掌握矩形中的倍增、等分及任意份等分的作图方法。

（5）掌握将透视中铅垂线和水平线划分为已知比例的方法。铅垂线的透视仍为铅垂线，同时其上各点的定位比值保持不变。

（6）水平线的分割原理是在水平面内用一组平行线分割两条直线，绘制在透视图中要求，整个图形在基面的平行面内，故用于分割的一组平行线的灭点在视平线上。

第18章

透视图与轴测图中加阴影

透视图及轴测图上加阴影，是在已经画好的透视图或轴测图上加阴影，以加强效果图的表现力。

18.1 透视图中加阴影所采用的光线

作阴影的光源有如下两种：

平行光线——如太阳光、月光，光源在无穷远处时，光线相互平行。透视图中平行光线均交于光线的灭点。

辐射光线——如灯光、烛光，光源在附近，叫点光源。在透视中所有光线均交于点光源。

本章只讨论平行光线时的阴影。

在平行光线情况下，水平线与其在水平面上的影线平行，如图 18-1 所示，$AB // A°B°$。

在透视图上，水平线与其在水平面上的影线有共同的灭点。

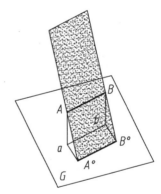

图 18-1 水平线在水平面上的影线

18.2 平行光与画面平行时

当光线与画面平行时，称为画面平行光，光线没有灭点。光线可以从左上至右下，也可以从右上至左下。铅垂线在地面上的影线为过铅垂线的光平面与地面的交线，由于此时光平面与画面平行，因此和地面的交线与基线平行。

如图 18-2（a）所示，铅垂线 aA 在从左上至右下，且与地面倾角为 α 的画面平行光条件下，地面的影为 $aA°$。在透视图上铅垂线 a_1A_1 在地面上的影线为 $a_1A_1°$，且 $a_1A_1°$ 平行于基线。透视图上反映光线与地面的倾角 α，为方便作图，通常采用特殊倾角，如 30°、45°、60°等。

如图 18-2（b）所示，已知透视图上铅垂线 aA 及画面平行光，铅垂线 aA 在地面上的影线为 $aA°$。

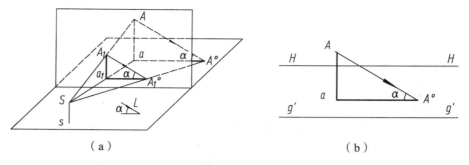

（a）   （b）

图 18-2　平行光与画面平行时

18.2.1　四棱柱在画面平行光条件下的阴影

【**例 18-1**】　作透视图中四棱柱在给定画面平行光条件下的阴影，如图 18-3（a）所示。

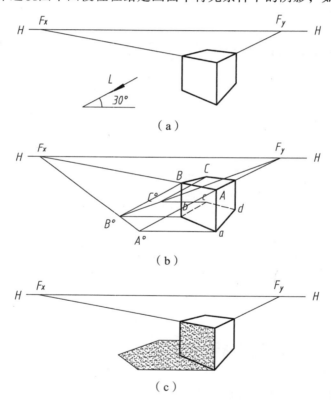

（a）

（b）

（c）

图 18-3　四棱柱在平行光下的透视图

分析：如图 18-3（b）所示，因为光线从右至左，因此阴线是 *aABCcda*，而 *ad* 与 *cd* 在地面上，因此只有 *aA*、*AB*、*BC* 与 *Cc* 需要求其在地面的影线。

作图步骤如下：

（1）作 *aA* 在地面上的影线。过 *a* 作水平线与过 *A* 作光线 *L* 的平行线交于点 *A°*，即为 *A* 在地面上的影点，*A°a* 为铅垂线 *Aa* 在地面上的影线。

（2）作 *AB* 在地面上的影线。因为 *AB* 与地面平行，因此 *AB* 在地面上的影线与 *AB* 有共

306

同的灭点 F_x，连接 $A^\circ F_x$，与过 b 作的水平线交点 B°，即为 B 在地面上的影点。也可以过 B 作光线 L 的平行线，与 $A^\circ F_x$ 的交点同样求出 B° 点。

（3）作 BC 与 Cc 在地面上的影线。因为 BC 与地面平行，因此 BC 在地面上的影线与 BC 有共同的灭点 F_y，连接 $B^\circ F_y$，与过 c 作的水平线交于点 C°。同样也可以过 C 作光线 L 的平行线，与 $B^\circ F_y$ 的交点为 C° 点。$C^\circ c$ 为铅垂线 Cc 在地面上的影线。

（4）整理图线，将立体阴面与地面上的影加深，如图 18-3（c）所示。

18.2.2　带帽柱在画面平行光条件下的阴影

【例 18-2】　作透视图中带帽柱在给定光线情况下的阴影，如图 18-4（a）所示。

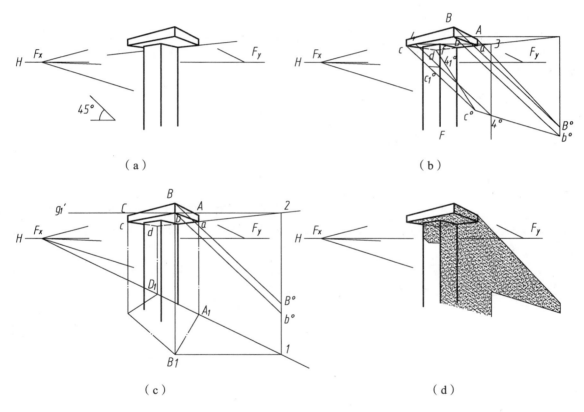

图 18-4　带帽柱的阴影

分析：柱帽在墙面与柱面上均有阴影，柱面在墙面上有阴影。

作图步骤如下：

（1）作铅垂线 Bb 的影线，如图 18-4（b）所示。因为 Bb 与墙面平行，因此 Bb 在墙面上的影线 $B^\circ b^\circ$ 与 Bb 平行。如图 18-4（c）所示，B_1 为 Bb 的基透视，$D_1 A_1$ 为墙面的基透视，过 B_1 作水平线，与 $D_1 A_1$ 的延长线交于 1 点，$B_1 1$ 为过 Bb 的光平面的基透视，该光平面与墙面交于 12，Bb 在墙面上的影线 $B^\circ b^\circ$ 必在 12 上，1 为影线 $B^\circ b^\circ$ 的基透视。过 1 作竖直线，与分别过 B、b 作的 45° 光线交于 B°、b°，即作出了 Bb 在墙面上的影线 $B^\circ b^\circ$。

讨论：当柱帽有水平的底面，而基透视距离视平线又较远时，可以将靠近视平线的水平底面作为辅助基透视。如图 18-4（b）所示，图中 abcd 为柱帽的辅助基透视，ad 为墙面的辅助基透视，过 b 作水平线，与墙面的辅助基透视 ad 交于 2 点，b2 为过 Bb 的光平面的辅助基透视，2 为 Bb 在墙面上的影线 B°b° 的辅助基透视。过 2 作竖直线，与分别过 B、b 作的 45°光线交于 B°、b°。利用辅助基透视同样作出了 Bb 在墙面上的影线 B°b°。

（2）作铅垂线 Ff 的影线。如图 18-4（b）所示，过 Ff 的辅助基透视 f 作水平线与墙面的辅助基透视 ad 交于 3 点，与 cb 交于 4 点。说明 4 点在过 Ff 的光平面上，4 点的影从 Ff 上 $4_1^°$擦过，再投射到墙面上为 4° 点。34 为 Ff 上的 $f4_1^°$ 段在墙面上的影线。

（3）作 bc 在墙面与柱面上的影线。阴线 bc 上的 c4 部分的阴线在柱面上，4b 部分的阴线在墙面上。如图 18-4（b）所示，因为 bc 与墙面、柱面都平行，因此墙面、柱面上影线的灭点是 Fx。将 b° 与 Fx 连接，其与过 c 所作的光线交点 c°，即为 c 在墙面上的影点。将 $4_1^°$ 与 F_x 连接，其与过 c 点所作的光线交点 $c_1^°$，即为 c 在柱面上的影点。$c_1^°$ 是真影点，c° 为虚影点。

（4）作 cd、BA 在墙面上的影线。因为 d、A 均在墙面上，因此可以直接将 d 与 c° 连接，将 A 与 B° 连接。

（5）整理图线，将立体阴面与墙面上的影加深，如图 18-4（d）所示。

18.3 平行光线与画面相交——正光时

平行光线与画面相交——正光时，光线方向是从前上向后下投射。

如图 18-5（a）所示，光线方向是从左前上向右后下投射。铅垂线 Aa 在地面上的影线 $aA^°$ 是向后倾斜，透视图上 $A_1^°$ 点比 a_1 点远离基线，光线的灭点 F 在视平线下方。透视图上不反映光线与地面的倾角。

如图 18-5（b）所示，已知透视图上铅垂线 aA 在地面上的影线为 aA°，A° 点比 a 点远离基线，因此是正光。过 A 点光线的灭点是 F，基灭点是 f。过 aA 的光平面的灭线是 Ff。

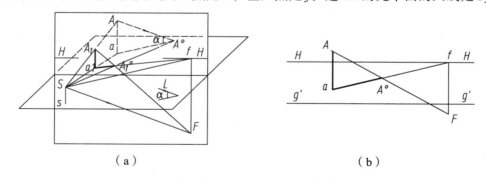

图 18-5 平行光与画面相交——正光时

【例 18-3】 在透视图中，已知 A 点的影 A°，完成四棱柱的阴影，如图 18-6（a）所示。

分析：因为 A° 点比 a 点远离基线，因此采用的是正光，并且是从左上前照向右下后。如图 18-6（b）所示，阴线是 aABCcda，而 ad 与 cd 在地面上，因此只有 aA、AB、BC 与 Cc 需要求其在地面的影线。

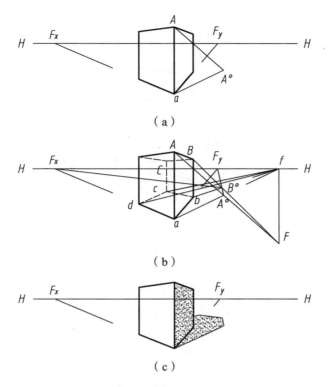

（a）

（b）

（c）

图 18-6　四棱柱在画面相交——正光时的透视图

作图步骤如下：

（1）作已知光线的灭点 F 与基灭点 f，如图 18-3（b）所示。连接 $aA°$ 与视平线交于 f，过 f 作垂线，与 $AA°$ 的连线交于 F。af 为过铅垂线 Aa 的光平面的基透视，F 与 f 的连线 Ff 为光平面的灭线。

（2）作 AB 在地面上的影线。因为 AB 与地面平行，因此 AB 在地面上的影线与 AB 有共同的灭点 F_y。过铅垂线 Bb 的光平面与过 Aa 的光平面平行，因此有共同的灭线 Ff。连接 $A°F_y$，与 bf 的连线交于 $B°$，即为 B 点在地面上的影点。也可以连接 $A°F_y$，与 BF 的连线同样求出 $B°$ 点。

（3）作 BC 在地面上的影线。因为 BC 与地面平行，因此 BC 在地面上的影线与 BC 有共同的灭点 F_x。连接 $B°F_x$，与 cf 交于 $C°$。同样也可以连接 $B°F_x$，与 CF 的连线交点也是 $C°$ 点。

（4）Aa 与 Cc 在地面上的影为 $A°a$ 与 $C°c$。

连接 df，可以看到该线在 c、a 之间，即不需再作 D 点的影。

（5）整理图线，将立体阴面与地面上的影加深，如图 18-6（c）所示。

【**例 18-4**】　在如图 18-7（a）上加阴影，已知 A 点在屋面上的影点为 $A°$。

作图步骤如下：

（1）作光线的基灭点 f 与灭点 F。如图 18-7（b）所示，过 M 点作竖直线交地面于 m，mF_y 即为屋脊线的基透视。过 $A°$ 用任意铅垂面截切建筑形体，交屋面于 12，1 的基透视必在 mF_y 上，12 的基透视是 1_12_1，在 1_12_1 上必有 $A°$ 的基透视 $A_1°$。连接 $A_1°a$ 交视平线于 f，过 f 作垂线交 $AA°$ 连线于 F。

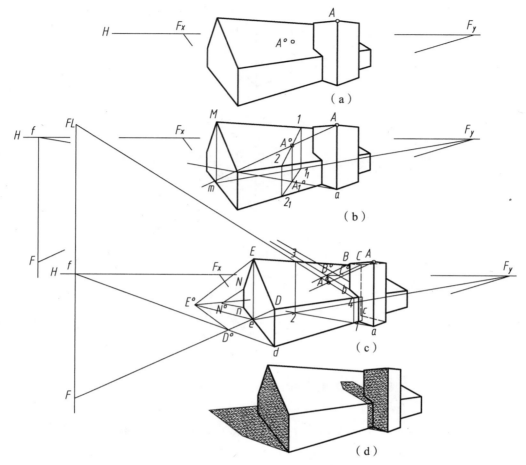

图 18-7　在透视图上加阴影

（2）作铅垂线 *aA* 的阴影。如图 18-7（c）所示，连接 *af*，交前墙面基透视于 1，交屋脊基透视于 2，分别过 1、2 点作竖直线交屋面边线于 3、4，34 即为过 *aA* 的光平面与屋面的交线，不过只有 *A*°4 这一段是所求，14 是 *aA* 在前墙面的影线，1*a* 是 *aA* 在地面的影线，即 *aA* 有三个承影面。

（3）作 *B* 的影点 *B*°。由于 *bB* 与 *aA* 均为铅垂线，它们在同一屋面的影线相互平行，在透视图上有共同的灭点 *FL*。延长 34，与过 *f* 的垂线交于 *FL*，*FL* 即为铅垂线在屋面影线的灭点，连接 *FLb*，与 *BF* 的连线交于 *B*°。

（4）作 *BC* 的影线。由于 *BC* 与屋面平行，其在屋面上的影线与 *BC* 有共同的灭点 F_y。连接 *B*°F_y，与 *CF* 的连线交于 *C*°。

（5）作铅垂线 *Cc* 的影线。*Cc* 在屋面的影线灭点为 *FL*，连接 *C*°*FL* 并反向延长即可。

（6）作出左端山墙面在地面上的影线。由于 *N* 点的影点在阴影内，因此不需要作过 *N* 点的后面檐口线的影线，如图 18-7（c）所示。

（7）整理图线，将立体阴面与地面上的影加深，如图 18-7（d）所示。

18.4　平行光线与画面相交——逆光时

平行光线与画面相交——逆光时，由于光线方向是从后上向前下投射，铅垂线在地面上的影线是向前倾斜。

如图 18-8（a）所示，由于光线方向是左后上向右前下照射，透视图上 A_1° 点比 a_1 点靠近基线，光线的灭点 F 在视平线上方。透视图上不反映光线与地面的倾角。

如图 18-8（b）所示，已知透视图上铅垂线 aA 在地面上的影线为 aA°，A° 点比 a 点靠近基线，因此是逆光。过 A 点光线的灭点是 F，基灭点是 f。过 aA 的光平面的灭线是 Ff。

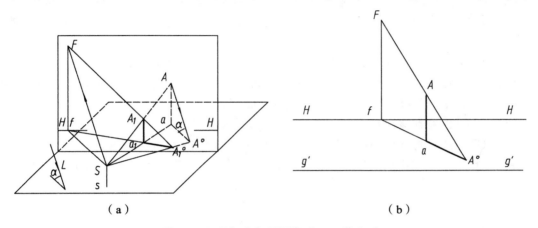

（a）　　　　　　　　　　（b）

图 18-8　平行光与画面相交——逆光时

【**例 18-5**】　在透视图中，已知 A 点的影 A°，完成四棱柱的阴影，如图 18-9（a）所示。

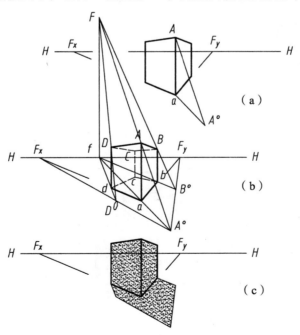

图 18-9　四棱柱在逆光下的透视图

311

分析：因为 $A°$ 点比 a 点靠近基线，因此采用的是逆光，并且是从左后上照向右前下。如图 18-7（b）所示，阴线是 $dDABbcd$，而 bc 与 cd 在地面上，因此只有 dD、DA、AB 与 Bb 需要求其在地面的影线。

作图步骤如下：

（1）作已知光线的灭点 F 与基灭点 f。如图 18-9（b）所示，连接 $aA°$ 与视平线交于 f，过 f 作垂线，与 $AA°$ 的连线交于 F。af 为过铅垂线 Aa 的光平面的基透视，F 与 f 的连线 Ff 为光平面的灭线。

（2）作 AB 在地面上的影线。因为 AB 与地面平行，因此 AB 在地面上的影线与 AB 有共同的灭点 F_y。过铅垂线 Bb 的光平面与过 Aa 的光平面平行，因此有共同的灭线 Ff。连接 $A°F_y$，与 bf 的连线交于 $B°$，即为 B 在地面上的影点。也可以连接 $A°F_y$，与 BF 的连线同样求出 $B°$ 点。

（3）作 AD 在地面上的影线。因为 AD 与地面平行，因此 AD 在地面上的影线与 AD 有共同的灭点 F_x，连接 $A°F_x$，与 df 交于 $D°$。同样也可以连接 $A°F_x$，与 DF 的连线交点也是 $D°$ 点。

（4）作 Dd 与 Bb 的影线。$D°d$ 与 $B°b$ 即为 Dd 与 Bb 的影线。

连接 cf，可以看到该线在 b、d 之间，即 Cc 是阳线。

（5）整理图线，将立体阴面与地面上的影加深，如图 18-9（c）所示。

【**例 18-6**】　在如图 18-10（a）的透视图上加阴影，已知 A 点在地面上的影点为 $A°$。

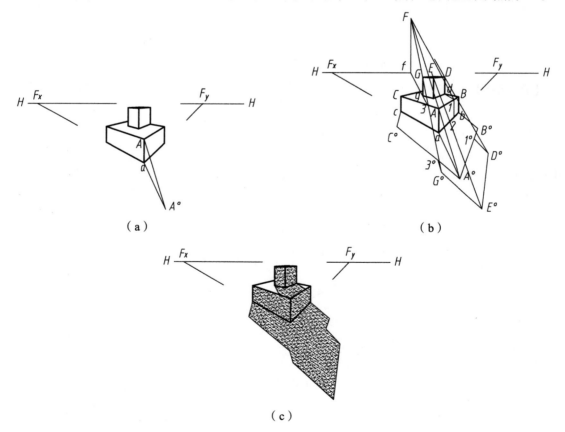

（a）　　　　　　　　　　　　　（b）

（c）

图 18-10　在透视图上加阴影

（1）作光线的基灭点 f 与灭点 F。如图 18-10（b）所示，连接 $aA°$ 与视平线交于 f，过 f 作垂线，与 $AA°$ 的连线交于 F。

（2）作 AB 与 Bb 在地面上的影线。因为 AB 与地面平行，因此 AB 在地面上的影线与 AB 有共同的灭点 F_y，连接 $A°F_y$，与 bf 的连线交于 $B°$，即为 B 在地面上的影点。也可以连接 $A°F_y$，与 BF 的连线同样求出 $B°$ 点。Bb 在地面的影线是 $B°b$。

（3）作 AC 与 Cc 在地面上的影线。因为 AC 与地面平行，因此 AC 在地面上的影线与 AC 有共同的灭点 F_x，连接 $A°F_x$，与 cf 交于 $C°$。同样也可以连接 $A°F_x$，与 CF 的连线交点也是 $D°$ 点。Cc 在地面的影线是 $C°c$。

（4）作 DE 与 EG 的影线。

连接 fd，与 AB 交于 1 点，过 1 作竖直线交 ab 于 2，连接 $f2$ 与 FD 的连线交于 $D°$。$d1$、12、$2D°$ 分别为过 Dd 的光平面与立体及地面的交线。

因为 DE 与地面平行，因此 DE 在地面上的影线与 DE 有共同的灭点 F_y，连接 $D°F_y$，与过 E 点的光线 EF 交于 $E°$。又因为 EG 与地面平行，因此可以连接 $E°F_x$，与过 G 点的光线 GF 交于 $G°$。

（5）作 Dd 与 Gg 的影线。连接 fg 与 CA 交于 3，连接 $D°f$ 与 $A°B$ 交于 $1°$，连接 $G°f$ 与 $A°C°$ 交于 $3°$。Dd 与 Gg 分别有两个承影面，即台面与地面，在台面上的影线分别为 $d1$、$g3$，在地面上的影线分别为 $1°D°$、$3°G°$。

（6）整理图线，将立体阴面与地面上的影加深，如图 18-10（c）所示。

18.5　轴测图上加阴影

轴测投影图是根据平行投影原理而作出的一种立体图，因此它必定具有平行投影的一切特性。在轴测图中加阴影时，采用的光线为平行光线。

将假设的光线与立体及其轴线一起投影到轴测投影面上。立体表面上互相平行的线段，在轴测图上仍互相平行，它们的影线在同一承影面上相互平行，它们的影线在相互平行的承影面上也相互平行。

如图 18-11（a）所示，铅垂线 Aa、光线 L 与 Aa 在 G 面上的影线 $A°a$ 组成的三角形，在轴测图上是 $\triangle A_1a_1A_1°$，叫光线三角形。在以下文字与图形中均将光线三角形中的下脚标 1 省略。

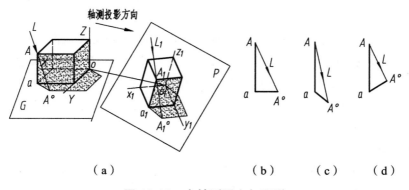

（a）　　　　　　　（b）　　　（c）　　　（d）

图 18-11　在轴测图上加阴影

在轴测图中，当 $A°$ 与 a 在同一条水平线上时，叫平行光，如图 18-11（b）所示；当 $A°$ 比 a 低时，叫逆光，如图 18-11（c）所示；当 $A°$ 比 a 高时，叫正光，如图 18-11（d）所示。

【例 18-7】　在轴测图中，已知 A 点的影 $A°$，完成立体的阴影，如图 18-12（a）所示，为方便作图，图中采用的是 60° 光线。

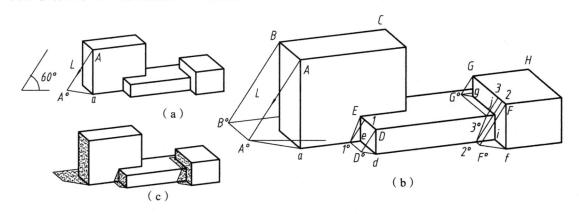

图 18-12　在轴测图上加阴影

分析：因为 $A°$ 比 a 点高，因此采用的是正光，并且是从右上前照向左下后。

作图步骤如下：

（1）作 AB、BC 在地面上的影线。如图 18-12（b）所示，因为 AB、BC 与地面平行，因此它们在地面上的影线与本身平行。过 $A°$ 作 AB 的平行线，与过 B 的光线交于 $B°$，过 $B°$ 作 BC 的平行线，BC 在地面的影线在轴测图上只有一部分可见。

（2）作 Dd、DE 的影线。过 D 作光线 $AA°$ 的平行线，过 d 作 $A°a$ 的平行线，交点 $D°$ 为 D 在地面的影点，$D°d$ 为 Dd 在地面的影线。由于 DE 与地面平行，因此它在地面上的影线与本身平行。过 $D°$ 作 DE 的平行线，与 ae 线交于 $1°$，过 $1°$ 作反射光与 DE 交于 1，说明 DE 有两个承影面，DE 的前面 $D1$ 部分影线 $D°1°$ 在地面，DE 的后面 $1E$ 部分影线 $1°E$ 在竖直面上。

（3）作 fF、FG、GH 的影线。过 F 作光线 $AA°$ 的平行线，过 f 作 $A°a$ 的平行线，交点 $F°$ 为 F 在地面的影点，$F°f$ 为 Ff 在地面的影线。由于 FG 与地面平行，因此它在地面上的影线与本身平行。过 $F°$ 作 FG 的平行线，与 di 线交于 $2°$。

由于 FG、GH 与位于中间四棱柱的顶面平行，因此它们在其顶面的影线与本身平行。过 G 作 $AA°$ 的平行线，过 g 作 $A°a$ 的平行线，交点 $G°$ 为 G 在 D 顶面的影点，过 $G°$ 作 GH 的平行线，GH 的影线只可见一部分。过 $G°$ 作 FG 的平行线，与 Dj 交于 $3°$，连接 $2°3°$。由此可见，FG 有三个承影面，$F2$ 段的影线在地面上，23 段的影线在竖直面上，$3G$ 段在顶面上。

（4）整理图线，将立体的阴影加深，如图 18-12（c）所示。

【例 18-8】　在轴测图中，已知 A 点的影 $A°$，完成立体的阴影，如图 18-13（a）所示，为方便作图，图中采用的是 60° 光线。

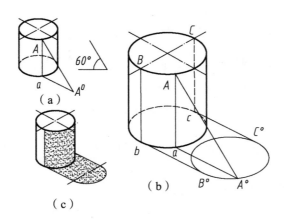

（c）

图 18-13　在轴测图上完成圆柱的阴影

分析：因为 A° 比 a 点低，因此采用的是逆光，并且是从左上后照向右下前。因为圆柱顶面与地面平行，因此它在地面上的影线反映顶面的实形，而圆柱底面的影线就是本身。

作图步骤如下：

（1）作圆柱顶面椭圆在地面上的影线，如图 18-13（b）所示。由于圆柱底面的影线就是本身，作顶面椭圆影线与底面椭圆的切线，切线与底圆的切点为 b、c，与影线椭圆切点为 B°、C°，圆柱表面的素线 Bb 与 Cc 就是阴线。

（2）整理图线，将圆柱体的阴影加深，如图 18-13（c）所示。

【例 18-9】　在轴测图中，已知 A 点的影 A°，完成圆锥体的阴影，如图 18-14（a）所示，为方便作图，图中采用的是 45° 光线。

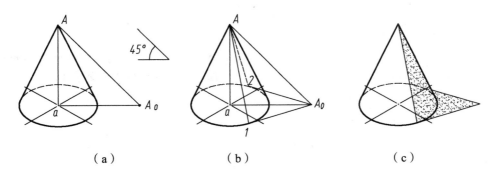

（a）　　　　　　　　（b）　　　　　　　　（c）

图 18-14　在轴测图上完成阴影

分析：因为 A° 与 a 在同一条水平线上，因此采用的是画面平行光，并且是从左照向右，圆锥底圆的影线就是本身。

作图步骤如下：

（1）如图 18-14（b）所示，过 A° 作底面椭圆的切线 $A^\circ1$、$A^\circ2$，切点为 1、2，分别连接 $A1$、$A2$，即作出圆锥表面的阴线 $A1$、$A2$，其影线是 $A^\circ1$、$A^\circ2$。

（2）整理图线，将圆锥体的阴影加深，如图 18-14（c）所示。

小　结

（1）当光线与画面平行时，称为画面平行光，光线没有灭点。在透视图上铅垂线在地面上的影线平行于基线。透视图上反映光线与地面的倾角。

（2）正光时，铅垂线在地面上的影线向后倾斜，即 $A°$ 点比 a 点远离基线，光线的灭点 F 在视平线下方。

（3）逆光时，铅垂线在地面上的影线向前倾斜，即 $A°$ 点比 a 点靠近基线，光线的灭点 F 在视平线上方。

（4）在轴测图中加阴影时，由于互相平行的线段，在轴测图上仍互相平行，它们的影线在同一承影面上也相互平行，它们的影线在相互平行的承影面上也相互平行。

第19章

透视图中的倒影与虚像

19.1　基本概念

物体在水面下或其他光洁的水平面下（如桌面、地面）有倒影，在镜中有虚像。倒影实际上也是虚像，凡是由水平面形成的虚像，习惯叫倒影。当建筑物邻近水面或室内有较大的镜面，在作透视图时，画出该建筑物的倒影或室内设施在镜子里的虚像，可以大大增强真景感。

倒影和虚像是基于光学中的反射定律而形成的。光在水面或镜面上的反射符合反射定律，即反射光线位于入射光线和界面法线所决定的平面内，反射光线和入射光线分别在法线的两侧，而且反射角等于入射角。

如图 19-1 所示，当河边的人观看对岸的树木时，不仅看到对面的实物树木，还能看到树木在水面下的倒影。根据物理学上的光学原理，AB 叫入射线，BS 叫反射线，BO 垂直于水面，叫法线，α_λ 叫入射角，$\alpha_反$ 叫反射角，$\alpha_\lambda = \alpha_反$，水面叫对称面，$a_1$ 叫对称点，$Aa_1 = A°a_1$。

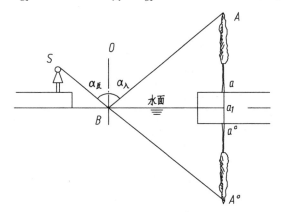

图 19-1　树木与其倒影

19.2　倒　影

竖直线在水中的倒影就是竖直线向水面下延长的部分，即竖直线与水中的倒影在同一条竖直线上，并且竖直线与水中倒影等长。要在透视图中作竖直线在水中的倒影，关键要作出该竖直线与水平面的交点，即对称点。

水平线的倒影也是水平线，它们彼此平行，应具有相同的灭点，作图时充分利用这个关系，可使作图简化。

【例 19-1】 已知建筑形体的两点透视，完成其在水中的倒影，如图 19-2（a）所示。

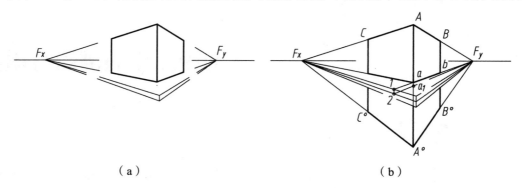

（a）　　　　　　　　　　　（b）

图 19-2　建筑形体与水中倒影

作图步骤：

（1）如图 19-2（b）所示，将 ab 延长至地面边线 1 点，过 1 点作竖直线交水平面于 2 点，将 2 点与 F_y 连接，交 Aa 的延长线于 a_1 点。在 Aa 的延长线上量取 $Aa_1 = A°a_1$。

（2）由于空间水平线 AB 与其倒影 $A°B°$ 平行，因此在透视图上有共同的灭点 F_y。连接 $A°F_y$，交 Bb 的延长线于 $B°$。同理可求出 $C°$。

【例 19-2】 已知坡屋面建筑的透视，完成其在水中的倒影。

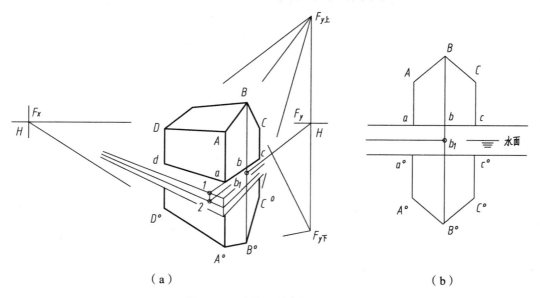

（a）　　　　　　　　　　　（b）

图 19-3　建筑形体与水中倒影

作图步骤：

（1）如图 19-3（a）所示，将 ac 延长至地面边线 1 点，过 1 点作竖直线交水平面于 2 点，将 2 点与 F_y 连接，交 Bb 的延长线于 b_1 点。在 Bb 的延长线上量取 $Bb_1 = B°b_1$。

（2）在空间，如图 19-3（b）所示，屋面线 AB 与倒影 $B°C°$ 平行，BC 与倒影 $A°B°$ 平行，因此在透视图上，AB 与 $B°C°$ 共同的灭点 $F_{y上}$。BC 与影 $A°B°$ 有共同的灭点 $F_{y下}$。连接 $B°F_{y上}$，交 Cc 的延长线于 $C°$。连接 $B°F_{y下}$，交 Aa 的延长线于 $A°$。

（3）由于空间水平线 AD 与其倒影 $A°D°$ 平行，因此在透视图上有共同的灭点 F_x。连接 $A°F_x$，交 Dd 的延长线于 $D°$。

19.3 镜面里的虚像

要在透视图中作竖直线在镜面里的虚像，要联想在空间，竖直线与其镜面里的虚像组成的四边形平面，这个平面叫形成面，形成面垂直于镜面。竖直线到镜面的距离等于其虚像到镜面的距离，竖直线与其虚像的对称线为形成面与镜面的交线。

形体表面相互平行的线段，其倒影或虚像上仍然相互平行。

如图 19-4 所示，竖直线 Aa 与其镜面 P 里的虚像 $A°a°$ 组成的四边形平面叫形成面 Q，$Q \perp P$。Aa 到镜面的距离等于虚像 $A°a°$ 到镜面的距离，Aa 与 $A°a°$ 的对称线为 Q 与 P 的交线 12。

求作镜面里虚像的步骤是，先作出形成面与镜面的交线，即对称线，再利用对称的几何条件作出镜面里的虚像。

镜面一般为特殊平面。

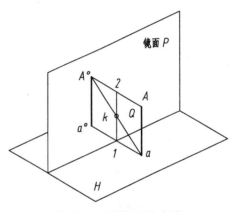

图 19-4 镜面里的虚像

19.3.1 镜面平行于画面时

镜面平行于画面时，形成面 Q 是侧平面，且为矩形，如图 19-5（a）所示，其上下边 $AA°$ 与 $aa°$ 是画面垂直线，在透视图中灭点均为心点 S'。连接 aS' 交镜面下边线于 1 点，过 1 作竖直线交 AS' 于 2 点，12 即为对称线。找到 12 的中点 k，连接 Ak 并延长交 aS' 于 $a°$，过 $a°$ 作竖直线交 AS' 于 $A°$ 点，$A°a°$ 即为所求。

图 19-5（b）中，镜子里的虚像是按上述作图过程作出的。镜子里家具可见的前侧面为实物不可见的后侧面的虚像。

19.3.2 镜面为侧平面时

镜面 P 为侧平面时，形成面 Q 为正平面，且为矩形，如图 19-6（a）所示，其上下边 $AA°$ 与 $aa°$ 是侧垂线。在透视图中过 a 作水平线交镜面下边线于 1 点，在 $a1$ 延长上量取 $a1 = a°1$，过 $a°$ 作竖直线使 $a°A° = aA$。

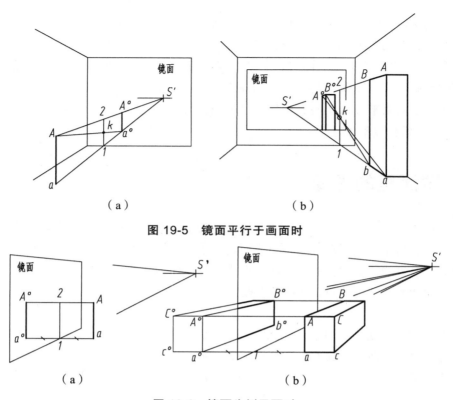

（a）　　　　　　　　　　　（b）

图 19-5　镜面平行于画面时

（a）　　　　　　　　　　　（b）

图 19-6　镜面为侧平面时

如图 19-6（b）所示，按图 19-5（a）中方法作出 $a^\circ A^\circ$，同理作出 $c^\circ C^\circ$。AB 与 $A^\circ B^\circ$ 是正垂线，在透视图中有共同的灭点 S'，连接 $A^\circ S'$ 交过 B 的水平线于 B°，过 B° 作竖直线 $B^\circ b^\circ$ 交 aS' 于 b°。

镜子外面的虚像是作图过程线，完成镜子里面的虚像后，再将镜子外面的作图过程线擦去。

19.3.3　镜面为铅垂面时

一般情况下室内相邻的墙面相互垂直，镜面 P 在一侧墙面上时，形成面与相邻的另一侧墙面平行。

在两点透视中，镜面与形成面均为铅垂面，形成面为矩形，如图 19-7（a）所示。镜面

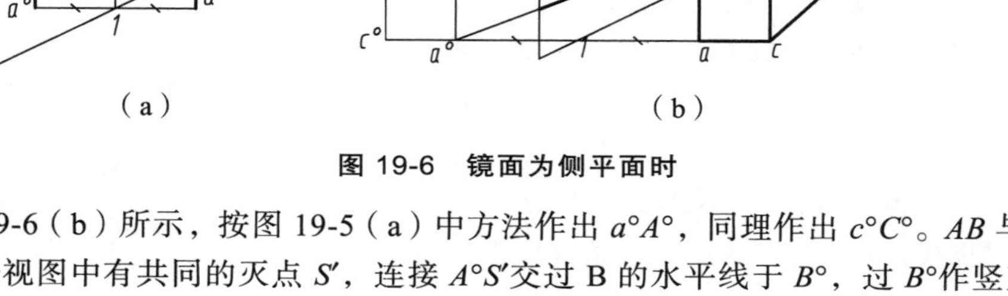

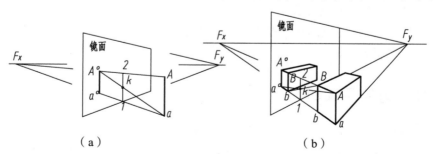

（a）　　　　　　　　　　　（b）

图 19-7　镜面为铅锤面时

的上下边灭点是 F_y，形成面的上下边 $AA°$ 与 $aa°$ 灭点是 F_x。连接 aF_x 交镜面下边线于 1 点，过 1 作竖直线交 AF_y 于 2 点，12 即为对称线。连接 a 与 12 的中点 k，交 AF_y 于 $A°$，过 $A°$ 作竖直线交 aF_x 于 $a°$ 点，$A°a°$ 即为 Aa 的虚像。

图 19-7（b）中，镜子里的虚像是按如图 19-7（a）所示作图过程作出的。

镜子里家具的可见右侧面为实物不可见的左侧面的虚像。

19.3.4 镜面为正垂面时

镜面为正垂面，即镜面既垂直于画面又倾斜于地面时，形成面为正平面，且是等腰梯形，如图 19-8（a）所示。形成面与镜面的交线就是对称线 12，12 平行于镜面的迹线 mn，镜面的上下边灭点是心点 S'。

由于镜面的下边线远离地面，假想将镜面向下延展，作出镜面与地面的交线。过 n 点作竖直线交地面于 i，将镜面迹线 mn 延长与过 i 点的水平线交于 r 点。连接 rS' 即为镜面与地面的交线。过 a 点作水平线交 rS' 于 t 点，过 t 作 mn 的平行线 tu，分别过 a、A 作 tu 的垂直线交 tu 于 1、2。在 $a1$ 的延长线上量取 $a°$ 点，使点 $a°1 = a1$。在 $A2$ 的延长线上量取 $A°$ 点，使点 $A°2 = A2$。连接 $A°a°$，$A°a°$ 即为 Aa 的虚像。

图 19-8（b）中，镜子里的虚像是按如图 19-8（a）所示作图过程作出的。镜子里家具的可见右侧面为实物不可见的左侧面的虚像。$BB°$ 也垂直于 12。镜面外的虚像部分是保留的作图过程线，最后要擦去。

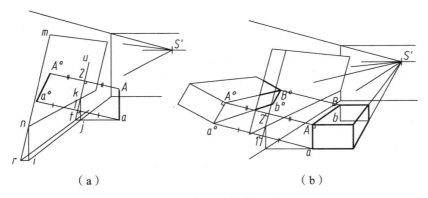

（a）　　　　　　　　　　　（b）

图 19-8　镜面为正垂面时

小　结

要在透视图中作竖直线在水中的倒影，关键要求出该线与水平面的交点，即对称点。

要在透视图中作竖直线在镜面里的虚像，要联想在空间，竖直线与其镜面里的虚像组成的四边形平面，这个平面叫形成面，形成面垂直于镜面。竖直线到镜面的距离等于其虚像到镜面的距离，竖直线与其虚像的对称线为形成面与镜面的交线。

形体表面相互平行的线段，其在倒影或虚像上仍然相互平行。

第20章

三点透视

20.1 基本概念

20.1.1 三点透视的必要性

如图 20-1（a）所示，当水平视角 β_1 合适时，对于高层建筑来说，由于站点过近，竖向视角 β_2 较大，导致透视图失真。

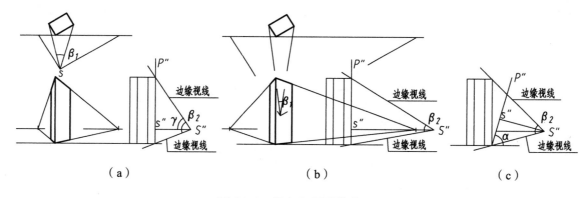

图 20-1 视角与画面的关系

由于主视线与上边缘视线的夹角（仰角）γ 过大，透视图上部出现小于 90° 的尖角，使透视图严重失真。如果将视平线上移，又会出现主视线与下边缘视线的夹角（俯角）过大，透视图下部出现小于 90° 的尖角，使透视图严重失真。

如果调远视距，如图 20-1（b）所示，当竖向视角 β_2 合适时，水平视角 β_1 就会过小，使透视图收敛过缓，透视图接近轴测图，透视效果差。

为了让高层建筑的透视图有较好的表现效果，将画面与地面倾斜成一定角度 α，如图 20-1（c）所示，倾斜画面主视线与边缘视线的夹角（仰角、俯角）都比较适当，此时绘出的透视图效果较好。

一般情况下，当边缘视线与水平画面主视线的夹角大于等于 45° 时，应采用倾斜画面。

由于画面与地面倾斜，因此在高度方向也有灭点，这样的透视图叫三点透视图，简称三点透视。

20.1.2　三点透视的分类

当竖向灭点在视平线以下时，画的透视图叫鸟瞰透视，如图20-2（a）所示。

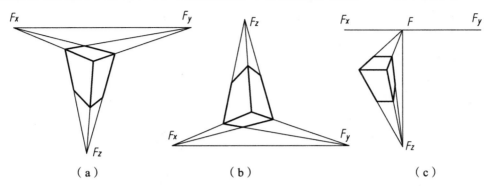

（a）　　　　　　　　　　（b）　　　　　　　　　　（c）

图 20-2　三点透视的类别

当竖向灭点在视平线以上时，画的透视图叫仰望透视，如图20-2（b）所示。

当长度方向与画面平行时无灭点，宽度方向与画面垂直。采用鸟瞰透视时，宽度方向的灭点在竖向灭点正上方；采用仰望透视时，宽度方向的灭点在竖向灭点正下方。如图20-2（c）所示，采用的是鸟瞰透视，宽度方向的灭点 F 在 F_z 正上方。

20.2　视线法作三点透视

20.2.1　铅垂线的透视

如图 20-3 所示，过视点 S 作铅垂线 Aa 的平行线，交画面于 F_z，F_z 即为竖向灭点。

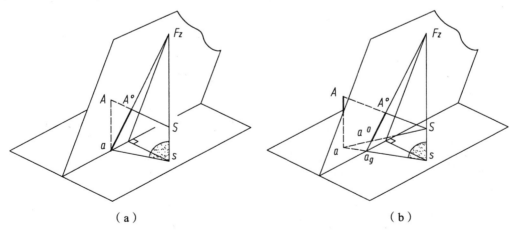

（a）　　　　　　　　　　　　　　（b）

图 20-3　铅垂线的透视

当铅垂线 Aa 的下端 a 在基线上时，如图 20-3（a）所示，a 与 F_z 的连线 aF_z 为直线 Aa 的全长透视。$A°$ 必在全长透视上，连接 SA 与 aF_z 的交点即为 $A°$。铅垂线 Aa 的透视为 $A°a$。

$A°a$ 既在画面上，又在 SAa 所确定的铅垂面上。

当 Aa 的下端 a 不在基线上时，如图 20-3（b）所示。站点 s 与 a 的连线同基线的交点为 a_g，铅垂线 Aa 的透视必在 SAa 所确定的铅垂面与画面的交线 a_gF_z 上。分别连接 SA 与 Sa，它们与 a_gF_z 的交点就是 $A°$ 与 $a°$，铅垂线 Aa 的透视就是 $A°a°$。

20.2.2　作仰望透视图

【例 20-1】　已知建筑形体的水平投影与侧面投影，作出其仰望透视图，如图 20-4 所示。

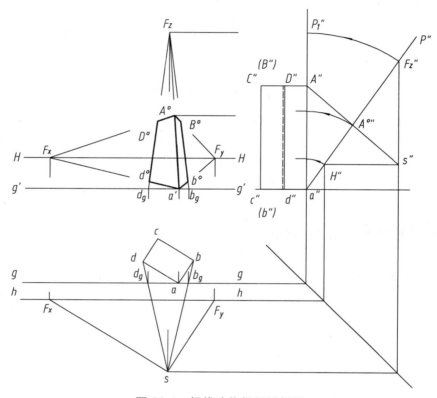

图 20-4　视线法作仰望透视图

作图步骤：

（1）在水平面上定站点 s，W 面上定画面 P''、视高与视距 s''。在 W 面上作出 F_z''、H''，在 H 面上作出 f_x、f_y。

（2）将 W 面的倾斜画面 P'' 及其上的灭点投影 F_z''、视平线投影 H''，绕基线旋转到与地面垂直的位置 P_1''。

（3）将 W 面 P_1'' 上的基线、灭点 F_z''、视平线 H'' 与水平面的灭点 f_x、f_y，按高平齐、长对正的投影关系确定到在 V 面位置的画面上。

（4）在画面上，由于 a 点在基线 g'-g' 上，在画面上连接 a 与 F_z，即作出直线 Aa 的全长透视 aF_z。在 W 面上连接 A'' 与 s''，交画面 P'' 于 $A°''$。将 $A°''$ 旋转到 P_1'' 上，再高平齐对应到画面上，与 aF_z 相交于 $A°$，$aA°$ 就是 aA 的透视。

（5）在水平面上连接 sd 与 sb 分别与基线交于 d_g、b_g，将 d_g、b_g 对应到画面的 g'-g' 上，并与画面上的 F_z 连接，就分别作出了 Dd 与 Bb 的全长透视 F_zd_g、F_zb_g。

（6）在画面上将 a 与 $A°$ 分别与 F_x、F_y 连接，与 F_zb_g 分别交于 $b°$ 与 $B°$，与 F_zd_g 分别交于 $d°$ 与 $D°$。$b°B°$ 为 bB 的透视，$d°D°$ 为 dD 的透视。

（7）加粗透视图上建筑形体的轮廓线。

20.2.3　作鸟瞰透视图

【例 20-2】　已知建筑形体的水平投影与侧面投影，作出其鸟瞰透视图，如图 20-5 所示。

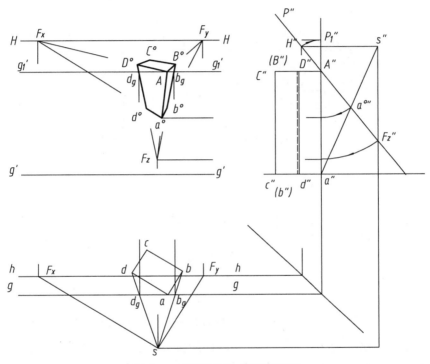

图 20-5　视线法作鸟瞰透视图

作图步骤：

（1）在 H 面上定站点 s，W 面上定画面 P''、视点 s''。在 W 面上作出灭点 F_z''、视平线 H''，在水平面上作出灭点 f_x、f_y。

（2）将 W 面的倾斜画面 P'' 及其上的灭点投影 F_z''、视平线投影 H''，绕过 A'' 的侧垂线旋转到与地面垂直的位置 P_1''。

（3）将 W 面 P_1'' 上的灭点、视平线高度与水平面的灭点 f_x、f_y，按高平齐、长对正的投影关系确定到 V 面的画面上。

（4）由于 A 点在画面上，在画面上连接 A 与 F_z，即作出直线 Aa 的全长透视 AF_z。在 W 面上连接 a'' 与 s''，交画面 P'' 于 $a°''$。将 $a°''$ 旋转到 P_1'' 上，再高平齐对应到画面上，与 AF_z 相交于 $a°$，$a°A$ 就是 aA 的透视。

（5）在 H 面上连接 sd 与 sb 分别与基线交于 d_g、b_g，将 d_g、b_g 对应到画面的 g_1'-g_1' 上，

并与画面上的 F_z 连接，就分别作出了 Dd 与 Bb 的全长透视 F_zd_g、F_zb_g。

（6）在画面上将 $a°$ 与 A 分别与 F_x、F_y 连接，与 F_zb_g 分别交于 $b°$ 与 $B°$，与 F_zd_g 分别交于 $d°$ 与 $D°$。$b°B°$ 为 bB 的透视，$d°D°$ 为 dD 的透视。

（7）加粗透视图上建筑形体的轮廓线。

20.2.4　当一个水平主向与画面平行时

【例 20-3】　已知建筑形体的水平投影与侧面投影，作出其鸟瞰透视图，如图 20-6 所示。

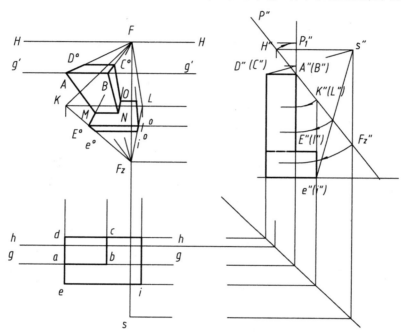

图 20-6　一个水平主向与画面平行时的鸟瞰透视图

分析：由于是鸟瞰透视图，上下两个四棱柱均只可见上顶面。上四棱柱的 AB 边在画面上，便于作图。下四棱柱远离画面，可以将前面的 EI 边向上移动到 KL 的位置，即在画面上，以便于作图。

作图步骤：

（1）在水平面上定站点 s，W 面上定画面 P''、视点 s''。在 W 面上作出灭点投影 F_z'' 与视平线投影 H''。

（2）将 W 面的倾斜画面 P'' 及其上的灭点、视平线，绕过 $A''B''$ 的轴线旋转到与地面垂直的位置 P_1''。

（3）将 W 面 P_1'' 上的基线、灭点、视平线高度与水平面的站点 s，按高平齐、长对正的投影关系确定到 V 面的画面上。

（4）作上四棱柱的透视。由于 AB 在画面上，在画面上连接 AF_z、BF_z，即作出过 A、B 的竖直轮廓线的全长透视。在画面上连接 AF、BF，即作出过 A、B 的宽度轮廓线的全长透视。

作 D、C 的透视 $D°$、$C°$。在 W 面上连接 $s''D''$（C''）与 P'' 有交点，将其旋转到 P_1'' 上，

再高平齐对应到画面上，与 AF、BF 的交点即为 D、C 的透视 $D°$、$C°$。连接 $C°F_z$，即作出过 C 的竖直轮廓线的全长透视。

（5）作下四棱柱的透视。将下四棱柱前面的 EI 边向上移动到 KL 的位置，即在画面上。将 KL 的高度位置旋转到 $P_1″$ 上，再高平齐对应到画面上，由于 KL 在画面上，在画面上连接 KF_z、LF_z，即作出过 K、L 的竖直轮廓线的全长透视。

作 e、i 的透视 $e°$、$i°$。在 W 面上连接 $s″e″$（$i″$）与 $P″$ 有交点，将其旋转到 $P_1″$ 上，再高平齐对应到画面上，与 KF_z、LF_z 的交点即为 e、i 的透视 $e°$、$i°$。

作 E、I 的透视 $E°$、$I°$，作图过程与作 $e°$、$i°$的作图过程一样。

下四棱柱顶面的透视。过 $E°$、$I°$ 分别与 F 连接，$E°F$ 与 AF_z 交于 M，过 M 作水平线交 BF_z 于 N，连接 NF，交 $C°F_z$ 于 O，过 O 作水平线，与 $I°F$ 右交点，即完成了下四棱柱顶面的透视。

（6）加粗透视图上建筑形体的轮廓线。

20.3　量点法作三点透视

20.3.1　三点透视的几何关系

如图 20-7 所示，过视点 S 分别作视线平行于四棱柱的三个主向 X、Y、Z，与画面交于 F_x、F_y 与 F_z。△$F_xF_yF_z$ 叫灭线三角形，F_xF_y 为视平线，同时 F_xF_y、F_xF_z、F_yF_z 分别为三个主向面的灭线。

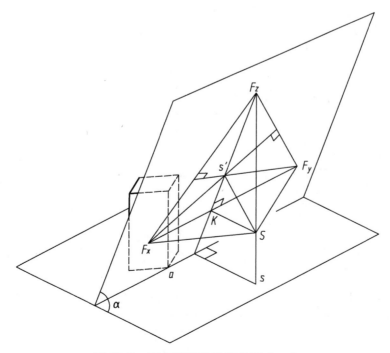

图 20-7　三点透视的几何关系（一）

三条视线 SF_x、SF_y、SF_z 两两相互垂直，与灭线三角形共同构成一个以视点 S 为顶点，三个直角三角形为侧面、灭线三角形为底面的四面体。过视点作倾斜画面的主视线 Ss'，与画面的交点 s' 就是灭线三角形的垂心。

将 $\triangle SF_xF_y$ 绕 F_xF_y 旋转，使之重合到画面上就是 $\triangle s_1F_xF_y$；将 $\triangle SKF_z$ 绕 KF_z 旋转，使之重合到画面上就是 $\triangle s_2KF_z$，如图 20-8（a）所示。

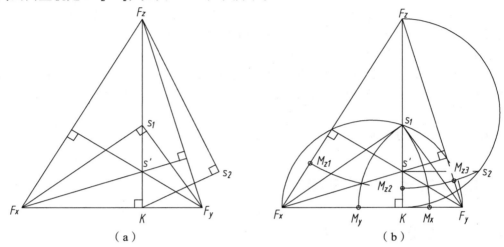

图 20-8　三点透视的几何关系（二）

由灭线三角形作量点，如图 20-8（b）所示。

（1）求作 s'：作 F_xF_y 边的高 F_zK，与另外两边中任意一边的高交于 s'。

（2）求作 s_1：以 F_xF_y 边为直径，作半圆交 F_zK 于 s_1。

（3）求作 M_x、M_y：以 F_x 为圆心、F_xs_1 为半径，画圆弧交 F_xF_y 于 M_x。以 M_y 为圆心，M_ys_1 为半径，画圆弧交 F_xF_y 于 M_y。

（4）求作 M_z：以 KF_z 为直径画半圆与过 s' 的水平线交于 s_2，以 F_z 为圆心 F_zs_2 为半径，画圆弧交 F_xF_z 于 M_{z_1}，交 KF_z 于 M_{z_2}，交 F_yF_z 于 M_{z_3}。

20.3.2　量点法作透视图

【例 20-4】　用量点法放大一倍作图 20-9（a）中四棱柱的透视图。

作图步骤如下：

（1）在图 20-9（a）上，V 面作出 F_z'、mz_2' 点，在 H 面上作出 f_x、f_y、m_x、m_y、K 点，图中 a 在基线上。

（2）将图 20-9（a）上 F_z'、m_z'、a、f_x、f_y、m_x、m_y、K 点及基线 $g'\text{-}g'$ 的相对位置关系，放大一倍作图，如图 20-9（b）所示。

（3）按两点透视图量点法作出 $b°$、$d°$，并将 a、$b°$、$d°$ 分别与 F_z 连接。

（4）在 aF_z 上找透视高度 $aA°$，即求 $A°$ 点，有三种方法，如图 20-9（c）所示，介绍如下：

① 利用 M_{z_1} 点作透视高度，过 a 作灭线 F_xF_z 的平行线 ae，将 F_xF_z 看成视平线，ae 看成基线，在 ae 上以 a 为起点量取真高点 A_1，连接 A_1 与 M_{z_1}，交点为 $A°$。

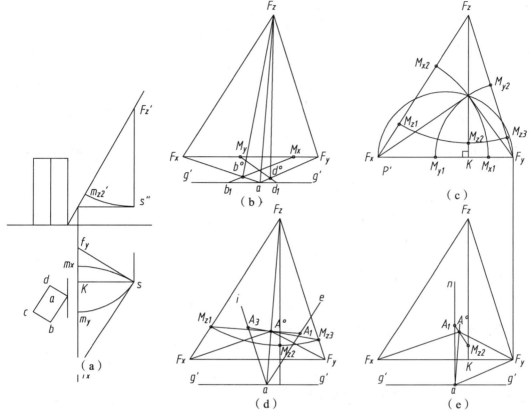

图 20-9　量点法作透视图

② 利用 M_{z_3} 点作透视高度，过 a 作灭线 F_yF_z 的平行线 ai，将 F_yF_z 看成视平线，ai 看成基线，在 ai 上以 a 为起点量取真高点 A_3，连接 A_3 与 M_{z_3}，交点为 $A°$。

③ 利用 M_{z_2} 点作透视高度，过 a 作 KF_z 的平行线 an，将 KF_z 看成视平线，an 看成基线，在 an 上以 a 为起点量取真高点 A_2，连接 A_1 与 M_{z_2}，交点为 $A°$，如图 20-9（d）所示。

一般情况下，如果采用上述第③种方法，由于 an 与 KF_z 靠得较近，作图结果准确性较前两种方法差些。在灭线三角形中，M_x 与 M_y 各有两个，如图 20-9（e）所示，一般只用到 M_{x_1} 与 M_{y_1}。

20.4　三点透视图加阴影

在三点透视图中，平行光与画面的相对位置关系分为光线与垂直画面平行、光线与倾斜画面平行、光线与倾斜画面相交。其中光线与倾斜画面相交，又分为正光与逆光。

20.4.1　当光线平行于垂直画面时

当光线平行于垂直画面时，如图 20-10（a）、（c）所示，是倾斜画面 P 与光线 L 空间相对位置关系的侧面投影。

当光线平行于垂直画面时，透视图中如图 20-10（b）、（d）所示，光线的灭点 F_L 与竖向灭点 F_z 在同一水平线上，即过垂直线的光平面灭线是过竖向灭点的水平线 F_zF_L，垂直线在地面上的影也是水平线。

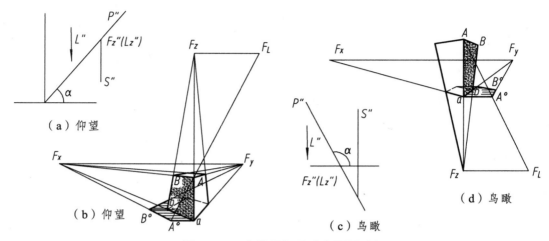

（a）仰望

（b）仰望

（c）鸟瞰

（d）鸟瞰

图 20-10　光线平行于垂直画面时

在仰望透视图中，光平面的灭线在视平线以上；在鸟瞰透视图中，光平面的灭线在视平线以下。

20.4.2　当光线平行于倾斜画面时

当光线平行于倾斜画面时，如图 20-11（a）、（c）所示，是倾斜画面 P 与光线 L 空间相对位置关系的侧面投影。

当光线平行于倾斜画面时，透视图中如图 20-11（b）、（d）所示，光线没有灭点，垂直线在地面上的影线有灭点 F_L，过垂直线的光平面灭线是竖向灭点 F_z 与地面上影线灭点 F_L 的连线 F_zF_L，该灭线与光线平行。

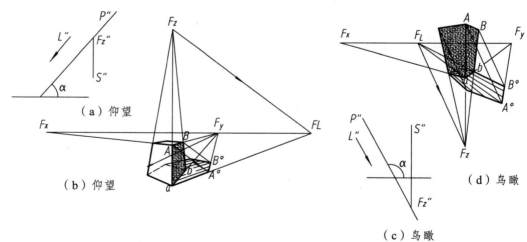

（a）仰望

（b）仰望

（c）鸟瞰

（d）鸟瞰

图 20-11　光线平行于倾斜画面时

在仰望透视图中，光平面的灭线在视平线以上；在鸟瞰透视图中，光平面的灭线在视平线以下。

20.4.3　当光线是倾斜画面相交光时

当光线是倾斜画面相交光时，过垂直线的光平面灭线是竖向灭点 F_z 与地面上影线灭点 F_L 的连线 F_zF_L，光线的灭点 F_L 必然在光平面灭线上 F_zF_L，如图 20-12 所示。

（1）在仰望透视图中，当采用正光时，如图 20-12（a）所示，光线的灭点 F_L 在光平面灭线 F_zF_L 的延长线上。

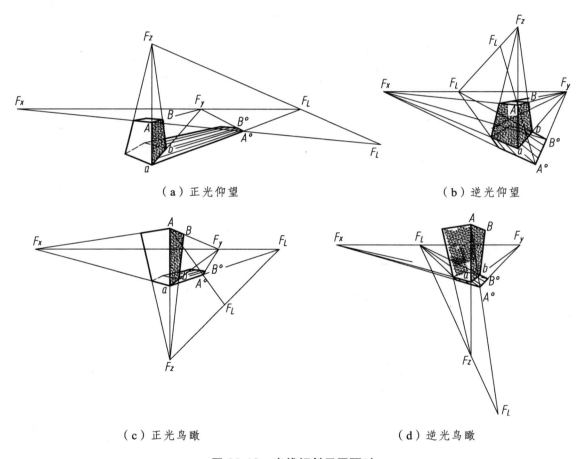

（a）正光仰望　　　　　　　　　　　　　（b）逆光仰望

（c）正光鸟瞰　　　　　　　　　　　　　（d）逆光鸟瞰

图 20-12　光线倾斜于画面时

（2）在仰望透视图中，当采用逆光时，如图 20-12（b）所示，光线的灭点 F_L 在光平面灭线 F_zF_L 上，且在竖向灭点 F_z 与垂直线地面上影线灭点 F_L 之间。

（3）在鸟瞰透视图中，当采用正光时，如图 20-12（c）所示，光线的灭点 F_L 在光平面灭线 F_zF_L 上，且在竖向灭点 F_z 与垂直线地面上影线灭点 F_L 之间。

（4）在仰望透视图中，当采用逆光时，如图 20-12（d）所示，光线的灭点 F_L 在光平面灭线 F_zF_L 的延长线上。

小　结

当画面与地面倾斜时，在高度方向也有灭点，这样的透视图叫三点透视图，简称三点透视。

当竖向灭点在视平线以下时，画的透视图叫鸟瞰透视；当竖向灭点在视平线以上时，画的透视图叫仰望透视。

当光线平行于垂直画面时，过垂直线的光平面灭线是过竖向灭点的水平线，垂直线在地面上的影也是水平线。

当光线平行于倾斜画面时，光线没有灭点，垂直线在地面上的影线有灭点，过垂直线的光平面灭线是竖向灭点与地面上影线灭点的连线，该灭线与光线平行。

当光线是倾斜画面相交光时，过垂直线的光平面灭线是竖向灭点与地面上影线灭点的连线，光线的灭点必然在光平面灭线上。

参 考 文 献

[1]　吴机际. 园林工程制图[M]. 2 版. 广州：华南理工大学出版社，2004.

[2]　何斌，陈锦昌，王枫红. 建筑制图[M]. 6 版. 北京：高等教育出版社，2010.

[3]　何铭新，钱可强. 机械制图[M]. 6 版. 北京：高等教育出版社，2010.

[4]　建筑结构制图标准：GB/T 50105—2022.

[5]　混凝土结构施工图平面整体表示方法制图规则和构造详图：11G101-1.

[6]　何斌，陈锦昌，陈炽坤. 建筑制图[M]. 5 版. 北京：高等教育出版社，2005.

[7]　刘朝儒，吴志军. 机械制图[M]. 5 版. 北京：高等教育出版社，2006.

[8]　唐克中. 画法几何及工程制图[M]. 3 版. 北京：高等教育出版社，2002.

[9]　田怀文，王伟. 机械工程图学[M]. 成都：西南交通大学出版社，2006.

[10]　谭建荣，等. 图学基础教程[M]. 北京：高等教育出版社，2006.

[11]　陆国栋，张树有，等. 图学应用教程[M]. 北京：高等教育出版社，2002.

[12]　王成刚，张佑林，赵齐平. 工程图学简明教程[M]. 2 版. 武汉：武汉理工大学出版社，2004.

[13]　侯洪生. 机械工程图学[M]. 北京：科学出版社，2005.

[14]　董耀国. 机械制图[M]. 北京：北京理工大学出版社，1991.

[15]　全国技术产品文件标准化技术委员会. 技术产品文件标准汇编　机械制图卷[S]. 北京：中国标准出版社，2006.

[16]　国家标准局. 机械制图[S]. 北京：中国标准出版社，2004.

[17]　丁一. 机械制图[M]. 重庆：重庆大学出版社，2011.